U0309503

"十三五"国家重点出版物出版规划项目

载人航天出版工程
总 主 编：周建平
总 策 划：邓宁丰

探 索 之 路

——美国载人航天探索计划的理由和方式

Pathways to Exploration

Rationales and Approaches for a U. S. Program of Human Space Exploration

载人航天委员会
航空航天工程委员会
太空研究委员会
［美］　　　工程与物理科学部　编
国家统计委员会
行为科学社会学与教育学部
国家研究院国家研究委员会
辛　田　等　译

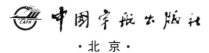

中国宇航出版社

·北京·

本书中文简体字版由著作权人授权中国宇航出版社独家出版发行，未经出版者书面许可，不得以任何方式抄袭、复制或节录本书中的任何部分。

著作权合同登记号：图字：01－2018－3864 号

版权所有　侵权必究

图书在版编目（CIP）数据

探索之路：美国载人航天探索计划的理由和方式 / 载人航天委员会等编；辛田等译 . --北京：中国宇航出版社，2018.6

书名原文：Pathways to Exploration：Rationales and Approaches for a U. S. Program of Human Space Exploration

ISBN 978－7－5159－1483－1

Ⅰ.①探… Ⅱ.①载… ②辛… Ⅲ.①航天计划－研究－美国 Ⅳ.①V4

中国版本图书馆 CIP 数据核字（2018）第 124652 号

责任编辑	彭晨光		
责任校对	祝延萍	**封面设计**	宇星文化

出　版 **发　行**	**中国宇航出版社**		
社　址	北京市阜成路 8 号	**邮　编**	100830
	（010）60286808		（010）68768548
网　址	www.caphbook.com		
经　销	新华书店		
发行部	（010）60286888		（010）68371900
	（010）60286887		（010）60286804（传真）
零售店	读者服务部		
	（010）68371105		
承　印	河北画中画印刷科技有限公司		
版　次	2018 年 6 月第 1 版		2018 年 6 月第 1 次印刷
规　格	880×1230	**开　本**	1/32
印　张	13.125　**彩　插**　8 面	**字　数**	378 千字
书　号	ISBN 978－7－5159－1483－1		
定　价	148.00 元		

《载人航天出版工程》总序

中国载人航天工程自 1992 年立项以来，已经走过了 20 多年的发展历程。经过载人航天工程全体研制人员的锐意创新、刻苦攻关、顽强拼搏，共发射了 10 艘神舟飞船和 1 个目标飞行器，完成了从无人飞行到载人飞行、从一人一天到多人多天、从舱内实验到出舱活动、从自动交会对接到人控交会对接、从单船飞行到组合体飞行等一系列技术跨越，拥有了可靠的载人天地往返运输的能力，实现了中华民族的千年飞天梦想，使中国成为世界上第三个独立掌握载人航天技术的国家。我国载人航天工程作为高科技领域最具代表性的科技实践活动之一，承载了中国人民期盼国家富强、民族复兴的伟大梦想，彰显了中华民族探索未知世界、发现科学真理的不懈追求，体现了不畏艰辛、大力协同的精神风貌。航天梦是中国梦的重要组成部分，载人航天事业的成就，充分展示了伟大的中国道路、中国精神、中国力量，坚定了全国各族人民实现中华民族伟大复兴中国梦的决心和信心。

载人航天工程是十分复杂的大系统工程，既有赖于国家的整体科学技术发展水平，也起到了影响、促进和推动着科学技术进步的重要作用。载人航天技术的发展，涉及系统工程管理，自动控制技术，计算机技术，动力技术，材料和结构技术，环控生保技术，通信、遥感及测控技术，以及天文学、物理学、化学、生命科学、力学、地球科学和空间科学等诸多科学技术领域。在我国综合国力不断增强的今天，载人航天工程对促进中国科学技术的发展起到了积极的推动作用，是中国建设创新型国家的标志性工程之一。

我国航天事业已经进入了承前启后、继往开来、加速发展的关键时期。我国载人航天工程已经完成了三步走战略的第一步和第二步第一阶段的研制和飞行任务，突破了载人天地往返、空间出舱和空间交会对接技术，建立了比较完善的载人航天研发技术体系，形成了完整配套的研制、生产、试验能力。现在，我们正在进行空间站工程的研制工作。2020 年前后，我国将建造由 20 吨级舱段为基本模块构成的空间站，这将使我国载人航天工程进入一个新的发展阶段。建造具有中国特色和时代特征的中国空间站，和平开发和利用太空，为人类文明发展和进步做出新的贡献，是我们航天人肩负的责任和历史使命。要实现这一宏伟目标，无论是在科学技术方面，还是在工程组织方面，都对我们提出了新的挑战。

以图书为代表的文献资料既是载人航天工程的经验总结，也是后续任务研发的重要支撑。为了顺利实施这项国家重大科技工程，实现我国载人航天三步走的战略目标，我们必须充分总结实践成果，并充分借鉴国际同行的经验，形成具有系统性、前瞻性和实用性的，具有中国特色的理论与实践相结合的载人航天工程知识文献体系。

《载人航天出版工程》的编辑和出版就是要致力于建设这样的知识文献体系。书目的选择是在广泛听取参与我国载人航天工程的各专业领域的专家意见和建议的基础上确定的，其中专著内容涉及我国载人航天科研生产的最新技术成果，译著源于世界著名的出版机构，力图反映载人航天工程相关技术领域的当前水平和发展方向。

《载人航天出版工程》凝结了国内外载人航天专家学者的智慧和成果，具有较强的工程实用性和技术前瞻性，既可作为从事载人航天工程科研、生产、试验工作的参考用书，亦可供相关专业领域人员学习借鉴。期望这套丛书有助于载人航天工程的顺利实施，有利于中国航天事业的进一步发展，有益于航天科技领域的人才培养，为促进航天科技发展、建设创新型国家做出贡献。

周建平

2013 年 10 月

译者序

本书原著由美国国家研究院下属国家研究委员会于 2014 年撰写完成，旨在评估美国载人航天计划的长期目标、核心能力和发展方向，并就确保美国载人航天计划的可持续发展提供建议。本书主要内容涵盖人类在载人航天领域恒久面对的问题、载人航天的理由与公共利益、可预见目标、政策挑战、国际合作、途径方式建议和实施可持续计划的建议等方面。结论建议基于大量调查及问卷总结而成。

美国国家研究院是美国国会于 1863 年批准成立的由著名学者组成的私营的、非盈利性、自发从事科学和工程研究的社会团体，职责为就科学和技术问题向联邦政府提供建议。本书中所研究项目的授权源于 NASA 2010 年授权法案，该法案要求 NASA 向美国国家研究院申请启动一项载人航天方面的研究，评估" 载人航天的目标、核心能力和方向"。该研究项目于 2012 年启动，全书完稿历时两年。本书对美国载人航天探索的理由、政策与法律依据、国际合作环境、不同路径的技术和方式进行了颇为全面、专业的分析并给出相应建议，是目前美国国家层面最新的权威分析报告，对我国载人航天领域的后续发展计划、法律政策、国际合作和技术发展等方面均具有较大参考价值。该类文献拥有一定时效性，国内近期尚没有同类图书出版。

本书译者就职于中国航天工业科学技术咨询有限公司，该公司根据钱学森等老一辈科学家倡议于 1983 年成立，是服务于中国航天国际化发展的专业咨询机构，从事载人航天国际合作、卫星导航国际合作、卫星遥感国际合作、商业航天发展研究、航天技术应用服务、军民融合科技服务等咨询工作，是中国载人航天国际合作与交流中心挂牌单位，中国卫星导航系统管理办公室国际合作中心依托单位，航天工程技术转移北京市国际科技合作基地挂牌单位。

　　译者翻译此书，旨在向国内同行和爱好者展示美国国家层面对于载人航天后续发展的态度、观点和计划，并了解他们的国际合作和技术发展情况。希望此书对于我国的载人航天后续任务研发能够起到支撑作用，发挥参考价值。同时，译者也希望以此为契机，抛砖引玉，与同行和爱好者们交流学习。

美国国家研究院简介

——国家科学、工程与医学领域顾问

美国国家科学院（National Academy of Sciences）是一个由著名学者组成的私营的、非营利性、自发从事科学和工程研究的社会团体，致力于推动科学技术发展并应用于公共福利。其由美国国会于 1863 年批准成立，职责为就科学和技术问题向联邦政府提供建议。拉尔夫·J·塞斯罗尼（Ralph J. Cicerone）博士是美国国家科学院现任院长。

美国国家工程院（National Academy of Engineering）成立于 1964 年，是在美国国家科学院的章程下由杰出工程师组成的平行机构。其在行政管理和成员遴选上实行自治，与国家科学院共同承担为联邦政府提供咨询建议的责任。美国国家工程院还以满足国家需要为目标，发起工程项目，推动教育与研究，并表彰工程师的卓越成就。其现任院长为 C·D·莫特（Mote）博士。

美国医学研究院（Institute of Medicine）是美国国家科学院于 1970 年成立的研究机构，旨在确保著名专业人士服务于公众健康领域相关政策的研究。该研究院作为联邦政府的咨询机构，承担美国国会授权给国家科学院的职责，自发地识别医疗、研究和教育方面的问题。哈维·V·法恩伯格（Harvey V. Fineberg）博士是美国医学研究院的现任院长。

国家研究委员会（National Research Council）是美国国家科学院出于其增进知识和向联邦政府提供建议的目的，在 1916 年成立的意在促进科学技术界专业人士广泛联合的机构。国家研究委员会依据国家科学院确定的基本政策运行，目前是美国国家科学院和美国国家工程院在向政府、公众以及科学和工程界提供服务方面的主要经营机构。该委员会由国家科学院、国家工程院和医学研究院共同管理。拉尔夫·J·塞斯罗尼博士和C·D·莫特博士分别担任国家研究委员会的主席和副主席。

航空航天工程委员会其他报告

Continuing Kepler's Quest: Assessing Air Force Space Command's Astrodynamics Standards (Aeronautics and Space Engineering Board [ASEB], 2012)

继续开普勒之探索：评估空军太空司令部的航天动力学标准（航空航天工程委员会，2012）

NASA Space Technology Roadmaps and Priorities: Restoring NASA's Technological Edge and Paving the Way for a New Era in Space (ASEB, 2012)

NASA 空间技术路线图与优先研发技术：重建 NASA 的技术优势，为空间新纪元铺平道路（航空航天工程委员会，2012）

NASA's Strategic Direction and the Need for a National Consensus (Division on Engineering and Physical Sciences，2012)

NASA 的战略方向和国家共识的必要（工程与物理科学部，2012）

Recapturing NASA's Aeronautics Flight Research Capabilities (Space Studies Board [SSB] and ASEB，2012)

NASA 重获航空飞行研究能力（太空研究委员会和航空航天工程委员会，2012）

Reusable Booster System: Review and Assessment（ASEB，2012）

可重复利用的加速器系统：审查与评估（航空航天工程委员会，2012）

Solar and Space Physics: A Science for a Technological Society (SSB with ASEB，2012)

太阳与空间物理学：技术型社会的科学（太空研究委员会和航空航天工程委员会，2012）

Limiting Future Collision Risk to Spacecraft：An Assessment of NASA's Meteoroid and Orbital Debris Programs（ASEB，2011）

限制对太空飞船未来的碰撞风险：评估 NASA 的流星与轨道碎片项目（航空航天工程委员会，2011）

Preparing for the High Frontier——The Role and Training of NASA Astronauts in the Post－Space Shuttle Era（ASEB，2011）

为高边疆做准备——后航天飞机时代 NASA 航天员的任务和训练（航空航天工程委员会，2011）

Advancing Aeronautical Safety：A Review of NASA's Aviation Safety－Related Research Programs（ASEB，2010）

推进航空安全：对 NASA 航空安全相关研究项目的评审（航空航天工程委员会，2010）

Capabilities for the Future：An Assessment of NASA Laboratories for Basic Research（Laboratory Assessments Board with SSB and ASEB，2010）

未来的能力：对 NASA 基础研究实验室的评估（太空研究委员会和航空航天工程委员会，2010）

Defending Planet Earth：Near－Earth Object Surveys and Hazard Mitigation Strategies（SSB with ASEB，2010）

保卫地球：近地物体调查及危险缓解战略（太空研究委员会和航空航天工程委员会，2010）

Forging the Future of Space Science：The Next 50 Years：An International Public Seminar Series Organized by the Space Studies Board：Selected Lectures（SSB with ASEB，2010）

打造空间科学的未来：下个 50 年：太空研究委员会组织的一个国际公开研讨会系列：选讲（太空研究委员会和航空航天工程委员会，2010）

Life and Physical Sciences Research for a New Era of Space Exploration: An Interim Report (SSB with ASEB, 2010)

空间探索新时代的生命和物理科学研究：中期报告（太空研究委员会和航空航天工程委员会，2010）

Recapturing a Future for Space Exploration: Life and Physical Sciences Research for a New Era (ASEB, 2010)

重新夺回空间探索的未来：新时代的生命和物理科学研究（航空航天工程委员会，2010）

America's Future in Space: Aligning the Civil Space Program with National Needs (SSB with ASEB, 2009)

美国未来的太空领域：使民用航天计划与国家需求相一致（太空研究委员会和航空航天工程委员会，2009）

Approaches to Future Space Cooperation and Competition in a Globalizing World: Summary of a Workshop (SSB with ASEB, 2009)

全球化环境下未来空间合作与竞争的方法：研讨摘要（太空研究委员会和航空航天工程委员会，2009）

An Assessment of NASA's National Aviation Operations Monitoring Service (ASEB, 2009)

NASA 国家航空运营监管服务评估（航空航天工程委员会，2009）

Final Report of the Committee for the Review of Proposals to the 2009 Engineering and Physical Science Research and Commercialization Program of the Ohio Third Frontier Program (ASEB, 2009)

2009 年工程和物理科学研究及俄亥俄州第三前沿计划商业化项目建议书评审委员会最终报告（航空航天工程委员会，2009）

Fostering Visions for the Future: A Review of the NASA Institute for Advanced Concepts (ASEB, 2009)

培养未来愿景：NASA 先进概念研究所回顾（航空航天工程委

员会，2009)

Near - Earth Object Surveys and Hazard Mitigation Strategies: Interim Report (SSB with ASEB，2009)

近地天体调查与防御策略：中期报告（太空研究委员会和航空航天工程委员会，2009)

Radioisotope Power Systems：An Imperative for Maintaining U. S. Leadership in Space Exploration (SSB with ASEB，2009)

放射性同位素电力系统：维持美国在空间探索中的领导地位势在必行（太空研究委员会和航空航天工程委员会，2009)

国家航空航天委员会免费提供有限数量的航空航天委员会报告

美国国家研究院凯克中心

500 Fifth Street，NW，Washington，DC 20001

(202) 334 - 2858/aseb@nas. edu

www. nationalacademies. org/aseb

载人航天委员会

乔纳森·卢宁（JONATHAN LUNINE），康奈尔大学，联合主席

小米切尔·E·丹尼尔斯（MITCHELL E. DANIELS, JR.），普渡大学，联合主席

伯纳德·F·伯克（BERNARD F. BURKE），麻省理工学院（荣誉教授）

玛丽·琳达·迪特马尔（MARY LYNNE DITTMAR），迪特玛尔联合公司

帕斯卡尔·亨弗雷德（PASCALE EHRENFREUND），乔治·华盛顿大学

詹姆士·S·杰克逊（JAMES S. JACKSON），密歇根大学

福兰克·G·克劳茨（FRANK G. KLOTZ），外交关系协会委员

富兰克林·D·马丁（FRANKLIN D. MARTIN），马丁咨询公司

戴维·C·莫维利（DAVID C. MOWERY），加利福尼亚大学伯克利分校（荣誉教授）

布莱恩·D·欧康诺尔（BRYAN D. O'CONNOR），独立顾问

斯坦利·普雷瑟（STANLEY PRESSER），马里兰大学

海伦·R·奎思（HELEN R. QUINN），美国斯坦福直线加速器实验室（荣誉教授）

阿西夫·A·西迪基（ASIF A. SIDDIQI），福特汉姆大学

约翰·C·佐梅雷尔（JOHN C. SOMMERER），约翰霍普金斯

大学（退休）

罗格·图朗诺（ROGER TOURANGEAU），Westat 公司

阿里耶尔·瓦尔德曼（ARIEL WALDMAN），Spacehack 非营利组织

克里夫·祖金（CLIFF ZUKIN），罗格斯大学

工作成员

桑德拉·格拉哈姆（SANDRA GRAHAM），高级项目官员，研究主任

米凯尔·H·莫洛尼（MICHAEL H. MOLONEY），主任，航空航天工程委员会与太空研究委员会

阿比盖尔·谢费尔（ABIGAIL SHEFFER），项目助理官员

阿曼达·R·蒂博（AMANDA R. THIBAULT），助理研究员

迪奥娜·J·威廉斯（DIONNA J. WILLIAMS），项目协调员

F·哈里森·德雷费斯（F. HARRISON DREVES），Lloyd V. Berkner 空间政策项目实习生

吉尼·米汉（JINNI MEEHAN），Lloyd V. Berkner 空间政策项目实习生

谢里尔·莫伊（CHERYL MOY），Christine Mirzayan 科技政策项目研究生

塞拉·史密斯（SIERRA SMITH），Lloyd V. Berkner 空间政策项目实习生

帕德马施·苏雷什（PADAMASHRI SURESH），Christine Mirzayan 科技政策项目研究生

公众和利益相关方意见小组

罗格·图朗诺（ROGER TOURANGEAU），Westat 公司，主席

莫莉·安多利纳（MOLLY ANDOLINA），帝保罗大学

珍妮弗·L·霍克希尔德（JENNIFER L. HOCHSCHILD），哈佛大学

詹姆斯·S·杰克逊（JAMES S. JACKSON），密歇根大学

罗格·D·劳尼厄斯（ROGER D. LAUNIUS），史密森尼学会

约翰·D·米勒（D. MILLER），密歇根大学

斯坦利·普协瑟（STANLEY PRESSER），马里兰大学

克里夫·祖金（CLIFF ZUKIN），罗格斯大学，工作成员

克里斯蒂娜·马尔通（KRISZTINA MARTON），高级项目官员，国家统计委员会

康斯坦丝·奇特罗（CONSTANCE CITRO），主任，国家统计委员会

雅克利娜·R·索德（JACQUELINE R. SOVDE），项目助理，国家统计委员会

技术小组

约翰·C·佐梅雷尔（JOHN C. SOMMERER），约翰霍普金斯大学（退休），主席

道格拉斯·S·斯特森（DOUGLAS S. STETSON），空间科学与探索组，副主席

阿诺尔·D·奥尔德里奇（ARNOLD D. ALDRICH），航空航天专业顾问

道格拉斯·M·艾伦（DOUGLAS M. ALLEN），独立顾问

雷蒙德·E·阿维德松（RAYMOND E. ARVIDSON），华盛顿大学

理查德·C·阿特肯森（RICHARD C. ATKINSON），加利福尼亚大学圣迭戈分校（荣誉教授）

罗伯特·D·布朗（ROBERT D. BRAUN），佐治亚理工学院

伊丽莎白·R·坎特韦尔（ELIZABETH R. CANTWELL），劳伦斯·利弗莫尔国家实验室

戴维·E·克罗（DAVID E. CROW），康涅狄格大学（荣誉教授）

拉维·B·德奥（RAVI B. DEO），EMBR 公司

罗伯特·S·迪克曼（ROBERT S. DICKMAN），RD Space 公司

达瓦·J·纽曼（DAVA J. NEWMAN），麻省理工学院

约翰·R·罗加斯基（JOHN ROGACKI），佛罗里达人类与机器认知研究所（奥卡拉）

吉耶尔莫·特罗蒂（GUILLERMO TROTTI），Trotti 联合公司

琳达·A·威廉斯 （LINDA A. WILLIAMS），Wyle 航天集团公司

工作成员

阿兰·C·安格尔曼 （ALAN C. ANGLEMAN），高级项目官员，航空航天工程委员会

迪奥娜·J·威廉斯 （DIONNA J. WILLIAMS），项目协调员，空间研究委员会

航空航天工程委员会

公司

约翰·P·斯腾贝特（JOHN P. STENBIT），顾问

阿兰·M·费特勒（ALAN M. TITLE），洛马公司先进技术中心

戴维·M·凡·维（DAVID M. VAN WIE），约翰霍普金斯大学应用物理实验室

米哈伊尔·H·莫洛尼（MICHAEL H. MOLONEY），主任

卡尔梅拉·J·张伯伦（CARMELA J. CHAMBERLAIN），行政协调员

塔尼亚·皮尔泽（TANJA PILZAK），项目运行经理

塞莱斯滕·A·内勒（CELESTE A. NAYLOR），信息管理助理

克里斯蒂安·O·希普曼（CHRISTINA O. SHIPMAN），财务官

梅格·A·克内迈尔（MEG A. KNEMEYER），财务官

桑德拉·维尔松（SANDRA WILSON），财务助理

太空研究委员会

州理工学院喷气推进实验室

索尔·珀尔马特（SAUL PERLMUTTER），劳伦斯伯克利国家实验室

马尔恰·J·里克（MARCIA J. RIEKE），亚利桑那大学

戴维·N·斯佩盖尔（DAVID N. SPERGEL），普林斯顿大学

米纳什·沃德瓦（MEENAKSHI WADHWA），亚利桑那州立大学

克利福德·M·威尔（CLIFFORD M. WILL），佛罗里达大学

托马斯·H·祖布晨（THOMAS H. ZURBUCHEN），密歇根大学

米哈伊尔·H·莫洛尼（MICHAEL H. MOLONEY），主任

卡尔梅拉·J·张伯伦（CARMELA J. CHAMBERLAIN），行政协调员

塔尼亚·皮尔泽（TANJA PILZAK），项目运行经理

塞莱斯滕·A·内勒（CELESTE A. NAYLOR），信息管理助理

克里斯蒂安·O·希普曼（CHRISTINA O. SHIPMAN），财务官

梅格·A·克内迈尔（MEG A. KNEMEYER），财务官

桑德拉·维尔松（SANDRA WILSON），财务助理

国家统计委员会
2013—2014

劳伦斯·D·布朗（LAWRENCE D. BROWN），宾夕法尼亚大学沃顿商学院统计学部，主席

约翰·M·阿布沃德（JOHN M. ABOWD），康奈尔大学工业与劳动关系学院

马里·埃朗·博克（MARY ELLEN BOCK），普渡大学统计学部

达维德·卡德（DAVID CARD），加利福尼亚大学伯克利分校经济学部

艾丽西亚·卡里基瑞（ALICIA CARRIQUIRY），爱荷华州立大学统计学部

米凯尔·E·彻思（MICHAEL E. CHERNEW），哈佛医学院健康卫生政策系

康斯坦丁·加佐尼斯（CONSTANTINE GATSONIS），布朗大学统计科学中心

詹姆斯·S·豪斯（JAMES S. HOUSE），密歇根大学安娜堡分校社会研究学院调研中心

米凯尔·豪特（MICHAEL HOUT），加利福尼亚大学伯克利分校调研中心

萨莉·凯勒（SALLIE KELLER），弗吉尼亚理工学院生物信息研究所

莉萨·林奇（LISA LYNCH），布兰代斯大学赫勒社会政策学院

科尔姆·奥·缪尔凯亚尔韦（COLM O' MUIRCHEARTAIGH），

芝加哥大学哈里斯公共政策研究学院

吕特·彼得森（RUTH PETERSON），俄亥俄州立大学刑事司法研究中心

爱德华·H·肖特利（EDWARD H. SHORTLIFFE），哥伦比亚大学与亚利桑那州立大学生物医学信息系

哈尔·施特恩（HAL STERN），加利福尼亚大学欧文分校唐纳德布朗信息与计算科学学院

康斯坦丝·F·奇特罗（CONSTANCE F. CITRO），主任

雅克利娜·R·索维德（JACQUELINE R. SOVDE），项目助理

前　言

　　开展此项研究源于 NASA 2010 年授权法案，该法案要求 NASA 向美国国家研究院申请启动一项载人航天方面的研究，要求评估载人航天的目标、核心能力和方向。该法案表达了这样一种忧虑：如果没有建立一个长期目标所需的、独立且广为接受的基础，那么载人航天计划将持续备受政治周期和其他因素的影响，继续处于不稳定状态。（美国载人航天计划长期处于变动中，主要是受到总统改选的影响。奥巴马总统上台后，空间探索政策的巨大变动尤其引发了这种担忧和批评。——译者注）

　　NASA 2010 年授权法案（P. L. 111–267），204 节"对载人航天探索开展一项独立研究"：

　　1）概述：2012 财年，NASA 与美国国家研究院签订合同，启动一项关于载人航天目标、核心能力和方向的评估，应考察 1958 年国家航空航天法案、2005 年 NASA 授权法案、2008 年 NASA 授权法案、2010 年 NASA 授权法案，以及奥巴马总统在美国航天政策的所有相关声明中提到的载人航天探索目标。

　　2）主要内容：

　　a）评估应邀请多学科、不同背景和各个年龄段的人员代表广泛参与，涵盖市政、商业、国际、科研以及国家安全等利益；

　　b）听取 NASA 国际伙伴的评论，获取 NASA 载人航天探索架构工作组的信息输入；

　　c）评估国家目标与本法案所授权的基础能力、机器人探索活动、技术和任务之间的关系；

　　d）对载人航天探索能够解决的、能够改善全人类整体环境的科学、工程、经济和社会科学等问题，进行评估和排序；

e）为 2014 财年到 2023 财年提供调研结果和建议。

在此前 10 年里，美国载人航天计划经历了巨大的变动，国家政策的变动导致了探索计划的目标频繁且大幅变化。这些变动造成了资源和机会的巨大耗费，给已经受到严重压缩的载人航天探索预算又施加了许多人认为是难以承受的负担。意识到空间探索计划持续变动所带来的（负面）影响，载人航天各利益相关方，包括政府，已经在寻求一种能使探索计划稳定下来的方法。尽管研究界、政策界和商业界的有关团体已经开展了很多该方面的研究，但其结果对载人航天政策影响非常有限。在美国载人航天计划的根本理由以及载人航天的未来方面，其政策规划者的不确定性具有很大影响。

从阿波罗时代开始，空间科学界通过利用国家研究委员会进行的 10 年 1 次的调查，已经在探索任务的选择和排序方面取得很大的成绩。因为此项调查，NASA 的空间科学项目能够长期保持显著的稳定性。为使载人航天探索也实现类似的长期稳定，2010 年，NASA 授权法案委托了该项研究，并明确要求要邀请广泛的专家和代表参与，并且要对包括社会效益在内的一系列效益进行评估。

法案生效后，国家研究委员会的航空航天工程委员会和太空研究委员会分别在 2010 年和 2011 年的春秋季会议上研讨了该研究及其可能的实施方式。经过几次研讨，两个委员会和工程与物理科学部主席组建了一个小型工作组，起草研究任务描述，为之后与NASA 进行的从 2010 年 11 月到 2012 年 2 月间长达 15 个月的研讨奠定基础。NASA 的局长、副局长、主管载人探索和运营的局长助理以及其他重要的 NASA 成员都参加了研讨。另外还向众议院和参议院的重要议员进行了咨询，与行政管理与预算办公室就任务描述的措辞进行了磋商。在这些研讨和磋商中，有一点逐渐变得明朗：国家研究委员会不应局限在科学和技术问题上，更应该将其调查研究扩展到社会学、经济学和政治学等领域。由此，国家研究委员会的两个主要部门，即工程与物理科学部及行为科学社会学与教育学部开展了合作。行为科学社会学与教育学部选取其国家统计委员会作为研究成员，配合航空航天工程委员会和太空研究委员会（这二者是国家研究委员会中太空方面领导性的委员会，隶属于工程与物理科学部）开展研究。航空航天工程委员会在该项目中担任领导角色。

该研究项目的任务内容于 2012 年初获得一致同意，2012 年下半年活动经费也划拨到位。最终部署到国家研究委员会的任务包括：

依据 2010 年 NASA 授权法案 204 节，国家研究委员会应指定专门的委员会承担该研究任务，以评估美国载人航天计划的长期目标、核心能力和发展方向，并就确保美国载人航天计划的可持续发展提供建议。

研究委员会应该：

1）考察 1958 年国家航空航天法案、2005 年 NASA 授权法案、2008 年 NASA 授权法案、2010 年 NASA 授权法案，以及奥巴马总统在美国航天政策声明中提到的所有载人航天探索目标。

2）广泛且有侧重地征求公众和利益相关方意见，旨在更充分地了解民意对于载人航天动机、目标和可能进展的观点，这是美国载人航天计划引发关注且可持续发展的理由基础；另外一个目的是向公众和其他利益相关方描述美国载人航天计划的价值。

3）基于国家目标和当前及潜在国际伙伴优先级及其计划的环境背景下，描述 NASA 载人航天活动的预期价值和价值诉求，包括政府、工业界、经济和公众利益需求。

4）根据国家和国际环境背景，定义一系列能够描述载人航天探索理由与价值的、需恒久面对的高优先级问题。该系列问题应能够作为人类长期空间探索活动可持续前进方向的动机。恒久面对的问题可包括：载人航天探索能够解答的科学、工程、经济、文化和社会科学问题，以及能够改善全人类现有环境的问题。

5）参考以前开展的载人航天探索评估研究，以及 NASA 与国际伙伴完成的工作，旨在了解可能的探索途径（包括关键技术追求和目的），以及在"技术推动"和"需求牵引"之间的适当平衡。还应参考 NASA 载人航天探索架构工作组、载人航天体系结构工作组、美国载人航天计划评审（奥古斯汀委员会）、国家研究委员会之前的报告以及专门委员会所指定的其他相关报告所完成的分析研究。

6）按照需恒久面对的问题，评估国家目标与 2010 年 NASA 授权法案所授权的基础能力、机器人探索活动、技术、任务之间的关系。

7）提出观点、理由、优先建议和决策规则，以确保并引导美国载人航天探索的未来规划。这些建议应描述一条顶层战略途径，保证载人航天探索所赋予的国家目标的可持续性，要能够回答恒久面对的问题，要能够在 2014 财年到 2023 财年间为国家实现价值，同时要考虑到从 2015 年到 2030 年项目的进展可能性。

在该研究正式启动之前，由航空航天工程委员会和太空研究委员会所开展的广泛咨询和磋商获得了一项明确成果，同时也可能是国会授权法案的必要条件：上述被指定开展该研究任务的专门委员会委员应涵盖广泛的专业背景，不仅要有载人航天探索方面的专家，也要包括空间科学、更广范围的科学、社会学、民意调查学科、政治学、历史学以及经济学方面的专家。从这个角度来看，专门委员会的成员构成与之前国家研究委员会或者其他组织开展载人航天研究的很多委员会都不一样，因此载人航天委员会（即上述的专门委员会，译者注）就该问题提出了一个涉及众多研究领域的崭新的独立视角。考虑到载人航天委员会容纳了如此广泛领域的成员，国家研究委员会决定指定两个专题专家小组：一个技术评估小组，协助对载人航天的技术难题开展独立评估；另一个公众和利益相关方意见小组，对几十年来民意和该研究征求到的利益相关方意见进行专业分析。技术评估小组推动该研究中技术和工程领域进行独立的深度分析，而公众和利益相关方意见小组则获取并评估来自公众和利益相关方的数据和分析，以帮助载人航天委员会更好地理解载人航天的动机、目标和可能的进展（这两个小组分别负责本研究报告第

3、4 章的撰写，报告整体由载人航天委员会一致通过）。另外，载人航天委员会及其小组的工作，还得到了承包商在任务技术与成本评估，以及调研的开发与实施等方面丰富的经验支持。

载人航天委员会及其小组在研究过程中开展了大量的数据收集，回顾了大量的载人航天文献，包括数十年的一流研究著述和利益相关方的大量著述。载人航天委员会及其小组的评估意见基于受邀的各种背景的报告提供者，涵盖了 NASA 和国外航天机构代表、航天工业代表、国会议员以及学术界代表。在研究过程中，载人航天委员会广泛征及利益相关方关于载人航天作用的意见，以及他们对未来载人航天的构想，最终收到大约 200 份反馈，载人航天委员会对这些反馈进行了评估。为了进一步拓展研究视野，载人航天委员会利用社会媒体开展了为期一天的推特（Twitter）活动：所有感兴趣者都有机会提出非正式的意见或建议。这些活动是单独进行的，是对研究过程中由公众和利益相关方意见小组所开展的正式的民意调查分析和利益相关方调研的一个补充。在研究过程中，载人航天委员会的多个成员在美国国内或者相关国际会议上都进行了信息收集和采集，也对 NASA 约翰逊航天中心、肯尼迪航天中心和马歇尔航天飞行中心开展了信息收集的实地考察。

载人航天委员会向参与了该研究项目和对该研究提供输入的人们致谢。公众和利益相关方意见小组向芝加哥大学的国家民意研究中心、维斯塔特实习生瑞妮·汤森和凯·里奇在利益相关方调研方面提供的帮助表示感谢，向罗格斯大学布劳斯代因规划与公共政策学院的研究生调研班在收集公众意见数据上给予的协助表示感谢；载人航天委员会还向航空航天公司的兰迪·珀辛格和托里·拉德克利夫为委员会和技术小组提供的重要分析支持表示感谢；最后向协助委员会及其小组在工作上表现出卓越领导力的国家研究委员会成员表示感谢。

目　录

概　要

在过去的 50 多年里，美国一直在公开地资助其载人航天计划。如今，美国是国际空间站（ISS）这个大规模低轨设施的主要成员，ISS 象征着美国利用其软实力聚拢各个国家的领导力，同时也将成为人类首次尝试商业货运与载人轨道飞行的关注焦点。然而，美国国内对于 ISS 之后的载人航天长远发展计划仍然没有达成一致。

本项评估任务源自 2010 年 NASA 授权法案，该法案要求国家研究委员会开展一项关于载人航天的研究，评估"载人航天的目标、核心能力和方向"。该研究不同于过去几十年里完成的大量类似研究：载人航天委员会广泛考虑了公众和利益相关方意见，按照所识别出的恒久面对的问题，对载人航天探索的理由进行了详细研究。历史性的成就加上不确定的未来，使得载人航天委员会所面临的这项任务难度极大，涉及面众多。尽管如此，载人航天委员会最终取得了一系列重要结论和建议，总结如下。

恒久面对的问题

恒久面对的问题是载人航天领域制定愿景、科学尝试、辩论与批判性思考的激励因素，因为目前所有答案都只是暂时性的，会随着更多探索任务的完成而改变。恒久面对的问题提出了不受外部压力和政策变动影响的动机，它们不仅要经得起时间的检验，也要在面临技术、社会和经济限制时能够连续驱动工作推进。恒久面对的问题是明确的，与广为共享的人类经验存在本质联系。基于第 2 章的分析报告，载人航天委员会认为，激励载人航天恒久面对的问题是：

1) 人类能从地球向太空前进多远？

2）抵达后人类能发现和获得什么？

载人航天的理由与公共利益

载人航天委员会收集到的所有支持载人航天的观点，在过去很多年里都以各种方式和各种组合来支持载人航天计划。在载人航天委员会看来，这些理由可以分为两组：一组是务实型——经济利益、对国家安全的贡献、对国家地位和国际关系的贡献、对学生和公民提高其科学与工程教育水平的激励以及对科学的贡献；另一组是理想型——人类物种的最终延续（通过地外定居）、人类共同的命运和对探索的渴望。相关评估在第 2 章中详述，载人航天委员会的总结如下。

1）经济利益。尽管没有广泛认可的、强有力的定量方法，能够对联邦研发项目在不同经济部门和研究领域的回报进行比较评估，但有一点很明确，NASA 载人航天计划就像其他政府研发项目一样，已经刺激了经济活动，产生了新产品并促进了技术发展，这已经或可能在未来产生显著的经济影响。但是，开发一种可靠的比较评估方法，对比航天回报和其他政府研发投资回报，仍是不现实的。

2）国家安全。尽管空间资产与计划是国家安全要素之一，但是载人航天在该方面的直接贡献一直有限，且以后也可能继续如此。一项积极有效的载人航天计划使美国在国际空间行为准则中更具话语权，能够增强美国的国家软实力，并支持其与其他国家合作，从而为包括安全在内的国家利益做出贡献。

3）国家地位与国际关系。作为载人航天探索活动的领导者，能够提高国际地位与民族自豪感。由于该项工作复杂且经费高昂，因此需从国际合作中受益。该类合作具有重大的地缘政治利益。

4）教育与激励。美国需要科学家和工程师，以及拥有深刻科学认知的民众。航天任务的挑战性与刺激性能够成为学生和民众参与科学与工程的动机，但衡量这方面的影响程度较为困难，因为科学家或工程师所具备的要比最初的启蒙与动机要多得多。但是，许多航天领域人士都曾编写报告指出该类激励的重要性，尽管在航天领域中很难区分载人和机器人探索技术的贡献。

5）科学发现。在空间科学中，机器人探索与载人航天探索的相对效益，一直随着技术、费用和风险的变化而改变。目前，如好奇号和卡西尼号这样的机器人行星探测器，即便其能够较载人项目飞得更远、更快且更便宜，但是其在复杂环境下的灵活性，对于突发事件的应急处理能力和对新发现的快速反应能力都不及人类。但这一约束可能在未来有所改变。

6）人类物种延续。无法断言，人类最终是否能够通过地外定居延续我们的物种，这一问题只有通过扩展人类在宇宙中的边界来回答。

7）共同的命运和对探索的渴望。对探索的渴望和追求有挑战性的目标是人类的共同特点，如今太空是上述探索与渴望的主要物理前沿。有人说持续探索太空是人类的命运。虽然并非所有人都认同这一观点，但对于赞成者而言，这确是一个参与载人航天的重要原因。

如第 2 章所述，务实型理由本身似乎不够充分，这也许是因为它们代表的效益并非载人航天所独有，而那些关于人类探索命运和物种延续的理想型理由，同样也与恒久面对的问题密切相关。载人航天委员会从其调查评估中得出结论：没有一个单独的理由能够完全论证载人航天的价值。载人航天委员会认为，理想型理由加上务实型理由的实际效益才能够支撑美国载人航天计划的延续性，当然其前提是报告中推荐的途径和决策法则得到采纳。

公众对空间探索的关注程度较低于其他公共政策事项，如经济、教育、医疗和科学发现等。如第 3 章所述，公众的航天相关意愿在过去 50 年中总体呈积极态度，但其中大部分人并不关心空间探索，因此空间探索支出并未受到大部分公众的重视。

可预见目标

如第 4 章所述，本研究中的技术分析明确显示，在可预见的未来，载人探索可行的目的地只有月球、小行星、火星和火星的卫星。在这几个看似可行的载人航天探索目标[①]中，距离最远且难度最大的是载人火星表面登陆——这需要克服前所未有的技术风险、财务风险和项目难题。因此，载人航天探索的可预见目标（即目前能够预见的最远探索目标）是火星。所有潜在合作伙伴的长期航天计划均汇聚于这一目标。

政策挑战

符合以下途径原则的近地轨道（LEO）以远载人航天探索计划，如果其预算增长速度仅与通货膨胀速度持平，是不可持续发展的。如第 4 章所述，当前计划中制定的 LEO 以远的运载火箭与飞行器开发项目，无法满足维持专业能力与安全需要的飞行频率，不具备公众看得见的可预见目标与近期成果之间的"进阶"架构，同时也可能会让潜在的国际伙伴失望。

除非政策目标能够反映或改变纲领、技术和预算现状，否则其无法引导制定一个可持续的载人航天计划。载人航天委员会指出，制定政策目标者应考虑以下因素：

1）技术转化、吸引人才的职位、科技知识等可量化利益回报，不太可能与载人航天计划的大量投资相匹配[②]。

2）阿波罗投资的理由、国防及威望等因素，在后冷战时期的美国民众关注度已经非常有限。

3）即使大多数人对 NASA 及其航天计划持积极态度，但增加投入并非其优先选项。与此同时，多数美国人不会紧密关注这项计划，只有那些更关注的人才更支持空间探索。

---

① 载人航天飞行和载人航天探索之间并无定义上的严格区别，委员会在此使用后者代表 LEO 以远的空间飞行，其活动目标是使人类进入宇宙探索新事物。

② 委员会认为预算估算虽不准确却不可或缺，使估算更为准确可靠的一种方法是 NASA 编制 5 年预算估算的敏感性分析和评估计划，变动为 10% 或更多，这一工作可作为风险规避计划的部分工作完成。

国际合作

国际合作已经成为航天政策本质上不可分割的一部分，几乎世界上所有参与航天活动的国家都是如此——如今，大部分国家都会与其他国家合作发起或者开展重大航天项目。合作的理由多种多样，但是包括美国在内的很多国家在能够获益时，都会首先选择合作。

很明显，美国载人航天探索的近期目标与我们传统国际伙伴的目标不相一致。当大部分主要航天国家或航天机构都在展望探月，尤其是登陆月球表面时，美国的计划却聚焦于将一颗小行星拖拽到月球轨道，并由航天员在此对小行星进行作业。显而易见的是，鉴于中国航天实力的快速提升，开放接纳中国为未来国际合作伙伴，符合美国最大利益。值得一提的是，当前的联邦法律禁止 NASA 和中国开展双边活动，这只会阻碍美国将中国带入国际合作伙伴圈子的能力，实质性降低了本来可能汇集起来的飞往火星的国际力量。另外，考虑到火星探索任务所需付出的巨大努力，国际伙伴所承担的成本份额将达到空前量级（见第 4 章载人探火的需求）。

途径方式建议

NASA 与其国际合作伙伴以及商业伙伴合作进行的 LEO 基础设施建设项目已接近完成——ISS 已基本组装完成。美国必须现在决定，是否开展可持续的 LEO 以远载人航天探索活动。载人航天委员会阐述了空间政策的过去和现在，探讨了国际环境，明确表述了恒久面对的问题和理由，研究了公众和利益相关方意见，希望从上述信息中得到一个关键答案：什么样的载人航天计划才能满足上述因素？载人航天委员会认为，这一计划应领导人类经常性地进行 LEO 以远的探索，即应制定一个可持续的 LEO 以远的载人航天计划。

一个可持续的载人深空探索计划必须设有终点，"可预见"目标提供了一个不易被过程中的主要技术故障和事故、政策和经济环境变化而中断的长期焦点。在国家航天政策中、国际协调组织中和大众想象中有一项共识，就是都将火星作为人类空间探索的可预见目标。NASA 可维持一个设有里程碑的、以载人登陆火星表面为可预见目标的载人航天探索计划，同时通过计划执行过程中丰富的国际合作机会重新确保领导地位。但前提条件是，计划需要拥有按逻辑顺序排列的任务组成部分，并制定非常高的飞行频率，以确保地面操控人员、任务控制人员和航天员的技术熟练度。在朝向这一目标的前进途中，NASA 需要参与任务类型规划和相关技术开发。技术开发需满足任务需求和集成，并能够开发出高优先级任务能力，如火星大气层进入、下降和着陆技术，防辐射技术以及先进的空间推进力和能源技术等。LEO 以远的载人探索进程将以十年为时间单位，以千亿美元为资金单位，并且具有巨大的生命风险。

此外，载人航天委员会还认为，确保一个符合委员会所识别的理由和恒久面对的问题，并且稳定的可持续的载人航天计划的最佳方式是：通过严格运用一套途径原则来制定计划。因此，载人航天委员会建议 NASA 应优先考虑以下途径原则：

1）承诺设计、维护和执行一项向着清晰的可预见目标前进的、LEO 以远的探索途径，解答载人航天"恒久面对的问题"。

2）吸引国际航天机构尽早参与途径的设计和开发，并以其做出贡献的能力和意愿为基础。

3）定义途径的前进步骤，促进探索途径的可持续性，同时稳步推进长期目标的实现。

4）持续寻找能够解决技术或项目难题的新合作伙伴，并将其吸收到探索途径中来。

5）建立风险规避计划，以确保所选途径在遇到不可预见性技术或预算问题时的可持续性。这一风险规避计划也应包括如何决定从本途径进入另一条水平较低的途径（或）中止计划。

6）确定探索途径特性，使其能够在不影响长期目标前进进度的前提下，使科学、文化、经济、政策和激励效益最大化，特性如下：

a）可预见目标和中期目的地应具备深远的科学、文化、经济、激励或地缘政治效益，能够证明公共投资的合理性；

b）任务和目的地的安排顺序应能够使利益相关方，包括纳税人，看到进度和发展，对 NASA 完成这一途径充满信心；

c）该途径以符合逻辑的技术能力前瞻为特点；

d）该途径将那些对实现后续目标无益的、没有发展前途的任务组成部分的使用降至最低；

e）该途径是可承受的，并不至于招致不可接受的风险；

f）在可获得的预算条件下，该途径能够支持关键技术能力保持，确保操作人员熟练度和基础设施有效使用。

当 NASA、政府机构和国会在面临如何处理所选途径中无法避免的挑战时，还需要决策规则对途径原则给予支持，该决策规则可在 NASA 途径进展过程中出现主要技术、费用和进度问题时使用。由于许多重大决策都需要在计划通过审批并启动之前做出，因此决策规则设计用于贯穿所选途径的整个周期，为可持续计划提供框架，确保应用途径原则时，计划处于约束可接受状态和可发展状态。载人航天委员会建议：

虽然整个途径的范围和费用均由途径原则定义，但当途径中出现技术、费用或进度问题时，NASA、政府机构和国会应使用下述决策规则解决：

1）在拨款水平和项目 5 年预算规划，无法满足在已有进度下执行途径时，不启动该途径。

2）在预算条件不满足所选途径时，即便 NASA 做好了筹备工作，也应从本途径进入另一条水平较低的途径。

3）在美国载人航天计划出现意外的预算增长时，NASA、政府机构和国会不应重新定义途径以致预算需求随途径持续执行而继续增长，而是应该提高经费以快速淘汰明显技术风险，或加快向预先制定的途径技术和探索目标前进的运转速度。

4）在有限的资金条件下较难选择发展哪项主要新技术和能力时，应优先选择那些能够解决已经出现的明显技术缺陷的、降低整个计划费用的、加快进度和/或降低开发或操控风险的新技术和能力。

5）在某些载人航天计划的组成部分、基础设施和组织机构不再能够为途径的前进做出贡献时，应将其尽快剔除。

实施可持续计划的建议

载人航天委员会没有就任何特定途径或者终极目标做出建议。其建议的途径方式是，将战略性框架与实用性指导结合起来，以保持载人航天探索的稳定，以及政治和计划的连贯性。

如果美国要开展载人航天探索计划，那么这项计划就必须值得国家付出巨大费用并承担生命风险。载人航天委员会认为没有一条单独的务实型理由能够特别有力地论证这项花费和风险。实际上，载人航天探索必须基于鼓舞人心的和富有抱负的远大志向，才能够吸引广大美国民众和政策制定者，才能让美国具备相当的技术成就和智慧，显示其实力以领导国际伙伴进行以和平为目的的合作。考虑到所有载人航天计划的费用及其显见的航天员风险，载人航天委员会认为，符合以上标准的途径只能是最终将人类送到其他星球上的那些途径。

载人航天委员会对选择途径方式的建议并没有偏向性意见，但其通过对数条途径进行独立分析明确得出，重返月球并开展广泛的月球表面操作活动，能够对最终载人登火的探索战略做出重大贡献，同时也可能带来大量的国际合作和商业合作机会。但是，无论最终选择哪条途径，基于途径和决策规则制定的任何计划，其成功执行都将取决于其他一些条件。除了上文提到的最为推荐的途径方式和决策规则，载人航天委员会还提出了以下优先建议，它们对于可持续性载人航天探索计划的发展和执行最为关键。载人航天委员会建议如下。

NASA 应该：

1）承担设计、维持以及扩展在 LEO 以远的载人活动。应包括如下步骤：

a）为 NASA 的载人航天提供人力物力保障；

b）根据需求重新调度载人航天计划的资源，包括提高项目管理效率（包括管控风险水平），裁撤冗余机构及在可能的情况下合并基础设施。

2）将载人探火计划作为载人航天探索的远期计划并对其保持长期的关注，解决载人航天恒久面对的问题：人类能从地球向太空前进多远？抵达后人类能发现和获得什么？

3）建立和实施途径方式使科学、文化、经济、政治以及个人的成就都达到最大化，并在途径的每一阶段开展有意义的工作，不做无用功。

4）积极寻求国际和商业合作，利用其他国家、机构和商业实体的资源和能力。国际合作应向中国、其他新兴航天国家以及传统国际合作伙伴敞开大门。未来合作的主要努力方向应该是寻求整合：

a）在执行 LEO 以远的途径时，应根据实际合作关系分摊总体成本；

b）与合作伙伴共同决策。包括同国际合作伙伴一起研究关于 ISS 延寿至 2024 年可能带来的结果。

5）致力于制定一个包括任务需求和系统结构的规划，充分考虑受资助的高优先级技术，应优先发展的是：

a）火星大气层进入、下降和着陆；

b）先进的太空推进力及能源技术；

c）防辐射。

本报告中，载人航天委员会在如何成功执行途径方式方面给予了指导，并分析了顺利进展情况下各途径的可能费用。同时，载人航天委员会也认为，所制定的计划在没有相应资金支持的情况下是不可能成功的。同样，在得不到国家领导层一贯承诺的情况下也是不可能成功的，即承诺不因后续的改选而更改探索方向。那些负责NASA拨款和发展方向的政府部门是美国载人航天事业投资和成就的关键保障，他们启用计划并为计划拨款，确保 NASA 和其他联邦实验室与设施的领导职能、人事、管理和资源到位，只有这样才能推进这项伟大事业。

第1章 分析与研究结果综述

1.1 简介

美国载人航天计划已经持续了半个多世纪，其间几经战争和经济萧条，但是，从早期的水星计划和双子座亚轨道及地球轨道任务，到阿波罗登月计划，再到可重复使用的载人航天飞机，美国仍然在近三十年开展了多个重大项目。今天，美国是 ISS 这一大型轨道设施项目的主要合作者，而 ISS 也将成为人类首次尝试商业货运与载人轨道飞行的关注焦点。然而，在长远的未来，ISS 以远的载人航天飞行尚不明朗。

如本章 1.2 节所总结，多位美国总统都曾大胆地宣布过探月、探火以及探小行星等新的美国空间探索计划，但这些计划都未曾实现肯尼迪总统 1961 年讲话所做的承诺——即，实现这一计划需要大幅提升 NASA 资金水平。在众多观察家看来，如今美国政府执行的载人航天计划既没有明确的方向性，也没有严格的完成时间表。

美国载人航天计划的历史成就与未卜前途错综复杂，这一特点使得承担本报告编写任务的载人航天委员会深感编写工作的困难[①]。为完成任务，载人航天委员会尽可能严格地对以往发布的载人航天理由进行评估，获取相关知识积累，从而确认一系列"恒久面对的问题"，比如激发科学学科战略性计划的问题。同时，载人航天委员会也试图描述载人航天计划的价值与"价值诉求"；征求并说明利益相关方与公众的意见；并给出能够指导未来美国载人航天计划的结

---

① 委员会任务说明见附件 A。

论、建议和决策规则。本报告中所呈现的载人航天委员会工作人员的工作成果[②]为美国的载人航天计划发展指明了方向，使其能够避免经历过去出现的问题与错误。当然，在这条道路上前进，美国也需要在未来数十年中每年提高对载人航天计划的投资。如果继续美国目前的载人航天计划——在目前无法与通货膨胀速度持平的预算条件下，发展 LEO 以远的探索系统，同时作为主要伙伴国运营 ISS 至 2024 年[③]——不仅将招致计划的失败，还会挫伤长期以来公众对于美国具有最强载人航天能力这一认知。

　　载人航天委员会在本章中对所得最重要结论以及相关问题的历史背景做出综述，用粗体突出表示对策建议与结论，并在后续章节中对所提建议与结论进行了证明和量化。载人航天委员会得出研究结果的重要基础可总结如下。

　　1）实施载人航天计划的原因是理想主义与实用主义的混合体。实施阿波罗计划的主要原因是以和平手段，通过登月击败苏联，验证美国技术霸主地位[④]。执行阿波罗计划不仅源于可能引发核战的美苏冷战背景，同时也是两种迥异的经济体系之间冲突的产物，当然这种冲突如今已经化解。仅仅按照经济回报或生活质量提升来量化载人航天计划对当今美国产生的价值是不现实的，但这并不代表其没有效益输出：如 W·B·卡梅隆（W. B. Cameron）所言"并不是所有可计量的都重要，重要的也不见得都可量化"[⑤]。

[②]　6 次委员会会议，4 次技术专家组会议，3 次公众和利益相关方意见小组会议，约翰逊航天中心、肯尼迪航天中心和马歇尔空间飞行中心（NASA 关键的载人航天飞行中心）实地考察，向公众呼吁发布白皮书，利益相关方采访，推持公众讨论，参与国际会议。

[③]　本报告预计未来通胀为每年 2.5%，与《2013 NASA 14 财年新启始通胀索引》相一致，http：//www.nasa.gov/sites/default/files/files/2013 _ NNSI _ FY14（1）. xlsx.

[④]　1961 年 4 月 12 日，尤里·加加林进行了具有历史意义的空间飞行，两日后，肯尼迪总统在会议中对 NASA 和内阁官员说："谁能告诉我怎么追……没什么比这更重要。" H. Sidey，John F，Kennedy，President，Atheneum Press，New York，pp. 122 - 123.

[⑤]　W. B. Cameron，Informal Sociology：A Casual Introduction to Sociological Thinking，Random House，1963.

2) 公众的空间探索兴趣水平与其他公共政策问题适度相关。如第 3 章所述，公众的航天相关意愿在过去 50 年中总体呈积极态度，但其中大部分人并不关心空间探索，因此空间探索支出并未受到大部分公众的重视。

3) 火星是载人航天探索的可预见目标。载人航天委员会在第 4 章中表示，载人航天探索在可预见的未来确有几个合理目标，而实现这些目标的核心问题是人类在火星表面的着陆问题。所有潜在合作伙伴涉及载人航天探索的长期航天计划均汇聚于这一目标。

4) 在载人航天预算增速仅可与通货膨胀速度持平的资金条件下，下文定义的满足途径原则的 LEO 以远载人航天探索计划是不可持续的。如第 4 章所述，当前计划中制定的 LEO 以远的运载火箭与航天器开发项目，终有一天将无法在不变的购买力下持续，无法满足维持专业能力与安全需求的飞行频率，不再具备公众看得见的可预见目标与近期成果之间的"进阶"架构，同时也可能影响潜在国际合作伙伴的信心。载人航天委员会在下文"途径原则与决策规则"部分指出了一种"途径"方式，要求美国确定一条实现可预见目标的明确途径，并坚持相应原则与决策规则以实现目标。

在得出研究成果的过程中，载人航天委员会具体细化出了一些美国需扭转的重要问题，并认为其应该着手开始新一轮的载人深空探测：

1) 美国短期 LEO 以远载人探索目标与传统国际伙伴的目标不一致。载人航天委员会从国际伙伴代表处获悉，他们的载人航天短期目标是月表活动，并且他们也明确表示，凭一己之力无法完成上述计划，因此仍然依赖美国领导载人探月。尽管上述伙伴国也表示了对小行星重定向任务（ARM）某些方面的兴趣，但是载人航天委员会在与代表们的讨论中察觉到，他们关心小行星重定向任务项目能否最终将美国的资源与注意力转向月球。在论证过的几种途径中，不包括重返月球——即在月球表面广泛的操作活动的途径，相较于其他途径更具发展风险。

2）将 ISS 延寿至 2020 年以后，对于 NASA 能维持的 LEO 以远空间探索计划的进度具有短期影响，但同时也能提供长期暴露在微重力环境下的研究机会。之前，美国及其国际伙伴均支持 ISS 运营到 2020 年，但美国近期计划将其延寿至 2024 年。而 NASA 曾对载人航天委员会明确表示希望将 ISS 延寿至 2028 年。此外，美国指定其一半的 ISS 空间与资源用作国家实验室。支持者认为，ISS 应该延寿至 2020 年以后，甚至 2024 年以后，从而增加获得空间研究与开发（R&D）实质性回报的可能性，包括所承诺的商业效益。然而，继续运营 ISS 势必将与 LEO 以远的新探索计划形成竞争，更加恶化资金问题。与此同时，载人航天委员会发现，对于载人探火计划，还有很多工作尚待完成，以确定在探火往返飞行过程中，长期微重力环境下人的生理耐受性问题及其对策，而 ISS 可作为完成上述工作的空间平台。因此，目前有两派对立意见，一种是以安全且可持续的速度发展 ISS 以远的深空探测，另一种是在 LEO 进行 20～30 年的医学研究，解决载人探火中的问题。

3）由于禁止 NASA 与中国合作，造成了中国与其他航天国家充分的合作机会。中国成功实施在轨交会对接以及首台月球车月面作业，这些稳步的、战略性的计划，最终将使中国在载人航天国家中扮演领导角色。与美苏宣告破产的载人航天计划早期历史正相反，中国的载人航天计划推进有序、谨慎，且鲜少失败。美国政府对待中国的态度并不一致，在某些领域将中国视为潜在合作伙伴，而在其他领域又将中国视为威胁。载人航天委员会担忧，美国当前法律正在阻碍美国在适当情况下与中国开展合作的能力。反观美国传统国际伙伴，他们并没有实施过这类限制。

第 1 章剩余章节探讨了基于不同观点的载人航天的过去、现在和未来，这些内容支撑载人航天委员会最终形成了一项可持续计划。1.2 节介绍了过去和当前的美国航天政策；1.3 节分析当前伙伴关系和非伙伴国家能力，如中国，评估了国际环境；1.4 节总结了载人航天恒久面对的问题与理由；1.5 节总结了美国公众和利益相关方对于载人航天的态度⑥；在 1.6 节中，载人航天委员会基于"途径方式"指出了寻求可持续性 LEO 以远载人航天计划的战略手段；1.7 节为第 1 章的结论，总结了制定可持续性 LEO 以远载人航天计划的要求，以及在缺少资金情况下开展深空探测新计划的后果。载人航天委员会公式化了一系列途径原则和决策规则来指导计划，并且给出了两个案例，示范如何使用途径方式来设计载人航天计划。载人航天委员会评述并说明了为什么美国应该继续前进，为什么应该制定一种措施以应对载人航天恒久面对的问题和理由。

尽管载人航天委员会人为划分了两个时间周期，一个到 2023 年，一个到 2030 年，但载人航天委员会并未在报告中分别就两个时间周期给出建议。载人航天委员会所述途径方式需对 2030 年前整个时间周期的计划综合考虑，因此文中所指 2023 年"之前"和"之后"都是人为划分。实际上，在对途径方式的开发与论证过程中，必要性调查委员会不得不考虑将时间周期延至本世纪中叶，远超本报告所述的 2030 年。载人航天委员会承认，半个世纪之后，生物工程、人工智能及其他学科的发展速度有可能大于当前，且具有不可预见性，其他学科领域的突破也有利于消除众多 LEO 以远空间探索的障碍，尤其人类与机器人之间的界限可能更加模糊。届时，对太空中"最新边界"的探索可能比本报告所述更加迅速与深远，也许称之为"载人航天"⑦ 已不再准确。

1.2　过去和当前的美国航天政策

在靠近 NASA 马歇尔航天飞行中心的美国航天与火箭中心，有

---

⑥　1.2 节到 1.5 节对第 2 章和第 3 章中涉及的恒久面对的问题、价值命题和利益相关方及公众意见中大量且详细的分析进行了总结。

⑦　作为本报告目的，载人航天探索定义为 LEO 以远区域的空间飞行，由人类在飞行器中完成。此处，"区域"指位置、轨道能量（速度）或二者皆可。委员会定义了载人探索的两种情况，因为当航天员在火星或月球轨道上通过遥控机器人进行火表或月表操作时，他们临近目标且远离地球。

一个名为"大国的挑战"的展览，展现了美国空间探索的历史⑧。这里是值得回忆和纪念的地方，因为在这个地方研制和建造了土星五号火箭。历史上，有很多国家和民族曾经勇于探索，却或快或慢地失去了动力。探索的理由很多，或是为了扩张势力，或是为了创建商路，或是为了贵金属，或是为了传教，但在这些冒险之中，总有国家竞争的因素，来为探索者们提供资源。

　　载人航天委员会的一部分任务（见附件 A）是负责考虑如何在制定拨款法案时，以及在随后而来的正式法案及政策指南中，详细描述 NASA 的目标。载人航天委员会简述了美国载人航天事业的历史，向今天的人们讲述其中的故事。这其中的目的，并不是制作编年史，而是指出民用航天政策的每一次原则性改变和转折——尤其是当政策与载人航天飞行相关时——这从最高层面驱动了航天计划。

　　空间探索的早期历史很大程度上是被国家之间的竞争推动的。美国载人航天计划的诞生可以追溯到 1958 年 7 月 29 日的《国家航空航天局法案》，正是根据这部法案成立了 NASA⑨。1957 年 10 月 4 日苏联发射了第一颗人造卫星，美国的决策者们挨了当头一棒，决心行动起来创立和巩固一个美国联邦基础设施，来支持航天活动。1958 年 10 月 1 日 NASA 正式开始运行。其最初的活动是根据《国家航空航天局法案》和艾森豪威尔当局的初期航天政策实施的⑩。《国家航空航天局法案》为美国民用航天计划设定了 8 个目标：

　　1）扩大人类对大气和宇宙现象的知识；

　　2）提高火箭和航天器的"有用性、性能、速度、安全性和

---

⑧　"'Great Nations Dare' Exploration Technology Exhibit," http：//www. nasa. gov/centers/marshall/news/exhibits/great _ nations. html，accessed January 19，2014.

⑨　National Aeronautics and Space Act of 1958，Public Law 85 - 568，72 Stat. ，426. Signed by the President on July 29，1958 in Exploring the Unknown：Selected Documents in the History of the U. S. Civil Space Program，Volume I：Organizing for Exploration，eds. John M. Logsdon et al. （Washington，DC：NASA，1995），334 - 345.

⑩　"National Security Council，NSC 5814，'U. S. Policy on Outer Space，' June 20，1958" in Exploring the Unknown，Volume I，345 - 359.

效能";

3）研发和运行载人或无人航天器；

4）在为和平及科学目的开展的航天活动中，建立对于以下三个问题的长期研究机制：收益、机会、问题；

5）保持美国作为航空航天科学技术领导者的角色；

6）按需开展与国防部的合作；

7）依照本法和和平应用的结果，代表美国开展与其他国家、国家组织的合作；

8）与其他利益相关方合作，对美国国内的科学和工程资源进行有效利用。

基于上述要求，NASA 在 1959 年 12 月发布了一份正式的长期计划，题为《国家航空航天局长期计划》。这份原始计划描绘了一个科学、应用和载人航天平衡发展的规划，并探讨了"1970 年后"[11]载人登月的可能性。该计划本是长期、稳定的，但因为苏联航天计划的持续成功而陷入了困境。1961 年 4 月 12 日，苏联人尤里·加加林（Yuri Gagarin）成为第一个进入太空的人。这引起了美国方面的一连串事件，而高潮则是 1961 年 5 月 25 日肯尼迪总统的重大航天政策讲话，要求在 60 年代结束之前送美国航天员登上月球并安全返回地球。为了在太空竞赛中重获领先地位，肯尼迪总统决定（并得到大批国会议员的支持）为 NASA 启动了一个速成式月球登陆计划[12]。在其后的两年中，NASA 的年度经费先后增长了 89% 和 101%[13]。在整个 60 年代，NASA 成为了一个大型联邦机构，带动了一大批承包商。后者的主要任务——如果不是唯一任务的话——就

---

⑪　"NASA Long Range Plan, 1959," http：//www. senate. gov/artandhistory/history/resources/pdf/NASALongRange1959. pdf.

⑫　The classic work on the Kennedy decision is John M. Logsdon's The Decision to Go to the Moon：Project Apollo and the National Interest（MIT Press, Cambridge, Mass. , 1970）. See also the more recent John F. Kennedy and the Race to the Moon（Palgrave Macmillan, New York, 2010）.

⑬　Figures taken from Logsdon, John F. *Kennedy and the Race to the Moon*, 2010.

是发展载人航天能力，其最直接、最主要的目标就是载人登月。但 NASA 和这些企业所迎来的，是阿波罗计划结束后，航天预算占联邦预算的比例大幅度下降，曾经的目标变得遥遥无期。

在整个 60 年代，NASA 实施了水星和双子座计划，相当成功，为阿波罗计划铺平了道路。第一位进入轨道的美国航天员是约翰·格林（John Glenn），他乘坐水星-友谊 7 号飞船（如图 1－1 所示）进入太空。通过这两个计划，NASA 的飞行中心获得了执行更复杂载人航天任务的关键经验，其中包括舱外活动、交会、对接与长期飞行。尽管 1967 年阿波罗 1 号在地面发生的火灾导致 3 位航天员遇难，但整个计划仍然进展迅速。1969 年 7 月 20 日阿波罗 11 号在月球表面登陆，航天员阿姆斯特朗（Armstrong）和奥尔德林踏上月球

图 1－1　1962 年 2 月 20 日，约翰·格林进入友谊 7 号飞船的水星舱准备发射（来源：Courtesy of NASA，"Glenn Launch Highlighted Changing World," February 17，2012，http：//www. nasa. gov/topics/history/features/Glenn － 50thKSC. html#. U34ERyhhu6I. ）

表面，是整个计划的最高潮。这兑现了肯尼迪总统的承诺。又经过 5
次登陆（其中阿波罗 13 号失败），阿波罗计划在 1972 年终止（如图
1-2 所示）。遗留下来的设备在 1973 到 1974 年用于天空实验室
（Skylab）计划及 1975 年的阿波罗-联盟对接计划。

图 1-2　1972 年 12 月 13 日，阿波罗 17 号的指令长乌格涅·柯南在月球上行走。
他是此次飞行第 3 个、也是迄今最后一个踏上月球的人

到阿波罗-联盟对接计划实施的时候，NASA 已经在所谓的太空任
务组（STG）上投入了很大的资源。太空任务组是由副总统斯皮鲁·
阿格瑙（Spiro Agnew）牵头的，相关报告在 1969 年 9 月就提交给了

图 1 - 3　航天飞机的设计概念

（来源：Courtesy of NASA；available at http：//history. nasa. gov/SP - 4219/
Chapter12. html. ）

尼克松（Nixon）总统。这份报告题为《后阿波罗时代的航天计划》
（*The Post - Apollo Space Program：Directions for the Future*），为
未来航天计划指明了方向。其中太空任务组确立了 NASA 的目标为
"协调载人与无人航天计划"，包括去往火星的任务，ISS 任务，以及
建造航天飞机用于地面和地球轨道之间的往返运输（如图 1 - 3 所
示）⑭，造福于全人类。但是，尼克松在 1970 年 3 月对美国航天政策

---

⑭　"Space Task Group Report，1969，" http：//www. hq. nasa. gov/office/pao/
taskgrp. html.

做出了重要的表态，大幅度缩减了太空任务组的目标。尼克松对阿波罗计划享受到的极高优先级表示质疑，并指出"太空探险必须在国家优先事务的严密体系内找到自己的位置"。实际上，这样的思路在其后的 40 年间主导了美国的民用航天政策。到尼克松离任时，NASA 预算在联邦预算中的比例已经从最高时的 4% 降低到不足 1%，这种情况一直延续了 40 年。

　　1972 年 1 月，尼克松总统宣布开始研制实用性可重复使用载人航天器，也就是航天飞机。这个决策是对后阿波罗时代的载人航天目标进行综合权衡的结果，其中包括可能的 LEO 空间站、火星任务和航天飞机[15]。按照航天政策研究专家约翰·劳格斯顿（John Logsdon）的说法，由于 NASA 空间站和火星任务太过激进和昂贵，NASA 缺乏对这二者的热情：

　　在 1971 年，NASA 要想保持自己作为一个以载人航天为核心活动的大型研究机构的特色，就必须推进航天飞机计划。在 70 年代乃至其后的美国民用航天政策和计划领域中，推动或不推动航天飞机成为事实上的政策选择[16]。

　　20 年后，哥伦比亚事故调查委员会（CAIB）称这条道路为"将太多希望寄予在太少的项目上"[17]。随着更多的预算削减和妥协，最初的全面可重复使用航天飞机概念降级了。到尼克松发布声明的时候，航天飞机概念已经成为另一个部分可重复使用、更加昂贵、后来被证明为更不安全的系统。

　　在经过最初的岁月后，航天飞机于 1981 年 4 月 12 日首飞了。

---

　　[15]　Roger D. Launius，"NASA and the Decision to Build the Space Shuttle，1969 – 72，" The *Historian* 57.1（September 1994）：17 – 34.

　　[16]　John M. Logsdon，"The Evolution of U. S. Space Policy and Plans，" in *Exploring the Unknown*，p. 384.

　　[17]　"NASA—Report of Columbia Accident Investigation Board，" http: // www. nasa. gov/columbia/home/CAIB _ Vol1. html.（see especially，pp. 102 – 105，and 209）. CAIB's comment a similar comment made by the Augustine commission in 1990 that NASA "is trying to do too much and allowing too little margin for the unexpected. "

第一架哥伦比亚号航天飞机搭载航天员约翰·杨（John Young）和罗伯特·科里平（Robert Crippen）在太空中飞行了两天（图1-4）。哥伦比亚号（Columbia）、挑战者号（Challenger）、发现号（Discovery）、亚特兰蒂斯号（Atlantis）和奋进号（Endeavour）5架航天飞机从1981年到2011年间共执行了135次任务。航天飞机发射了大批卫星和星际探测器，部署了哈勃太空望远镜，执行了大量科学实验任务，为哈勃实施了多次维修。在后期，航天飞机承担了从和平号空间站和ISS到地球之间往返运送航天员和货物的角色。350多位航天员搭乘航天飞机飞行，其中多数来自NASA，也有一些来自其他国家、航天机构和企业。但在这些成就之外，航天飞机

图1-4　1981年4月12日哥伦比亚号首飞

（http：//spaceflight. nasa. gov/gallery/images/shuttle/sts - 1/html/s81 - 30462. html）

计划经历了两次惨重的事故，1986 年挑战者号执行 STS－51L 任务时机毁人亡，2003 年哥伦比亚号执行 STS－107 任务时失事，两次事故中各自损失了 7 名航天员。挑战者号事故后，罗纳德·里根（Ronald Reagan）总统宣布不再使用航天飞机发射卫星，而全能发射工具是初期为航天飞机设定的角色之一[⑱]。对于安全的考虑几乎主宰了对航天飞机计划潜在持续性的讨论。2004 年 1 月，小布什总统决定到 2011 年终止航天飞机计划，这个决策得到了有效实施。

尽管航天飞机计划结束了，美国依然通过参与 ISS 保持着在宇宙空间的长期存在。空间站项目的根源可以追溯到里根总统时期，当时 NASA 牵头推动一个地球轨道的大型空间站项目，以此突出美国太空领导地位，并开发太空的商业潜力。1984 年 1 月，里根总统在国情咨文中说"NASA 要开发一个长期有人值守的空间站，并在80 年代结束前完成"。但这个新空间站的设计在 80 年代几经更迭，主要影响因素是费用明显超支，需求不断变化，1986 年挑战者号航天飞机的事故也造成了一定影响[⑲]。

1986 年 5 月，国会组织的"国家航天委员会"发布了一份报告，题为《引领航天前沿》（Pioneering the Space Frontier），并建议"实施一项 21 世纪的美国先锋任务"，强化美国在航天活动中的领导地位，包括登月（2005 年）和登火星（2015 年），并第一次指出，在亚洲地区经济崛起的情况下，保持美国在全球经济中领导地位的重要性[⑳]。但是，挑战者号的事故中断了上述期望。一个由 NASA

⑱　"Statement on the Building of a Fourth Shuttle Orbiter and the Future of the Space Program，August 15，1986，" from Public Papers of Ronald Reagan，1986，accessed at http：//www. reagan. utexas. edu/archives/speeches/1986/081586f. htm.

⑲　W. D. Kay，"Democracy and super technologies：The politics of the space shuttle and Space Station Freedom，" Science，Technology and Human Values 19. 2（April）：131－151，1994.

⑳　National Commission on Space，Pioneering the Space Frontier：The Report of the National Commission on Space：An Exciting Vision of Our Next Fifty Years in Space，http：//history. nasa. gov/painerep/begin. html，1986.

组织、由航天员萨利·K·莱德（Sally K. Ride）领导的委员会在
1987 年发布了一份报告，题为《美国领导地位和在空间的未来》
（*Leadership and America's Future in Space*）。这个委员会建议"采
用渐进和顺其自然的战略……将可以提高我们在运输和技术上的能
力，它们本身不是目的，但却是我们达成科学与探索任务的必要手
段"。这是第一次专注于能力，美国的目标再一次转向独自或国际合
作实施载人登月和登火星。报告中明确表示："毫无疑问，探索、勘
察、定居火星是载人航天探索的最终目标。但美国不应当直奔火星，
应该从地球逐步向外扩展。"㉑ 不幸的是，国会对此并不热心，而在
人们尚未认真思考报告内容之前，国际局势的发展就改变了美国航
天政策的外部环境。

　　在冷战末期的 1989 年 7 月，正值首次阿波罗登月 20 周年，布
什总统宣布了"空间探索创新"（SEI）计划。计划呼吁对自由号空
间站进程持续投资，然后载人登月。但布什总统说，"这一次我们要
回去常驻"，然后"实施一次载人登火星任务"。布什指出，这些任
务是有历史先例可循的，比如哥伦布的远航或俄勒冈小道的开辟㉒。
但空间探索创新计划没有得到国会的支持，当布什竞选失败离开白
宫后，空间探索创新计划就终止了。1990 年 12 月，一份被人们称为
"奥古斯汀报告"的文献［正式名称是《美国未来航天计划咨询委员
会报告》 （*Report on Advisory Committee on the Future of the
U. S. Space Program*）］出炉，这份咨询报告称，"就所能获得的
资源而言，NASA 对航天计划的责任作了过度承诺——简言之，
NASA 想做的太多了。"㉓

　　冷战的结束带来了一系列新的机会。自由号空间站因为超支而

㉑　*Leadership and America's Future in Space*： *A Report to the Administrator*，
August 1987，http：//history. nasa. gov/riderep/cover. htm.

㉒　"Space Exploration Initiative，" http：//history. nasa. gov/sei. htm ［accessed
January 19，2014］.

㉓　"Report of the Advisory Committee on the Future of the U. S. Space Program，"
December 1990，http：//history. nasa. gov/augustine/racfup1. htm.

接近于取消。NASA 提出把自由号的组成部分与俄罗斯和平号空间站相结合，建立一个国际性的空间站。1992 年 12 月的一份研究报告［《后冷战美国航天政策评论》（*A Post Cold War Assessment of U. S. Space Policy*)[24]　］呼吁美国"制定合作战略，并以此作为制定未来所有航天政策的中心要素"。与俄罗斯的合作这次向前推进了，这主要是受地缘政治因素影响，特别是为了防止俄罗斯工程技术人员为敌视美国的国家工作，也是为了推动俄罗斯加入《导弹技术控制条约》（MTCR）。一个联合空间站被认为是达成上述目标的理想工具[25]。在 1994 年 1 月的国情咨文中，克林顿总统宣布要与俄罗斯联合建立一个国际合作的空间站，也就是"ISS"[26]。因此，NASA 实施了航天飞机–和平号计划，由航天飞机运送俄罗斯航天员进入太空。1995 年，STS‑71 实施了与和平号对接并入内访问的任务。很快，美国航天员开始在和平号上长驻，其中第一人是诺尔曼·E·撒加德（Norman E. Thagard），他在和平号上驻守了很久。虽然遇到了一系列事故（包括一次火灾和一次碰撞，但都与航天飞机无关），但在此过程中取得的经验对开展美–俄 ISS 合作是至关重要的。

　　ISS 的第一个舱段在 1998 年升空。这个国际合作的空间站由美国、俄罗斯、欧洲、日本、加拿大的航天局合作建设。自从 2000 年 11 月 2 日第一个乘组抵达 ISS，它就一直有人值守，创造了人在太空持续生存的纪录。来自 15 个不同国家的航天员曾经访问 ISS，总

---

　[24]　*A Post Cold War Assessment of U. S. Space Policy*，1992.

　[25]　1992 年 6 月，乔治·布什和鲍里斯·叶利钦签订协议，要求增加美俄合作。随后，NASA 和俄罗斯航天局签订了一份含有增加美空间站计划中俄参与度相关内容的一年期合同。

　[26]　美俄同意在 1993 年 9 月 2 日开展载人航天飞行合作。1993 年 11 月 1 日两国正式签署协议。自此，俄罗斯航天局成为了 NASA 新空间站项目合作伙伴。See *Space Station：Impact of the Expanded Russian Role on Funding and Research*，GAO Report to the Ranking Minority Member，Subcommittee on Oversight of Government Management，Committee on Governmental Affairs，U. S. Senate，June 1994，http：//archive. gao. gov/t2pbat3/151975. pdf.

计有 35 个乘组。在 2001—2010 年间，对 ISS 的主要服务任务是由航天飞机执行的。但自从航天飞机项目结束，运输物资和人员的任务就落在了俄罗斯联盟 TMA 和进步 M 飞船、欧洲自动转移飞船（ATV）、日本 H－II 火箭运输飞行器（HTV），以及商业承包商（龙飞船和天鹅座飞船）身上。从 2001 年夏天以来，只有联盟飞船可以载人前往 ISS。实际上，由于 2003 年的哥伦比亚号事故，美国已经不具备独立送人进入太空的能力。

在研究了更大范围的结构上、制度上乃至文化上的事故原因后，调查委员会指出，国家领导机构犯了错误，没有更换已经老旧的航天飞机，并且令人遗憾地是对民用航天活动缺乏"战略愿景"。因此，2004 年 1 月，小布什总统做了重要政策讲话，将新的航天计划描述为"扩大人类在太阳系中的存在，在 2020 年前启动载人重返月球任务，为载人探索火星或其他天体做准备"，这一计划称为星座计划[②]，即使不考虑它所需要的巨大投资，也没有在国会两党那里得到支持。2009 年 10 月，一个新的奥古斯汀委员会对载人航天飞行进行了评估，提交了一份题为《追求一个适合于伟大国家的载人航天飞行计划》（*Seeking a Human Spaceflight Program Worthy of a Great Nation*）的报告，指出如果不大幅度增加对星座计划的资金投入，则无法实施。2010 年 2 月，奥巴马总统宣布取消星座计划。2010 年 10 月 11 日生效的 2010 年 NASA 授权法案正式终止了星座计划。

需要指出的是，所有高级委员会和咨询委员会都是为了提出一系列载人航天行动建议（更宽泛地说是提出美国航天政策建议）而组建的。在数十年间，这些委员会所关注的一系列关键目标惊人地一致，尤其是 1969 年之后。他们都提出航天计划可以推动长期技术发展（无论是对日常生活还是对载人火星探测）；要制定明智的任务

---

②　NASA，"President Bush Offers New Vision for NASA，"http：//www.nasa.gov/missions/solarsystem/bush_vision.html，January 14，2004.

架构（在载人和机器人系统之间要有恰当的平衡）；要推动科学、技术、数学教育的发展；要在一个竞争的全球环境中维持美国的领导地位；要开放商业投资机会；要提升可承受性；要支持国家安全；要扩大国际合作。所有委员会都指出，火星是载人探索的终极目标，而重返月球是垫脚石。

奥巴马政府在 2010 年 6 月提出了新的国家航天政策[28]。这份文件给出了 6 个非常宽泛的目标：推动国内产业，扩大国际合作，强化在空间的稳定性，提升任务关键功能的坚韧性，实施载人和机器人任务，提高实施科学和地球资源研究的能力。对于"空间科学、探索和发现"，以及载人航天，这份文件指出，NASA 局长应当：

1）设立长期研究探索的里程碑。2025 年前，应当启动超越月球的载人任务，包括载人探索小行星。21 世纪 30 年代中期之前，应当派航天员绕火星飞行，然后安全返回地球。

2）继续运行 ISS 到 2020 年。

3）寻求私营部门的合作，以实现安全、可靠、费效比合理的商业航天飞行能力，实现往返 ISS 的人员和货物运输服务。

国家航天政策给出了总方针，而载人航天的实际工作依赖于 2005 年、2008 年和 2010 年 NASA 授权法案中体现出来的意见。每一份法案都清晰界定并更新了在逐步终止航天飞机计划、ISS 建造完成、实施 LEO 以远载人探索计划的背景下 NASA 的直接目标。

2005 年法案（签署并生效于 2005 年 12 月 30 日）使布什总统的"空间探索愿景"正式成为法律。该法案要求在月球保持可持续的人类存在，可以用机器人任务作为先导。该法案还授权开展国际合作。此时的目标是到 2014 年发射一种新的载人航天器，称为航天员探索飞行器；在 2010—2020 年继续实施 ISS 的工作，并在 2020 年前重返月球。该法案还正式规定"ISS 的美国舱段将被指定为国家实

㉘　*National Space Policy of the United States of America*，June 28，2010，http：//www. whitehouse. gov/sites/default/files/national _ space _ policy _ 6 - 28 - 10. pdf.

验室"^㉙。

2008 年法案（签署并生效于 2008 年 10 月 15 日）中，国会强调"发展美国的载人航天能力，使美国能独立地进入 ISS，能实现 LEO以远的探索，是具有战略重要性的必要国家能力"。其后的条款中指出"采取一切谨慎步骤……尽快推动猎户座飞船和战神－1 火箭全面投入使用，并确保有效研发美国的重型运载能力，为 LEO 以远的任务服务。战神－1 火箭是星座计划的一个基础部分，如果取消星座计划，上述目标部分程度上不可能实现。在长期探索目标方面，NASA 授权法案重申两个紧密相关的目标：美国应当与其他国家开展合作，美国应当开展 LEO 以远的探索，需要考虑建造一个名为"内尔·A·阿姆斯特朗月球前哨站"的有人照料月球基地。国会强调，支持美国空间探索政策的一系列目标，其中包括重返月球和前往太阳系内的其他目的地，认同独立进入太空的能力对美国是不可或缺的^㉚。

2010 年法案（签署并生效于 2010 年 10 月 11 日）重申了 1958年法案和 2005 年、2008 年法案的条款^㉛。这是国会迄今通过的最新一份关于美国国家航天政策的法案，它本质上是对取消星座计划、不再研制月球基础设施的目的的声明。该法案指出"对载人探索目标的承诺，对于提出一个长期、专注、纲领连贯和强有力的美国国家民用航天计划是必要的"，并强调美国对 ISS 上的一切活动负有责任，同时有责任维护已经达成的国际合作协议，还强调了航天飞机即将退役和美国没有送人进入太空的能力这一事实。法案重申"对美国来说，尽快发展这样的能力是必要的"。法案虽然承认这种能力可以由商业公司提供，但依然强调"对美国来说，维持一个由政府运行的太空客货运输系统，是符合国家利益的"。

就 LEO 以远的活动而言，2010 年法案指出："美国必须尽快发

㉙　　Public Law 109 - 155, December 20, 2005.

㉚　　Public Law 110 - 422, October 15, 2008.

㉛　　Public Law 111 - 267, October 11, 2010.

展一种替代运载器、可货运或载人，并具有前往 LEO 乃至更远目的
地的发射能力。"法案特别指出，LEO 以远的载人航天任务将"推
动空间技术设施和技术新兴领域的研发"且"载人航天探索的长期
目标应当是国际合作探索火星"。为了达到这个最终目标，所采用的
战略应当是接纳国际合作伙伴，但必须按照各自付费的原则来实施。
此外，"对新发射工具和航天员系统的需求……应当控制在尽量小的
规模，且具备满足国家核心任务需求的能力，用于实施地月飞行。
这些新兴任务，以及新技术和空间能力的研发，能打造前往其他目
的地的任务基础。"对于特定空间飞行器的结构，法案要求 NASA
开发空间发射系统（SLS）。这种火箭的初级版本将具备 $70\sim100$ t
的 LEO 发射能力，升级版将提高到 130 t。NASA 将继续开发"可
用、实用的多用途载人飞行器，不能晚于空间发射系统投入使用"，
这就是后来的猎户座改进型载人飞船。

在美国载人航天飞行计划处于关键性十字路口的今天，特别是
在实施 LEO 以远航天飞行的领域，这些条款和 1958 年《国家航空
航天局法案》中较总体性的指南继续指导着 NASA 的活动。

1.3　国际环境

航天合作由来已久，载人航天委员会在论证载人航天价值（见
附件 A）时考虑了当前与潜在国际伙伴的航天计划与优先级。目前，
合作已经成为航天政策本质上不可分割的一部分，所有参与空间项
目的国家，大部分都没有单独执行过重大航天项目。合作的理由多
种多样，但是对国际伙伴合作协议的调查结果显示[20]，国家之间的合
作原则就是互惠互利。基本上，国际合作旨在获得多国资源，扩大
项目范围，增强项目实施能力。

---

[20]　N. Peter，The changing geopolitics of space activities，*Space Policy* 22：100 -
109，2006.

合作的益处众多。合作国在合作过程中，能够通过协调发展与规划、资源的优化来扩展任务可行性范围。设想，如果合作方做出能力贡献，那么合作整体的获益大于各部分总和，并且成本还由合作方分摊。一般而言，合作可使航天项目在经济上变得更易承担，并且能够引入更加丰富的科技专家资源。但是，国际合作能够降低领导国（例如美国）成本的证据仍不明确③。NASA 高级官员在给载人航天委员会的报告中表示，国际合作并未降低 NASA 成本。以载人探火的范围和规模，该任务将包括多个主系统和分系统，它们将由合作伙伴开发，以降低主要贡献国的项目成本。此类合作，尤其是合作伙伴在项目最初阶段就进入并达成成本分摊协议的情况，应在此规模项目中尝试，其不易被破坏和改变。

在特定情况下，合作的优越性通常更加明显，当劳动分工涉及所有参与者时，能够降低多国管理结构中所固有的低效问题。但应注意，成功合作的关键在于所有合作国的核心利益都能得到满足。

如尼古拉斯·皮特（Nicolas Peter）所言：

并非所有国家都认为国际合作是公平的；一些国家积极争取、建立并维护航天国家伙伴关系，而另一些则较为民族主义，独立实施。另外，合作是高度动态而非静态的，且合作伙伴国之间必然需要一定反应过程以相互适应，相应地，其他利益相关方也需适应新的情况④。

以十年为时间计量单位的项目，其进行国际合作所存在的问题必然多于几年就能完成的国际合作项目，因为较长的时间跨度会大

---

③　已就大型科技项目合作的成本效应进行研究，但其结论在很大程度上自相矛盾。值得注意的是，在 2013 年底举行的会议中，NASA、ESA、JAXA 和 CSA 这些与会的航天领先机构均注意到了国际合作的益处，但成本除外。See "Many Benefits from International Cooperation, But Not Cost Savings, Says Panel," November 20, 2013, SpacePolicyOnline. com，http：//www. spacepolicyonline. com/news/many - benefitsfrom - international - cooperation - but - not - cost - savings - says - panel.

④　N. Peter, The changing geopolitics of space activities，2006, p. 101.

大增加政治现实引发分歧的可能性。所以，互惠原则是合作稳固的一个重要基础。而合作项目的可行性应基于潜在合作伙伴之前的一贯行为。

航天国家数量的显著增长增加了合作可能性。现阶段，航天机构在规划其未来航天项目时都寻求多样的合作伙伴。而且，随着合作成功的案例越来越多，新兴航天国家将发现，合作有助于降低他们参与航天相关活动的必然风险和障碍。记录显示，所有近期的航天活动新参与者——包括中国——都在寻求与经验丰富的航天国家达成合作协议，以从潜在技术和经验转移中受益。与此同时，有经验的航天国家，尤其是美国，则不时地将这种潜在的技术和知识转移视为威胁。但尽管如此，国际合作仍被视为长期、大规模计划与航天任务（如 ISS）的持久动力。

2014 年 1 月，美国国务院首次主办了国际空间探索论坛（ISEF），来自 30 余个国家的部长级官员与政府代表参会。本次会议中，设定了机器人和载人航天探索两个主题，以及对会议的资助水平和美国政府的参与程度——副国务卿威廉·伯恩斯（William Burns）出席——均体现了空间探索和载人航天意识，尤其体现了发展与加强国际关系的意识。国际空间探索论坛上的国务院官方公告表示"在过去的半个世纪，如果没有国际合作，许多航天飞行成就都是无法实现的"，但同时也承认"工业和科学层面，由竞争驱动的创新也是空间探索演进的重要因素"⑤。

包括 LEO 以远探索任务在内的未来合作任务探讨正在进行，国际太空探索协调组（ISECG）便是主要论坛之一。2013 年 8 月，国际太空探索协调组发布了由 14 个空间机构代表共同完成的新一版全球探索路线图（GER）⑥。为开发制定上述计划，该项国际合作工作

---

⑤　"International Space Exploration Forum Summary"（January 10，2014），http：//www.state.gov/r/pa/prs/ps/2014/01/219550.htm.

⑥　"ISECG Posts Update to the Global Exploration Roadmap"（August 20，2013），https：//www.globalspaceexploration.org/news/2013 - 08 - 20.

在参与国空间机构之间搭建网络，以促进国家之间的和平关系。全球探索路线图作为一个框架，协调未来国际任务计划，以期实现载人登火的最终目标。各参与国航天机构均设想自身可做出的贡献，从猎户座和空间发射系统等大规模系统到机器人任务、任务规划、着陆器和货运飞船。并非所有机构都要参与路线图的每一部分，但国际太空探索协调组将确立竞争机制发挥杠杆作用，从而产生更加高效的工作计划。

迄今为止，ISS 是载人航天国际伙伴关系和国际合作的旗舰项目。主要合作伙伴均承诺利用并运营 ISS 至 2020 年。之后，不同的国家目标、资金情况和发展航天政策的态度，使得与原本的合作伙伴继续 ISS 项目充满不确定性。出于 ISS 和 LEO 以远空间探索两方面考虑，NASA 将继续扮演领导角色（以延寿 ISS 至 2024 年为证明），其中部分源于美国在上述计划中的支出大于其他国家。然而，美国领导地位的本质随美国与不同机构间关系的本质变化而变化。许多机构都在指望美国——换言之，他们都依赖 NASA 继续实施载人航天计划以确保与美国合作，从而使自己的计划获得资金支持。而另一些机构则更加着重内部解决资金、规划和目的问题。

越来越多的国家拥有了实质性的载人航天计划，包括那些正在努力开发的系统和技术，它们可能为未来的 NASA 载人航天活动做出直接贡献。其中，俄罗斯、欧洲空间局（ESA）、日本和中国的计划最值得注意。此外，加拿大是 ISS 计划中的活跃伙伴，而印度也宣布了一项载人航天长期规划。

不同国家的公众对于航天的看法不同。对于中国、印度这样的新兴航天国家，"空间探索是向全球宣告自己已'达到'国际大国水平的众多重要途径之一"，同时也用于宣布他们已跻身航天大国精英俱乐部[37]。中国称赞他们的航天员是中国历史、文化与技术实力的

㊲　A. A. Siddiqi，"Spaceflight in the National Imagination，" in *Remembering the Space Age* (S. J. Dick，ed.)，NASA History Division，Washington，D. C. ，2008，p. 27.

集中体现[38]。在印度，航天成就代表着成为国际大国的雄心壮志[39]。

　　俄罗斯的载人航天计划，其关键舱段和往返 ISS 运送航天员与货物的能力，完全集中围绕 ISS 进行。基于数十年的空间站活动经验，俄罗斯继续推进后续计划的概念研究，包括 LEO 以远的人类活动建议书[40]。俄罗斯联邦航天局（Roskosmos）在 2013 年 4 月发布的一项航天政策声明中表示"航天活动是决定俄罗斯在现代社会中发展与影响力水平的首要因素之一"[41]。但在过去 20 年中，俄罗斯几乎并未努力拓展其 ISS 以远的载人航天计划，登月及其他行星机器人任务也几乎不存在。俄罗斯政府继续推进联盟号后续航天器研制，新航天器通用名称为 PTK NP，尺寸及任务与 NASA 猎户座兼容[42]，额定航天员 4 人，可执行 LEO 以远任务——主要前往月球轨道——时间约为一个月[43]。俄罗斯计划 2018 年开始飞船的载人飞行测试，这一时间节点较具挑战性。俄罗斯制定了探月和探火长期规划，但鉴于财政现实，这些规划中的计划与项目将融入若干全球性倡议，至少是涉及欧洲的倡议。2013 年俄罗斯航天政策声明强调，俄罗斯"支持全面参与国际社会研究、掌握与利用空间类项目的可能性，包括月球、火星及其他太阳系星体项目"[44]。

---

[38]　James R. Hansen，"The Great Leap Upward：China's Human Spaceflight Program and Chinese National Identity" in *Remembering the Space Age*，109 - 120.

[39]　See for example，the recent book by a former head of the Indian Space Research Organization (ISRO)：U. R. Rao，*India's Rise as a Space Power* (New Delhi：Cambridge University Press India，2014).

[40]　目前俄罗斯在轨舱段由 5 个模块组成（曙光号、星辰号、码头号、探索号、拉斯韦特号）。此外，俄罗斯还提供联盟号 TMA 和进步号 M 飞船。

[41]　"The Principles of Space Policy of the Russian Federation in the Area of Space Activities in the Period up to 2030 and Future Perspectives Approved by the President of the Russian Federation on 19 April 2013 No. Pr - 906"（in Russian），http：//www. federalspace. ru/media/files/docs/3/osnovi_do_2030. doc.

[42]　PTK NP 代表新一代有人驾驶运输飞船。

[43]　"New Spacecraft Will Cost ＄10 Billion，" October 23，2013，Interfax. ru，www. interfax. ru/russia/txt/336877.

[44]　"The Principles of State Policy of the Russian Federation."

2003 年，中国首次执行载人飞行任务，获得了国内外公认的区域性声誉提升。之后，中国又执行了 4 次技术复杂性递增的载人航天任务[45]，包括一艘类似于联盟号的神舟飞船和一座名为天宫的小型空间站。接下来，中国将执行更加宏伟的地球轨道任务。目前，中国正在开发一座更大型的模块化空间站，首个"实验性的"核心舱将于 2018 年发射，尔后发射另两个舱段，于 2020 年前完成在轨组装。该空间站将于 2022 年前建成，其三舱构型的尺寸与规模类似于已经脱轨的俄罗斯和平号空间站。中国空间站中的一些舱段专门对外国合作伙伴的国际访客和合作企业开放[46]。

2011 年年底，《中国航天白皮书》发布，详细说明其理念与计划，更新自 2006 年以来的进展，并指出了未来 5 年的目标。在载人航天领域，中国 2016 年之前的目标包括：计划发射空间实验室、载人飞船和货运飞船；突破并掌握空间站关键技术，包括航天员中期驻留、再生命支持与推进剂加注；开展空间应用并为空间站建设进行技术准备[47]。在载人登月问题上，中国政府似乎没有正式批准专项，但中国也并未停止对这一任务探索的各种可能[48]。尽管在西方国家有一些报道，但中国何时能够真正实现这一任务尚不可知。

同时，中国也正在推进机器人计划。2013 年 12 月，中国嫦娥 3

---

⑤　分别是 2005 年的神舟六号（2 名航天员任务期 5 天），2008 年的神舟七号（任务含舱外活动），2012 年的神舟九号（与天宫一号对接，含一名女性航天员），2013 年的神舟十号（在天宫一号上任务期 2 周）。

⑥　信息基于 2013 年 9 月 23—27 日在北京召开的第 64 届国际宇航大会发表论文。

⑦　"Full Text：China's Space Activities in 2011," December 2011，http：//english. sina. com/technology/2011/1228/427254. html；"Space plan from China broadens challenge to U. S.," *New York Times*，December 29，2011.

⑧　该判断基于 2013 年 9 月在北京召开的第 64 届国际宇航大会发表的数篇论文，例如，Lin - li Guo（China Academy of Space Technology，CAST），"Key Technology of Manned Lunar Surface Landing，Liftoff and Operating," IAC - 13. A5. 1. 3；Yang Liu（Beijing Special Engineering Design and Research Institute），"Study on Technical Approach for Manned Deep - Space Exploration," IAC - 13. A5. 4 - D2. 8. 6；Li Guoai（China Academy of Launch Vehicle Technology），"Long March Family Launch Vehicles for Deep Space Exploration," IAC - 13. A3. 1. 11.

号软着陆器在月球上着陆并释放玉兔号月球车，月球车任务部分成功。目前，中国正在计划 2017 年利用嫦娥 5 号月球探测器执行月球采样返回任务。

　　尽管中国希望与美国开展载人航天合作，但是出于安全担忧，特别是美国国会的禁令，近期中国参与联合计划的可能性不大。同时，中国的航天计划也不依赖美国的载人航天活动。另外，中国明确表示，中国的航天计划对其他国家开放合作，包括俄罗斯和 ESA（图 1-5），无论美国是否与中国合作。

图 1-5　2013 年 6 月 26 日，神舟十号航天员返回地球，完成第 5 次中国载人航天任务。图中航天员从左至右依次为张晓光、指令长聂海胜、王亚平。迄今为止，仅有两个国家——俄罗斯和中国——拥有天地往返载人飞船。源自：路透社。

　　如皮特（Peter）提出的，"欧洲面向新兴航天国家的国际合作开放性，通过 ESA、多国航天机构及欧盟（EU）建立的战略伙伴关系，为欧洲提供了与世界其他国家开展国际合作的多种可能性，很好地说明欧洲的多元化确实成为了促进欧洲国际合作的重要因素。

欧洲在不同航天层面与合作伙伴建立了多家合资企业，且一些合作伙伴从未作为西方国家传统合作伙伴出现——例如，中国。"⑭ 这一情况部分说明了欧洲在国际航天合作中的重要角色。"在某些领域，航天合作的重心可能从美国转向欧洲；亚洲新中心（中国、日本、印度）或拉美新中心（巴西、阿根廷）的重要性增加。"⑩

　　ESA 的载人航天计划几乎全部集中于支持 ISS 项目，其计划的经费比例约占该机构总预算的 10%。⑪ ESA 在 ISS 中的主要贡献是 2008 年抵达 ISS 的大型密封哥伦布舱。并且，ESA 也提供了自动转移飞船（ATV，图 1 - 6），使用阿里安 5 号火箭发射，向空间站运送货物，带回废弃物。根据计划，ESA 需在 6 年中发射 5 艘自动转移飞船，首发已于 2008 年完成。目前，以 ISS 为核心，ESA 拥有了自己独立的航天员队伍、地面基础设施和科学实验计划。

　　虽然 ESA 自身不具备独立的载人航天能力，需要依靠美国、俄罗斯，可能还有未来的中国，但是其拥有的主要能力与成就确保了这家由法国、德国和意大利领导的空间机构能够在 ISS 以远的大型载人航天国际活动中拥有一席之地。⑫ ESA 近期承诺，基于自动转移飞船开发 NASA 猎户座多功能载人飞船的服务舱，至少用于 2017 年的一次猎户座任务，后续也有可能参与第二次任务⑬。该协议将欧

---

⑭　N. Peter，The changing geopolitics of space activities，2006，p. 103.

⑩　同上。

⑪　European Space Agency（ESA），"ESA budget for domain for 2013"［image］，released January 24，2013，http：//www.esa.int/spaceinimages/Images/2013/01/ESA _ budget _ by _ domain _ for _ 2013 _ M _ Million _ Euro.

⑫　Thomas Reiter，"ESA Views on Human Spaceflight and Exploration," presentation to the committee，April 23，2013.

⑬　ESA，"European Ministers Decide to Invest in Space to Boost Europe's Competitiveness and Growth," Press Release PR 37 2012，November 21，2012，http：//www.esa.int/About _ Us/Ministerial _ Council _ 2012/European _ Ministers _ decide _ to _ invest _ in _ space _ to _ boost _ Europe _ s _ competitiveness _ and _ growth；ESA，"ESA Workhorse to Power NASA's Orion Spacecraft," January 16，2013，http：//www.esa.int/Our _ Activities/Human _ Spaceflight/Research/ESA _ workhorse _ to _ power _ NASA _ s _ Orion _ spacecraft.

图 1-6　自动转移飞船 4（ATV-4）分离。源自：ESA 和 NASA。

洲硬件作为开发美国硬件的关键途径，且这一美国硬件将用于 LEO 以远的探索活动，非常类似于俄罗斯硬件在 ISS 中的作用。ESA 在猎户座项目中的工作与 ISS 中的物物交换密切相关，ISS 的通用系统运营成本均由美国承担。与此同时，尽管将面临某些潜在官僚主义与政治障碍，但欧洲仍表现出长期开放扩大与中国潜在伙伴关系的意图——包括载人航天[54]。

　　与 ESA 类似，日本也是 ISS 运营的主要伙伴，并且也不具备独立的载人航天能力。日本对于 ISS 做出的实质性贡献以希望号日本实验舱为代表，该舱为与 ISS 组合的最大密封舱，可容纳 4 名航天员同时工作。同时，日本也提供了 H-II 转移飞船向 ISS 运送补给并带回废弃物。日本也培养了几名航天员，但由于不具备独立的载

[54]　"Shifting Constellations：Europe Eyes China in Space Race，"February 8，2013，*Spiegel Online*，http：//www.spiegel.de/international/europe/esa-mulls-new-alliance-as-china-becomes-space-leader-a-882212.html.

人航天能力，因此日本不可能脱离国际合作框架或协定独立参与任何载人航天计划，如轨道科学公司天鹅座货运飞船近距离操控系统项目[55]。

印度已与美国及其他国家的航天机构开展了多年合作。印度的火箭与航天计划已有 50 年的发展历史，进步明显，在运载火箭和卫星开发与发射项目成功实施几十年后，于 2008 年发射了印度首枚月球探测器——月球 1 号。2008 年 11 月，月球 1 号搭载 NASA、ESA、英国、德国、波兰和比利时等国独立或联合研制的多个载荷成功抵达月球轨道，对于验证月球南极附近的水分子存在情况至关重要——是月球资源"就地"利用所需的一项发现成果[56]。印度于 2013 年 11 月启动了火星探测器任务，并制定了主要目标，以推进这一行星间任务所需的设计、规划、管理及操控类技术的开发。如果该任务成功执行，那么印度将成为第 4 个抵达火星的国家或国际联盟[57]。近期，印度已经开始考虑载人航天计划，于 2014 年年初启动了基础研究，但政府尚未正式批复[58]。

载人航天委员会对未来 LEO 以远的国际合作得出如下结论：

1）很明显，美国近期的载人航天探索目标与我们传统的国际伙伴的目标不一致。大部分主要航天国家和航天机构都以探月，特别是月表研究为目标，而美国则计划捕获一颗小行星，将其拖拽到月球轨道，并让航天员在此开展工作。虽然 NASA 官员向载人航天委员会表示，美国能够支持其他国家从该轨道进行的着陆操控，但是

---

[55]　"Profile：Naoki Okumura，President，Japan Aerospace Exploration Agency，" December 9，2013，http：//www. spacenews. com/article/features/38565profile - naoki - okumura - president - japan - aerospace - exploration agency.

[56]　水由月球矿物学制图仪鉴定，其为月船 1 号上 NASA 资助的两台仪器之一。见 C. M. Pieters et al.，Character and spatial distribution of OH/H2O) on the surface of the Moon seen by M³ on Chandrayaan‐1，*Science* 326（5952）：568‐572，2009.

[57]　之前首次抵达火星的航天器是美国的水手 4 号（1965）、苏联的火星 2 号（1971）和欧洲的火星快车（2003）、日本希望号探测器在 2003 年飞低火星时入轨失败。

[58]　某些来自伊朗的消息声称伊朗也正在制定载人航天计划，但确切时间表未知。

潜在国际伙伴能否接受这一方式尚不可知。尽管美国并不期望在制定自身空间探索计划时盲目跟随其他国家的意愿，但是，如第 4 章所述，在月表活动中扮演更加积极的角色确实对美国有诸多益处。

2）中国航天能力迅速发展，美国如能在未来开放国际伙伴关系，自身最为受益。尤其是，目前联邦法律禁止 NASA 参与与中方的双边活动，这样只能阻碍中国与美国成为国际伙伴关系，大幅降低可能联合探火的潜在国际力量。

3）考虑到火星任务规模，国际伙伴在经费上所承担的贡献值将达到空前量级。这一结论将在本报告下文中载人探火任务需求部分详细探讨。同时，美国也需要在未来几十年确保载人航天预算增长大幅高于通货膨胀速度，或者使国际伙伴贡献达到空前规模，或者两者皆有。

1.4　恒久面对的问题与理由

1.4.1　恒久面对的问题

载人航天委员会在本报告中鉴别了能够激发载人航天可持续性发展方向的恒久面对的问题。恒久面对的问题是那些载人航天领域制定愿景、科学尝试、辩论与批判性思考的激励因素。这些问题是恒久的，因为今天所得到的任何答案都是暂时的，都将随着更多探索任务的完成而改变。恒久面对的问题可形成不受外部力量和政策变化影响的积极性，既经得起时间考验，又能持续驱动工作在技术、社会和经济约束下推进。恒久面对的问题应是明确的，并且在本质上与人类的共同经验相通。

基于第 2 章分析，载人航天委员会认为激励载人航天的恒久面对的问题为：

1）人类能从地球向太空前进多远？

2）抵达后人类能发现和获得什么？

1.4.2　理由

　　载人航天委员会鉴别出下列载人航天的通用性理由：经济利益、国家安全、国家地位与国际关系、激励学生与民众以推进科学与工程教育、科学、人类物种延续（通过地外定居）以及人类共同的命运和探索的渴望。其中前 5 个理由是务实型的，这些理由认为载人航天探索的效益在探索本身之外；而后 2 个理由是理想型的。上述每个理由都将在第 2 章中进行详细讨论。对于载人航天的各种论证，包括载人航天委员会之前查阅的文献、报告以及各种外部活动和调查，都综合了上述元素。载人航天委员会对此做出了归纳和评价：**单一理由无法证明从事载人航天的价值。**

　　关于人类命运和人类种族延续的理想型理由，强调了载人航天计划的独特价值，引用多个较为实际的理由支撑，尤其是在涉及使用公共资金的情况下。如第 2 章所述，务实型理由本身似乎不够充分，这也许是因为它们代表的效益并非载人航天所独有。而那些载人航天所独有价值，同样也大多是与恒久面对的问题相关的理由。

　　载人航天委员会对每个理由归纳如下。务实型理由，该类理由所固有的目标定位——经济增长、空间科学或学生的科研兴趣——大都是重要的国家目标。载人航天委员会根据载人航天对重要国家目标的影响，对务实型理由进行总结归纳；而对于理想型理由，则更多地直接联系相关目标进行总结。理由归纳如下。

　　1）经济。尽管没有广泛认可的、强有力的定量方法，能够对联邦研发项目在不同经济部门和研究领域的回报进行比较评估，但有一点很明确，NASA 载人航天计划就像其他政府研发项目一样，已经刺激了经济活动，产生了新产品并促进了技术发展，这已经或可能在未来产生显著的经济影响。但是，开发一种可靠的比较评估方法，对比航天回报和其他政府研发投资回报，仍是不现实的。

　　2）安全。天基资产与计划是国家安全的重要因素，载人航天在这一领域的直接贡献仍然有限。活跃的美国载人航天计划使美国在国际空间行为准则中更具话语权，增强了国家软实力，支持了与其他国家的国际合作，从而为包括安全在内的国家利益做出了贡献。

3）国家地位与国际关系。作为载人航天探索活动的领导者，能够提高国际地位与民族自豪感。由于该项工作复杂且经费高昂，因此需从国际合作中受益。该类合作具有重要的地缘政治利益。

4）教育与激励。美国需要科学家和工程师，以及深刻理解科学的民众。航天任务的挑战与刺激能够成为学生和民众参与科学与工程的动机，但测量这方面的影响程度较为困难。因为成为科学家或工程师，要求的比最初的启蒙与动机要多得多。但是，许多航天领域人士都曾编写报告指出该类激励的重要性，虽然在航天领域中很难区分载人和机器人探索技术的贡献。

5）科学发现。在空间科学中，对比人类和机器人所产生的效益，其结果一直随着技术、费用和风险的变化而改变。目前，如好奇号和卡西尼号这样的机器人行星探测器，即便其能够较载人项目飞得更远、更快且更便宜，但是其在复杂环境下的灵活性，对于突发事件的应急处理和对新发现的快速反应都不及人类。但这一约束可能在未来有所改变。

6）人类物种延续。人类最终是否能够地外定居，是否能够延长人类存在于地球的时间，是否能够延长我们的物种，这些都是无法断言的。这一问题只有通过扩展人类在宇宙中的边界来回答。

7）共同的命运和探索的渴望。对探索的欲望和对达到挑战目标的渴望是人类的共同特点。如今，太空是上述探索与渴望的主要物理前沿。有人说持续探索太空是人类的命运。虽然并非所有人都认同这一观点，但对于赞成者而言，这确是一个参与载人航天的重要原因。

1.4.3　价值与价值诉求

本报告在国家目标部分描述了 NASA 载人航天活动的期望价值与价值诉求。在商业中，价值诉求是输出者向接受者输送的利益或经验的清单，包括价格或为其消耗的资源描述。价值诉求是一种观念，对于如 NASA 空间探索计划这样的政府计划，其适用性可接受合理质疑⑤。从价值诉求到公共计划评估都根植于广泛调研，对于私人和公共部门的组织，它们在目标定义以及成果计量可行性方面区别较大。简而言之，那些非营利性公共计划，大多没有明显的"盈亏底线"。

有人主张，公众计划应根据实现一系列目标（或"价值"）的能力及效率，与那些已获成功的计划一同进行评估。而公众计划实现这一系列目标的成效，就是价值诉求分析的核心。载人航天委员会对公共机构常用的价值诉求分析进行评估，发现该估价方法缺乏对目标和构想的清晰分割定义，缺少跟踪公共机构在实现目标过程中表现的适用测量指标。这种分析停留在理论层面，将各种关于成果、效率和进度的度量方法都集中成一个业务价值诉求算式的想法仍难于实现。

第 2 章非常详细且具有新意地分析了如何通过观察利益相关方从航天计划中的获益，尤其是可能伴随载人航天中止而消失的机会，来针对使用公共资金的美国航天计划制定价值诉求。同时，列出了执行载人航天理由的标准列表。

1.5　公众和利益相关方意见⑥

1.5.1　民意调查分析

1.5.1.1　民意显示出对空间探索的兴趣

任何时期都只有小部分美国民众密切关注空间探索。调查数据显示，平均大约 4 名美国成人中就有 1 名表示对空间探索非常感兴

---

⑤　委员会并不质疑价值定位方法对于私营航天企业或"新航天"的适用性，这些企业与其他商业企业一样拥有客户、业务模式和盈亏底线。

⑥　通过公众和利益相关方意见小组，委员会获得了一般大众和精心挑选的利益相关方对于航天计划所持态度的详细分析。完整分析见第 3 章。如第 3 章所述，公众意见结果源于对国家主要民意调查机构数年数据的审核，利益相关方意见总结基于本报告调研。

趣（图 1 - 7），感兴趣的程度相应低于其他政策。例如，2010 年进行的综合社会调查结果显示⑩，对空间探索"非常感兴趣"的人占 21%，排在 10 项调查问题的最后，落后于新技术与新发明（38%）、科学新发现（39%）等。

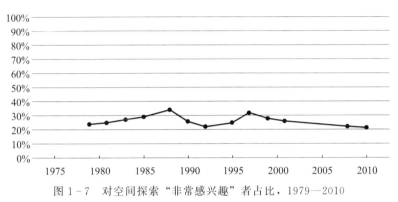

图 1 - 7　对空间探索"非常感兴趣"者占比，1979—2010

（来源：National Science Foundation Survey of Public Attitudes Toward and Understanding of Science and Technology；2008，2010：General Social Survey.）

与其他大多数政策问题一样，空间探索相关消息灵通的民众数量明显少于对此兴趣水平较高的民众数量，这一点非常重要，因为民众的参与度是基于对某项主题的兴趣和被彻底告知的认知两项综合而定的。对于空间探索"关注人群"（即认为自己非常感兴趣又充分知悉项目消息的人群）的评估显示，这一人群数量在过去几十年中下降了 10%。

1.5.1.2　对空间探索支出的支持

尽管民意对 NASA 及其出资的大多数航天飞行任务有利（图 1 - 8），但是大多数美国人还是不赞成增加空间探索支出。基于过去 40 年的综合社会调查（GSS）数据，认为我们在空间探索上投入太多的民意比例远高于认为我们投入太少（见第 3 章图 3 - 3），这一数据

⑩　2010 General Social Survey.

差距在最近几年有所减小。关于联邦项目经费支出的问题通常非常敏感，人们会联想到这一问题是否在问项目成本，是否在提醒NASA预算占联邦预算中很小一部分，希望寻求更多支持以增加资金。综合社会调查的问题不涉及经费，但其调查数据显示，在支出优先排序中，空间探索一项的排名为倒数。

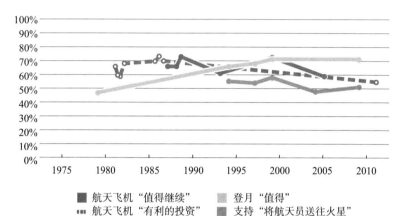

图 1-8　航天飞机、登月和火星任务民意支持情况，1979—2011（见彩图）
（来 源：Shuttle continuation：CBS News and New York Times；Shuttle investment：NBC News；Moon landing：CBS News；Mars：CBS News.）

1.5.1.3　支持载人航天任务的趋势

尽管对于空间探索的费用增长有保留意见，但是在一些特定载人航天任务上，民意一直保持积极，包括航天飞机计划、登月和载人登火（如图 1-8 所示）。绝大部分民意对上述任务保持积极，并且对阿波罗计划的态度随时间推移而变得更加积极。

1.5.1.4　对比载人任务与机器人任务

对于空间探索计划的支持水平部分依赖于是否涉及且如何涉及计划的费用问题。同样，民意倾向载人还是机器人空间探索也容易受到是否涉及费用的影响。例如，盖洛普咨询公司（Gallup Organization）在 2003 年提出："一些人认为美国的航天计划应该专注于像旅行者 2 号这样的，能返回宇宙信息的非载人任务。另一些人认为美国应专注于像航天飞机这样的载人航天计划。哪一个更接近您的观点？"有 52％的民众赞成载人航天探索，37％的民众支持机器人任务。而在 2004 年的一次益普索美联社民调（AP/IPSOS）投票中，上述问题前面加上了"一些人建议探月和探火应使用机器人技术，因为这比载人任务要便宜得多……。"结果显示，民众意见与上次民调结果完全相反——支持机器人技术的占 57％，支持载人航天的占 38％。

1.5.1.5   NASA 的角色、国际合作、商业企业

在 2011 年的皮尤研究中心调查中，当问及美国继续保持全球空间探索领导地位是否重要时，有一半以上（58％）的意见认为重要。这一意见比例是随时间波动的。当问题问及是否担心其他国家赶超美国时，回答"担心"的民意比例低于上一问题认为"重要"的民意比例。2011 年 7 月，CNN/ORC 进行的另一项调查显示，仅有 38％的民意认为美国"在空间探索领域领先于俄罗斯及其他国家"是非常重要的[62]。近期很少有调查能够深入探讨国际合作问题，但是基于现有数据显示，民意大体对国际合作持积极态度。

在调查文献中，很少有关于政府和私人部门在空间探索或载人航天中所扮演的角色的民意调查，这一现象表明空间探索相关政府部门和近期出现的私人空间活动凸显度较低。有限数据资料[63]显示，民众可能会越来越接受私人商业航天活动。

1.5.1.6   空间探索的理由

关于民众支持空间探索的理由的调查历来较少。大多数该类调查都是向受访者提供一张封闭式问答的理由列表。当问题中对理由明确表述时，这些理由的民意支持水平高于使用开放性问答形式提问。对有限数据总结发现，绝大多数美国民众认为空间探索没有特

---

[62]　Poll conducted by CNN/Opinion Research International，July 19 - 20，2011.
[63]　See "The Role of the Private Sector" in Chapter 3.

别的理由。

1.5.1.7 空间探索的相关支持

对调查结果的深入研究显示，在某些时段，民众对空间探索的支持高于其他。为探讨相关形态，载人航天委员会基于 2011 年皮尤研究中心（Pew Research Center）的研究，按照年龄、性别、种族、教育水平和党派分类，研究了一系列问题。问题包括：航天飞机项目是不是一项良性投资，美国在空间探索中扮演领导角色是否重要，航天项目是否对民族自豪感和爱国主义、对全美人民的科技进步、对激励科技兴趣"贡献颇多"。在该项调查中，性别和种族是对航天项目支持态度最明显的预测变量：在航天项目上，男性较女性更为积极，白人较黑人更为积极。

同时，载人航天委员会也对 2010 年综合社会调查中关于经费支出优先顺序的问题进行了类似分析。结果显示，男性较女性、白人较其他种族、接受过大学教育的人群较低教育水平人群，更倾向于认为我们在空间探索上的支出太少。

1.5.1.8 民意调查结果总结

民众对空间探索感兴趣的程度较其他公共政策温和。历来都只有小部分美国民众密切关注这一事项，并且更少数的人群能良好知悉相关信息。空间探索经费相较其他公共事项较低。对于绝大部分民众，空间探索没有持续吸引支持的特别原因。在过去几十年中，无论航天飞机成功研制、飞行和退役，还是领导多国搭建了大型在轨研究设施，民众对于空间探索和载人航天大体上积极，但在涉及经费支持和公众参与程度时比例较低，一直如此。

1.5.2 利益相关方的观点

载人航天委员会将利益相关方定义为，拥有合理的 NASA 项目关注动机，并能够在项目发展方向上产生一定影响的人群。载人航天委员会调查的利益相关方群体涉及工业界、空间科学与工程界、高知群体、安全领域、国防领域、外交政策领域、作家与出版商以及空间活动倡导者。将在第 3 章中详细介绍利益相关方、数据采集过程、图表和分析结果。

1.5.2.1　利益相关方对于空间探索和载人航天理由的看法

本项调查的首要目的是了解利益相关方对于空间探索和载人航天理由的看法。

针对空间探索，"拓宽知识和科学认知范围"是绝大部分受访者的首选（见第 3 章表 3 - 8 到表 3 - 10），有 58% 的受访者选择这一条作为空间探索的最重要理由。同样，这条理由的重要性也在航天相关和非相关工作者中凸显。

在绝大部分受访者支持的理由中，没有一条是传统的载人航天理由。当问及传统的载人航天理由中哪一条最重要时，"满足人类探索新领域的本能"名列第一，但占比不到 1/4。

当采用开放性问答方式问及载人航天的理由时，约 1/3 受访者的答案可总结为"人类在太空中能够比机器人完成更多任务"。不足 1/3 的观点认为载人航天的理由是满足人类探索新领域的本能。约 1/4 的受访者选择"拓宽知识和科学认知范围"。而那些航天相关工作者更倾向于提出新的载人航天理由，但这些理由仅占很小比例。

基于另一角度，载人航天委员会要求受访者以开放性问答方式回答：如果 NASA 的载人航天计划终止，将会造成何种损失？受访者对于这一问题没有一致答案，提及最多的是国家威望，占受访者的 1/4。有 15% 的受访者认为不会造成损失。

1.5.2.2　利益相关方对于未来发展进程的看法

受访者被问及未来 20 年，一个值得且可行的美国载人航天探索计划的目标，要求他们在 NASA 具有可行性的项目列表上指出对每个项目的支持或反对程度。问卷上给出了所有项目的大概费用和规模情况。

总体而言，"最受欢迎"的选项是继续 LEO 的 ISS 飞行任务至

2020 年（调查在美国宣布 ISS 延寿至 2024 年之前完成）。大多数受访者支持 4 个项目：继续 LEO 的 ISS 飞行任务至 2020 年；ISS 延寿至 2028 年；执行火星轨道任务，遥控火星地表机器人；重返月球，短期登月探索更多。相较于非航天相关受访者，那些从事航天相关工作，尤其是从事载人航天相关工作的受访者通常强烈支持大部分项目。

相较于 40 岁及以上的受访者，40 岁以下的通常更倾向于强烈支持大部分项目，继续 LEO 的 ISS 飞行任务至 2020 年、ISS 延寿至 2028 年是他们最"强烈支持"的两个选项，其次是建立月球前哨和载人登火。

载人航天委员会将利益相关方分为：非航天相关工作者、非载人航天相关工作者和载人航天相关工作者三组，要求他们评估未来 20 年 NASA 几个可能项目/活动的重要性，这三组受访者的答案有所差异。例如，虽然三组受访者中绝大部分都认为投资支持机器人空间探索大项目非常重要，但载人航天相关工作者较其他两组受访者更倾向于支持载人航天大项目投资（见表 3－18）。而其他两组受访者较载人航天相关工作者这一组更加关注促进气象卫星和通信卫星等轨道技术。最后，三组受访者中有绝大部分少数民族裔（至少占 40％）认为扩展与其他国家的航天合作非常重要。

利益相关方对于 NASA 和私人部门之间的关系观点明确。其中，占压倒性比例（超过 90％）的意见认为 NASA 应领导科学研究目的的空间探索，85％的意见认为私人部门应领导私人太空旅游，另有超过 2/3 的意见认为私人部门应领导航天经济活动。将近一半的意见认为 NASA 应领导人类登陆地外星球，但是也有将近 1/3 的意见认为无论是 NASA 还是私人部门都不该这么做。

1.5.2.3　利益相关方调查结果总结

总体而言，占压倒性比例的受访者认为空间探索的理由是"拓宽知识和科学认知范围"，但对于载人航天没有一个统一的理由。载人航天的支持率随年龄的增高而稳步下降，但在载人航天相关工作者分组中有所上升。在支持载人航天的受访者中，非航天相关科学家支持率最低，载人航天拥护者和宣传者的支持率最高。

1.6 可持续载人航天计划的战略途径[64]

载人航天委员会阐述了航天政策的过去和现在，探讨了国际环境，明确表述了恒久面对的问题和理由，研究了公众和利益相关方意见，希望从上述信息中得到一个关键答案：什么样的载人航天计划才能满足上述因素？载人航天委员会认为，这一计划应领导人类经常性地进行 LEO 以远的探索，即应该制定一个可持续的 LEO 以远的载人航天计划。目前，ISS 的建设已基本完成，其所剩寿命有限，如果美国不尽快决定是否进行 LEO 以远的载人航天探索，那么载人航天活动将从 21 世纪 20 年代早期，随着 ISS 收尾准备工作的启动，开始递减。更重要的是，由于新的重点航天项目从批准执行到首次飞行都经历数年时间（有的是十年），因此在 ISS 寿命即将到期时推迟做出决定将对所有载人航天活动造成较大发展差距——正如终止航天飞机项目给美国造成的载人天地往返能力断代一样。在第 4 章中，根据目前仅有的两次空间发射系统发射计划，载人航天委员会认为空间发射系统和猎户座的飞行频率远低于历史水平，无法支撑时间跨度数十年的探索途径[65]。载人航天委员会总结如下：

如果美国将载人航天的连续性作为国家目标，那么就必须现在决定是否执行一个可持续的载人航天探索计划，以及确定这一计划的性质。

载人航天委员会在下文中描述了可持续计划的基本性质。

---

[64] 本部分大部分技术研讨和数字源自第 4 章中描述的技术小组的审议意见。

[65] SLS 的最初两次发射计划于 2017 年和 2021 年执行，其间相隔 4 年。作为对比，从土星 5 号运载火箭和航天飞机首飞开始，接下来的 4 年中，阿波罗计划进行了 12 次发射。航天飞机计划执行了 17 次发射。

1.6.1　可预见目标：火星

受到可预见技术的限制，人类可前往的 LEO 以远星球数量有限，且其中只有两个受到明显关注[66]：月球和火星。火星是目前可预见未来中可实现探索的最遥远"远景"——在未来技术条件下，人类生理极限能达到的最远目的地（第 4 章）。火星是与载人航天委员会探讨的恒久面对问题最为契合的目的地，另外，大众在一个多世纪以前就对火星展开想象，这种固有魅力也促使火星成为一个具有吸引力的目的地。在现实可行的资金环境下，该计划需要几十年的持续努力，并且能够解答恒久面对的问题。在国家航天政策、国际协调组织和大众想象中有一项共识，就是都将火星作为人类空间探索的可预见目标。载人航天委员会总结为：

一个可持续的载人深空探索计划必须设终极的"可预见"目标，这个目标提供了一个不因探索过程中的主要技术故障和事故以及政策和经济环境变化而中断的长期焦点。

1.6.2　垫脚石

从 LEO 到火星表面的太空中，存在几个可设垫脚石的作业区域，基于可预见的关键技术是可以抵达这些垫脚石的。作业区域包括：

1）地月空间，包括抵达地月拉格朗日点[67]、月球轨道和月表任务（包括短期登月和长期驻月的月球前哨）；

2）自然轨道上的近地小行星（NEA）；

3）火星，包括火星飞越任务和前往火卫、火星轨道和火星表面

---

[66]　本质上，重力影响范围出现在物体周围的空间。

[67]　拉格朗日点也称 L 点或平动点，当两个星体的质量一个远小于另一个时，两星体间共轨结构中的 5 个相对位置。在这 5 个点的任一位置上，一个质量远小于上述两星体的物体会相对于这两个星体维持一个固定位置。在地月系统中，L1 是月球与地球之间可停泊飞行器的点，L2 是月球以远的类似一点。

任务。

　　前往上述作业区域的不同垫脚石，将在实现计划的过程中遇到必然的挑战和冒险，并通过不同模式进行活动和资源利用，而这一计划能够解答恒久面对的问题。LEO 以远的载人航天挑战包括推进能源需求增大和较长的任务周期。例如，图 1-9 显示了任务周期和速度增量（Δv），即推进能源需求测量值，在不同作业区域任务中的变化情况。图中每项任务区域的大小和位置均由一系列因素决定，如任务挑选、轨道约束和目的地。火星任务的 Δv 值随着任务执行到第几年而变化。设计适用于最低 Δv 值的探索系统仅能够每 15 年造访火星一次，而具有较高 Δv 值的设计则能够每两年造访火星一次。同样地，提高近地小行星轨道运输飞船的推进能力将增加发射机会和目标多样性。

　　任务成本和风险随着推进能源需求和/或任务周期的增加而增加。任务周期延长将增加组件故障风险和系统及航天员的辐射，加剧许多其他技术、生理和心理风险。前往地月空间的载人探索任务在多种任务周期中（从两周到 6 个月或更长）和适度的 Δv 值需求中存在优势。大多数前往自然轨道上的近地小行星的任务，在典型的 6 个月到 1 年的任务周期中，其所需的 Δv 值都明显大于地月任务。前往火星轨道的任务或前往火星卫星驻留 500 天的任务，其 Δv 值要求与抵达月表类似，但火星任务将持续约 900 天。而在火星表面驻留 500 天的任务，其 Δv 值要求则高于地月任务和其他火星 500 天的任务。

　　前往火星并驻留 30 天，其任务周期虽然比 500 天的短，但是由于该类任务需要使用不利于地—火轨道衔接的航线，因此 30 天任务反而需要更高的 Δv 值。

　　由于上述及其他原因，登火任务在克服所有技术和生理问题所需要的时间方面难度最大。尤其是，与正在执行的其他任务不同，载人登火任务需要一个进入大气层、下降和着陆（EDL）系统将大量载荷以及航天员送上火星表面。这是主要的成本、进度和风险项。载人航天委员会总结如下：

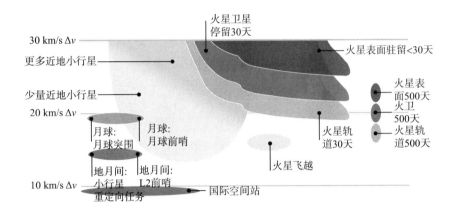

图 1-9　载人航天的任务周期与往返推进能源需求比较（见彩图）

　　根据技术和生理挑战的量级，美国应决定执行以火星为可预见目标的载人探索计划，NASA 需集中精力开展能够发展载人火星表面探索能力的高优先级研究和技术投资。如第 4 章所述，上述任务的最大挑战是：1）进入火星大气层，下降和着陆；2）太空航行中的推进力和能源；3）防辐射（防辐射健康效果和改善）。

　　NASA 目前的下一步深空探索主旨是，捕获一颗小行星并将其拖拽至月球轨道，供航天员研究，其将人类作业范围要求定为最低标准。但是，如第 4 章建议，如果人类最终在火星着陆并进行长时间作业，那么最好在月表和地月空间开发并测试所需能力。并且最好的发展方式是，在计划中定期制定重要里程碑，并在计划初期实现——里程碑能够有意义地、逐步地推进人类空间探索的各项能力。

　　NASA 及外部专家表示，目前美国政府将月表视为其他国家空间计划的内容，而美国载人探索计划不感兴趣。这一主张使得尚未触及的太阳系起源科学记录深藏于月表之下⑱，忽视了月球作为发展探火能力的重要性，忽视了掌握阿波罗计划时期技术能力和操控专业知识的专家已经年迈的事实。对地球的探索历史经验告诉我们，跟随第一个探索者的人就是从成就中获益最多的人。美国应该以史为鉴，重新审视自身对月表的看法。下文所述途径方式及其应用支撑载人航天委员会观点，即月球，尤其是月表，在探火这一可预见目标上较其他中期目标具有明显优势。

载人航天委员会不建议基于能力的或灵活路线的方式，并详细说明了没有明确目的地顺序的探索方式（见第 4 章）。如下所述，载人航天委员会建议一种载人航天探索"途径方式"：一个明确的中期目标和中期目的地排序，排序应按实现可预见目标的难度和复杂度递进。

途径方式在适当规划、获得资金并执行后将确保纳税人看到探索任务向着最终目标稳步前进，途径方式将支持发展风险和实施进度保持可控水平，确保留存关键技术能力、操控人员的熟练度，并高效利用基础设施。同时，途径方式也将包括技术开发，满足技术需求和集成要求，将航天员和火箭集成为一个包括防辐射等关键组件在内的系统构架；提升太空中的推进力和能源；以及火星大气层进入、下降和着陆技术。

第 4 章描述了载人登火任务发展途径的进程。三项途径案例都试图使用预算有限方式，不会像阿波罗计划一般要求大幅资金提升。然而，预算有限方式的特点是非常低的操作进度（最好的情况是每 2.4 年一个驾驶任务），且进度明显低于美国任何一个成功的载人航天计划。载人航天委员会总结如下。

NASA 可维持一个具有里程碑的载人航天探索计划，同时通过

---

⑱　See, for example, R. M. Canup and K. Righter, eds., *Origin of the Earth and the Moon*, University of Arizona Press, Tucson Ariz., 2000; National Research Council, *The Scientific Context for Exploration of the Moon*, National Academy Press, Washington, D. C., 1997.

计划执行过程中大量的国际合作机会重新确保领导地位。

1）拥有建立逻辑顺序的任务组成部分；

2）可制定非常高的飞行频率，从而确保保留关键技术能力、操控人员熟练度和对基础设施的高效利用。

但是，与通货膨胀速度持平的 NASA 载人航天预算增长无法实现探火途径（第 4 章）。计划预算的增长速度应高于通货膨胀速度。

1.6.3　途径原则和决策规则

途径方式设置有原则和决策规则，用于最大化前瞻系统和分系统使用效率。LEO 以远载人航天计划的费用、范围和挑战要求在启用任何途径之前精心设计一系列原则。前往深空目的地的进程将以十年为时间单位，以千亿美元为资金单位并且具有明显的生命风险。载人航天委员会在下文中不会建议途径的优劣顺序，而是建议国家领导层应采用哪个，应按照哪个途径测量进度，如何决定从一个途径进入另一个，或完全停止工作。该途径原则旨在帮助建立一个可持续的长期进程。在可预见未来联邦预算的约束条件下，应用这些原则可确定一种途径，仅包括基本的主要硬件以及在预期资金约束下所必需的任务组成部分。如第 4 章所述，这一方式限制了未来适用范围（缩小）。因此，最重要的建议，载人航天委员会归纳如下。

NASA 应采纳下述途径原则：

1）承诺设计、维护和执行一条向着清晰的可预见目标前进的，LEO 以远的探索途径，解答载人航天"恒久面对的问题"。

2）吸引国际航天机构尽早参与途径的设计和开发，并以其做出贡献的能力和意愿为基础。

3）定义途径的前进步骤，促进探索途径的可持续性，同时稳步推进长期目标的实现。

4）持续寻找能够解决技术或项目难题的新合作伙伴，并将其吸收到探索途径中来。

5）建立风险规避计划，以确保所选途径在遇到不可预见性技术或预算问题时的可持续性。这一风险规避计划也应包括如何决定从本途径进入另一条水平较低的途径（或）中止计划。

6）确定探索途径特性，使其能够在不影响长期目标前进进度的前提下，使科学、文化、经济、政策和激励效益最大化，特性如下：

a）远景和中期目的地应具备深远的科学、文化、经济、激励或地缘政治效益，能够证明公共投资的合理性；

b）任务和目的地的安排顺序应能够使利益相关方，包括纳税人，看到进度和发展，对 NASA 完成这一途径充满信心；

c）该途径以符合逻辑的技术能力前瞻为特点；

d）该途径将那些对实现后续目标无益的、没有发展前途的任务组成部分的使用降至最低；

e）该途径是可承受的，并不至于招致不可接受的风险；

f）在可获得的预算条件下，该途径能够支持关键技术能力保持，确保操作人员熟练度和基础设施有效使用。

通过使用上述途径原则发现，NASA、政府机构和国会在面临如何处理所选途径中无法避免的挑战时，还需要决策规则的支持。该决策规则可在 NASA 途径进展过程中出现主要技术、费用和进度问题时使用。决策规则设计用于贯穿所选途径的整个周期，为可持续计划提供框架，确保应用途径原则时，计划处于约束可接受状态和可发展状态。报告建议如下。

虽然整个途径的范围和费用均由途径原则定义，但当途径中出现技术、费用或进度问题时，NASA、政府机构和国会应使用下述决策规则解决：

1）在拨款水平和项目 5 年预算规划无法满足在已有进度下执行途径时，不启动该途径[69]。

---

　　[69]　委员会认为预算估算虽不准确却不可或缺。使估算更为可靠的一种方法是 NASA 编制 5 年预算估算的敏感性分析和评估计划，变动为 10% 或更多。这一工作可作为风险规避计划的部分工作完成。

2）在预算条件不满足所选途径时，即便 NASA 做好了筹备工作也应从本途径进入另一条水平较低的途径。

3）在美国载人航天计划出现意外预算增长时，NASA、政府机构和国会不应重新定义途径以致预算需求随途径持续执行而继续增长，而是应该提高经费以快速淘汰明显技术风险，或加快向预先制定的途径技术和探索目标前进的运转速度。

4）在有限的资金条件下较难选择发展哪项主要新技术和能力时，应优先选择那些能够解决已经出现的明显技术缺陷的、降低整个计划费用的、加快进度和/或降低开发或操控风险的新技术和能力。

5）在某些载人航天计划的组成部分、基础设施和组织机构不再能够为途径的前进做出贡献时，应将其尽快剔除。

1.6.4　两个案例——载人航天的未来：前进途中的财政挑战

载人航天委员会在下文中给出的案例（第 4 章详述），证明了美国在所有 LEO 以远的探索计划中所面临的财政挑战。该案例是说明性的，不代表载人航天委员会建议。每个案例都使用图表线性展示了每年载人航天计划的估算费用[20]变化，并且将两个预算概要作为参考：一个持平预算（以当年美元数为常量）和一个随通货膨胀增长的预算。

1.6.4.1　案例 1——终结于 L2 点的极简主义计划

图 1-10 展示了一个持平的载人航天预算成果案例。该计划延寿 ISS 至 2028 年，执行小行星重定向任务，并在地月拉格朗日"L2"点实现了间断性的人类访问。实现这一情况，需要预算从2015 年到 2045 年基本持平。但是，在完成 L2 点任务之后无法再执

---

⑳　由于本研究中成本估算的理论性本质，图 1-10 中的垂直成本轴及类似数字未使用美元标出，但委员会确信，图表总结的成本估算为不同途径之间以及途径与预算估算之间的相对比较提供了坚实基础。

行其他任务，并且截至 2045 年，整个载人航天预算经费都将被固定
的空间发射系统和猎户座计划经费、核心研究、技术开发和支持活
动所消耗。由于这一情况不适用于地月空间以远的所有任务，所以
其违背途径原则 1 和 3。

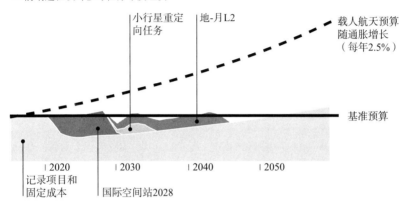

图 1-10　结束于 L2 点的极简主义计划途径（见彩图）

1.6.4.2　案例 2——不满足途径原则的探火途径预算

图 1-11 描述了在预算增长率与通货膨胀速度基本同步的预算
条件下，美国某个探火途径的技术分析和可承担性评估。这一途径
符合途径原则 6）的 a）和 b），包括中期成果目标并且最低限度使用
了对实现可预见目标无贡献的系统。航天员应稳步前进探索新目的
地：2024 年完成 L2 点作业，2028 年与小行星在其轨道上交会，
2033 年完成探月，2036 年建立月球前哨，2043 年抵达火星卫星，人
类将于 21 世纪中叶登上火星。但是，这一方案违背了途径原则 f），
因为飞行频率过低以至于无法维持熟练程度（第 4 章）：平均每 2.1
年一个载人任务，期间间隔 5 年的无人任务⑦。可修改这一方案使其

---

　　⑦　增强的探索途径包括比另两种途径更多的 SLS 发射次数（载人和无人）。然而，
就算是增强的探索途径并将无人发射任务考虑在内，该途径的 SLS 总发射率也将远低于阿
波罗或航天飞机计划，尤其是 2022 到 2030 年间，平均每 18 个月仅有一次 SLS 发射。

拥有较高任务频率（见第 4 章）。当然，这需要确保十年以上的时间里资金增长速度明显高于通货膨胀速度，而在目前财政环境下，这将违背途径原则 e)。

载人航天委员会总结如下：

在 NASA 持平的载人航天预算环境下，NASA 无法执行任何地月空间以远的载人航天探索计划。唯一能够确保人类成功登陆火星的途径，要求预算增长速度在较长时间里高于通货膨胀速度。

在强大的国际成本分摊（成本分摊明显超出 ISS 水平）情况下，可修改这一结论。

预算驱动的增强探索年度经费

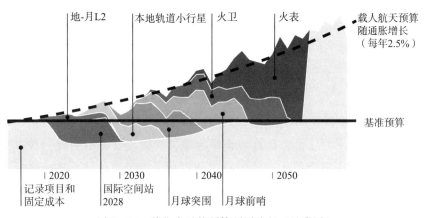

图 1-11　前往火星的预算预测途径（见彩图）

1.6.5　可持续载人航天探索计划的风险容忍程度

即使将安全问题作为首要关注问题，也无法避免在如此长期的 LEO 以远载人航行中出现飞船和人员损失。因此，在途径进程中的每一阶段，NASA 领导层和其他利益相关方都应该坦诚地共同商讨风险问题，确立深空任务和人员的可接受风险水平。机构层面，应利用相对或概率水平来详细定义风险临界点，告知设计，确定优先级。

NASA 应尽全力进行技术风险管理，可通过利用强大设计、故障容忍和安全操控的手段强化有害环境中的人员安全。一个国家如果不能承认其风险控制能力有限，则势必会影响载人探索计划实现其高风险目标的能力，从而阻碍一个稳步的、可持续发展的探索计划。一个国家如果选择扩展人类在地球以外的疆界，那么即证明其承诺对此付出努力，并接受在追寻这一目标过程中所不可避免的人类生命风险。

1.7　总结：一个持续发展的美国载人航天探索计划

负责载人航天探索的国家或机构需要确保其长期运行。因此，载人航天委员会得出如下结论：

对 LEO 以远的载人航天探索计划的成功而言，国家的主导和对愿景及目标的持久认同是必需的。美国载人航天探索计划目标的经常性改变阻碍了发展并造成了资源的浪费。美国 LEO 以远载人航天计划目标的不稳定性，威胁到了国家作为一个国际合作者应有的吸引力和适应性。

美国开展载人航天计划已经超过半个世纪，遗憾的是该计划并没有得到公众的支持。只有少数具有坚定热情并有影响力的人，像在阿波罗时代[72]众多航天专家所预期的那样，对计划取得的积极进展保持一个积极的态度。众多困难外的另一个问题——经常性的改变研究方向、任务和资源的错配、过多的政治干预——这些都在使阿波罗计划后的美国载人航天计划受挫。对此载人航天委员会得出如下结论。

仅仅设定一个政策目标对一个可持续的载人航天计划是不够的，

---

[72]　Aviation Week and Space Technology predicted，in the 1960s，a landing of humans on Mars by the early 1980s.

因为政策目标并不能改变涉及纲领、技术及预算的现实。那些制订政策目标的人士应该时刻牢记如下方面：

1）技术转化、吸引人才的职位、科技知识等可量化利益回报，不太可能与载人航天计划的大量投资相匹配。

2）阿波罗投资的理由、国防及威望等因素，在后冷战时期的美国民众关注度已经非常有限。

3）即使大多数人对 NASA 及其航天计划持积极态度，但增加投入并非其优先选项。与此同时，多数美国人不会紧密关注这项计划，只有那些更关注的人才更支持空间探索。

对载人探索计划的支持者来说，在一个公民和国家领导人都紧密关注政府债务、支出增长以及个人可支配收入随之下降的时代，不考虑这些现实问题是行不通的，其中也包括对 NASA 的预算。随着对未来几十年国家负债将不断增长的预测的出现，载人航天计划的预算将有很大可能低于近期水平线，这种情况发生的可能性至少会和预算高于水平线的可能性一致。

尽管如此，载人航天委员会认为：

假使美国认定载人航天计划的隐性收益，依旧可以用来证明主要的、新的以及持续的投资是正确的，那么它将需要制订一个长期战略，以稳健应对技术和财政挑战。

载人航天委员会除建议将途径方式列为首要优先级外，其次认为应将对载人航天探索计划发展和实施有重要作用的建议列为第二优先。载人航天委员会建议：

NASA 应该：

1）承担设计、维持以及扩展在 LEO 以远的载人活动。应包括如下步骤：

a）为 NASA 的载人航天提供人力物力保障；

b）根据需求重新调度载人航天计划的资源，包括提高项目管理效率（如管控风险水平），裁撤冗余机构及在可能的情况下合并基础设施。

2）将载人探火计划作为载人航天探索的远期计划并对其保持长期的关注，解决长久以来困扰载人航天的问题：人类能从地球向太空前进多远？抵达后人类能发现和获得什么？

3）建立和实施途径方式使科学、文化、经济、政治以及个人的成就都达到最大化，并在途径的每一阶段开展有意义的工作，不做无用功。

4）积极寻求国际和商业合作，利用其他国家、机构和商业实体的资源和能力。国际合作应向中国、其他新兴航天国家以及传统国际合作伙伴敞开大门。未来合作的主要努力方向应该是寻求整合：

a）在开展 LEO 以远途径计划时应根据实际合作关系分摊总体成本；

b）与合作伙伴共同决策。包括同国际合作伙伴一起研究关于 ISS 延寿至 2024 年可能带来的结果。

5）致力于制定一个包括任务需求和系统结构的规划，充分考虑受资助的高优先级技术，应优先发展的是：

a）火星大气层进入、下降和着陆；

b）先进的太空推进力及能源技术；

c）防辐射。

上述的任何一步都不能替代国家领导人对该计划持久不变的政策支持，没有这些支持，阿波罗计划和它之后的计划都不可能存在。能够做到上述选择有可能比承认载人航天计划不能成功通过短期决策和预算案更容易。

要求将来的总统们保留而不更改之前确定的路线，或要求现在或将来的议会每年以高于通胀率的预算增长积极地资助载人航天计划几十年，这非常困难。但这并不比想象出一个神奇的理由用来引发一个之前从未有过的公众需求更难。由于民意的原因，美国人不再频繁地进入太空，而其他国家的航天器和航天员主宰了空间探索，这在美国保持了 50 年优势的空间探索领域里看起来是不可想象的。在重振探究人类命运的美国载人探索计划的过程中，我们要遵守一个很小但很重要的探索前沿的基本管理原则，同时也不能脱离当前国家财政和国情的现状。

第 2 章 为什么要进行载人航天飞行？

2.1 引言

本章包含相对独立又相互关联的三部分内容，对应载人航天委员会责任的不同方面。首先，说明载人航天委员会面向航天领域的公众进行的两项延伸活动：征集和委员会责任相关主题的白皮书；在社交网络推特（Twitter）上发起"人类进入太空"的讨论话题。其次，详细说明了载人航天委员会在规划第 1 章中恒久面对的问题所考虑的因素（恒久面对的问题的定义参考 2.3 节——译者注）。然后讨论了美国进行载人航天飞行计划的理由（包括历史上曾经提出的论据）。这些理由有效定义了载人航天计划能够适应哪些目标和长期愿景的发展。最后，根据载人航天委员会责任的要求，综合这些理由解答了价值诉求问题，为载人航天计划的理由提供另一种表达方式。

2.2 延伸活动

不论是单独采用定量方法还是逻辑分析法，载人航天委员会都不可避免地面临着评估载人航天理由的难题。载人航天的文化影响会在社会上引起各种反响。因此，载人航天委员会的调查必须考虑到包括大众文化观点在内的各种不同见解。（委员会在报告中会从电影、广告以及其他媒体考察载人航天主题的流行程度。）

为了能够尽可能全面调查，载人航天委员会通过社交媒体平台征集意见。同时，通过向业内人士征集白皮书的方式了解他们对载人航天持续发展的观点和建议。在推特上进行了 1 天的宣传征集活动，寻找公众的"最好的观点"。这些活动的目的不是为了形成统计学上可靠的抽样框架，而是为了更为广泛地征求个人和组织的观点、想法和见解，通过这样一种方式可以使他们有足够的时间进行回应。

从社交媒体和大众文化中获取的观点并非毫无用处，但是也不能替代第 3 章对公众意见的定量调研统计。例如，通常经济学认为情感及心理因素对人类抱负和成就的影响不亚于成本和利益的精打细算。约翰·梅纳德·凯恩斯（John Maynard Keynes）说过"我们大部分的积极行为都是取决于本能的乐观精神，而非对物质的期望……最可能的情况是，我们决定做一些积极的事情，但是其积极的结果并不是马上就能看到，而我们仍做出了这样的决定，这种决定可以认为是处于动物本能的——下意识地想要去做而不是不作为，也不是考虑利益和可能性之后才做的决定。"① 凯恩斯在这指的是投资者的决定，但是上述观点可以用于青年学生选择学业和职业的情况，也适用于科学家的热情所产生的意外技术成果和经济利益，又或者是探险家发现了新的边界。

需要注意的是，通过征集白皮书、推特话题讨论等方式获得的数据并不能形成全面的结论，也就是说这只能代表典型的组织或者人群。因此，并不能根据上述内容总结出"公众"的意见和看法，也不能据此评估持某种观点的群体的总体趋势和比例。只能说载人航天委员会通过上述途径得到的意见、立场和争议不能利用传统投票和抽样统计的方式获得。因此，这些观点对于委员会的深入研究是有用的，有助于更为全面地了解公众的态度。

载人航天委员会主要调查了关注航天相关主题的科学或者技术团体。接触的对象包括科学协会、大学、业内组织、博客（例如 Boing Boing，io9，Wired 等）以及社交媒体（例如 NASA、Tim

---

① J. M. Keynes, *The General Theory of Employment, Interest and Money*, Book 4, Chapter 12, Section 7, p. 161, Palgrave Macmillan, 1936.

O'Reilly、科学星期五）。

　　在征集白皮书的过程中需要回答下列问题：

　　1）载人航天活动能够为美国和其他国家提供哪些重要利益？

　　2）美国政府持续进行载人航天的最大挑战是什么？

　　3）如果美国结束 NASA 的载人航天计划，会产生什么样的分歧，以及美国和世界会损失什么？

　　载人航天委员会收到了近 200 份白皮书回复[②]。其中很大一部分来自深度参与 NASA 项目的工作人员，报告编写人员认为载人航天委员会有必要了解他们的分析过程。每篇白皮书至少有两个以上的载人航天委员会成员阅读过，然后通过讨论推荐重要的内容让所有载人航天委员会成员阅读。白皮书中出现比较多的观点包括：向商业航天飞行提供更多的支持，空间探索需要利益驱使，增加国际合作以及重视技术研发。

　　向推特讨论参与者提出的问题包括：您认为未来几十年内 NASA 持续进行载人航天的最好途径是什么[③]？在 27 小时后，通过推文和转发发起人在太空话题，在推特上共有 1 892 个用户发布和转发了 3 861 条微博，这些用户的关注者数量为 1 375 万。去除关于推广该讨论的微博以及相关转发之后，大约有 710 位用户发布了 1 604 条原创微博来回答上述问题。

　　这些微博提供很多关于如何实现持续载人航天计划的独特见解（如图 2 - 1 所示）。推特中出现频率较高的观点包括：提高载人航天任务的频率，制定法律允许 NASA 重点进行持续的长期规划，选择艺术家作为航天员，与国际和商业合作伙伴进行深入合作以及创造一个更为清晰的脉络来说明载人和无人项目如何推进 NASA 实现人类太空定居的目标。

　　微博和白皮书为委员会提供很多不同观点，可以帮助评估本章

----

　　②　见 http：//www8. nationalacademies. org/aseboutreach/publicviewhumanspaceflight. aspx.

　　③　登陆委员会网址 http：//sites. nationalacademies. org/DEPS/ASEB/DEPS _ 085240，通过推特进入公众讨论。

后文中提到的以往历史中的理由。报告中提到的历史上的理由在微博和白皮书中的出现频率也很高。很明显，支持载人航天计划继续的论据出现的频率更高。

Matt Bellis @matt_bellis　　　　　　　　　29 Oct
以公共项目的方式对待载人航天飞行，就像胡佛水坝和联邦公路系统。将其渗入到美国的经济结构中。

James @star_avi8r　　　　　　　　　　　29 Oct
个人观点，我们应该把载人任务分为两类：行星科学和载人活动的先行任务。

xyqbed @xyqbed　　　　　　　　　　　　29 Oct
每次更换总统之后，航天政策也会发生变化。无党派或者两党支持的任务可能会改变这一现状。

图 2-1　美国进行持续载人航天计划的微博建议

2.3　恒久面对的问题

载人航天委员会的一个重要责任是从国家和全球的视角来解释载人航天探索活动的价值理由，这是一个重要的需恒久面对的问题。这里隐含了如下内容：明确此问题的答案有助于美国载人航天计划的连续性和继承性。为了强调这一任务，载人航天委员会得出的结论是，必须要验证和讨论历史上进行载人航天计划的理由。因此，本章重点阐述了恒久面对的问题和理由。

载人航天委员会隐含的责任可能既包含了寻找能够将载人航天计划合理性论据进一步深化的问题，也包含了为载人航天计划提供一个远期的指南，就像科学领域内已经解决的某些深入问题。然而，载人航天委员会在研究载人航天计划历史上最常用的理由后，发现很难再提出新的或者更深的理由或者问题。历史上的理由中存在 5 种务实观点，包括有助于经济增长和技术进步、增强国家安全和防御能力、提高国家声望以及改善国际关系、能够教育并激励学生和大众以及有助于科学探索和科学观测。另外 2 种原因是体现个人理想与抱负的：人类物种延续以及人类进行探索的命运和长期愿景。每个理由都是由一个或多个问题引起的。然而，从更务实的观点而言，这些问题并不能激励人类计划的发展，这与之激励航天飞行和空间探索（包括无人和载人尝试）的情况完全相反。进一步说，尽管这些问题非常重要而且会一直保持其重要性，但是其重要程度还不能让载人航天委员会将其提升至"恒久面对的问题"的水平。

从载人航天委员会的角度而言，恒久面对的问题是可以激励载人航天领域内的长期愿景、科学尝试、争论以及批判性思考的因素。这些问题之所以能够持久，是因为所有答案都是临时的，会随探索的进一步发展而变化。恒久面对的问题应该为选择分析提供一个不受外力和政策变迁影响的基础。恒久面对的问题不仅要经受时间的考验，而且要在技术、社会和经济限制下继续推进载人航天的发展。上述两个体现理想与抱负的理由确实会将我们引向类似的问题，如果要回答这些问题，必须要在载人航天探索上投入更多精力，这些问题也会强调人类的未来。因此，他们建议国际合作开展载人航天而非美国单独开展，从而引起国际社会对载人航天的兴趣，发展载人航天能力，因为回答这些问题不能仅仅依靠美国的航天计划。

载人航天委员会认为激励载人航天发展的恒久面对的问题为：
1）人类能从地球向太空前进多远？
2）抵达后人类能发现和获得什么？

这些问题都非常简单，但是载人航天委员会相信，考虑到任何载人航天领域内的努力，询问某个项目（甚至是某种途径的一小步）是否能够提升我们回答这些问题的能力，可以提供有力的决策指导。

载人航天活动一直都在引起问题讨论，甚至在 1961 年加加林进入太空之前就开始了。实际上，载人航天委员会的任务就是回答这样一个终极问题：为什么进行载人探索？在最基础的层面上，载人航天是人类探索活动的一种延续，是人类探索未知领域的内心驱动力的延伸。在 17 世纪早期，约翰内斯·开普勒（Johannes Kepler）

的科幻小说《梦境》（Somnium）详细描述了人类如何利用哥白尼的天文学登上月球，探索了人类进行月球航天飞行的方法，同时也从月球的角度考虑了如何研究地球运动的问题。尽管人类在三个世纪之后才实现登月，但是开普勒是最早从科学角度提出人类可以登上月球以及人类到达月球之后能够发现什么和实现什么目标的先驱之一。

两个恒久面对的问题（人类能从地球向太空前进多远？抵达后人类能发现和获得什么？）引发了更多更具体的问题，这些问题和美国进行载人航天探索计划的理由紧密相连。这些问题包括：

1）人类能否在未来实现长期可持续的地球轨道以远的探索活动？

2）人类对地球以外的其他环境适应性的极限？

3）人类能否开发利用地球外的资源？

4）人类对天体的探索，例如火星、月球以及小行星，最终能够获得什么样的关于太阳系起源和外星生命体存在的答案？

5）载人航天如何提高国家安全、星球防御、国际关系以及其他的国家目标和全球目标？

在决策制定层面，由于日常压力和领导人换届，很可能会引起决策方向的陡变，而恒久面对的问题能够在很长时间范围内为决策者提供持续性参考，保持政策的稳定性，并保证最后实现目标。其他领域内的类似问题包括：癌症的治疗方法是什么以及宇宙是如何起源的[④]。恒久面对的问题能够提供一个参考坐标系，对比曾经、现在和未来的政策，同时分析其在当代的应用。通过提出人类能从地球向太空前进多远和抵达后人类能发现和获得什么的问题，美国可以在任何时期强调影响人类探索的基础约束，同时也可以提出突破上述约束的方法。通过持续关注某工程或项目能否帮助我们回答上

④　National Research Council，*Connecting Quarks to the Cosmos：Eleven Science Questions for the New Century*，The National Academies Press，Washington，D. C.，2003，p. 60.

述问题,或者该工程或项目能否突破回答这些问题所受的限制,也有助于确定各种选择的优先级并排除无助于改进答案的选项。考虑到这些问题,本章接下来将讨论历史上曾经给出的理由,并在当前环境下对这些理由进行分析。

2.4 载人航天的理由

载人航天委员会通过各种方式进行理由搜集,包括回顾以往的报告、询问大量报告人、征集白皮书以及第 3 章描述的对公众意见的评估,并通过社交网络平台推特征集了更为广泛的意见。本质上,载人航天委员会并没有发现真正的新理由,报告人和作者也只是换了一种表达方式对这些理由进行了分类。载人航天委员会所获得的支持载人航天的理由可以划分到下文所述类别中的一类或多类。事实上,每个人的理由都引用了不止一个观点,因此载人航天委员会怀疑这些观点都不能单独支撑一个可靠的理由。载人航天委员会发现可将全部理由分为两类:务实型理由(包括有助于经济增长和技术进步、增强国家安全和防御能力、提高国家声望以及改善国际关系、教育和激励学生和大众以及有助于科学探索和科学观测)以及理想型理由(人类物种延续以及人类进行探索的命运和长期愿景)。这两个关于人类命运和人类物种延续的理想型理由是载人计划价值讨论过程中引发的典型理由。对于务实型理由,载人航天可能只是助力因素之一,而非唯一。

2.4.1 经济和技术影响

政府为支持载人航天计划经常提到的理由是,航天项目能够产生经济利益。该理由包含一系列对行业和整体经济的影响。早期研究证明,航天项目促进了美国经济整体生产能力和技术水平的发展,提高了国家经济增长速度以及在国际经济环境中的竞争力。从行业角度,NASA 项目通过支持新技术的开发以及这些新技术在整个经济体中的应用，有效赢得了信誉。尽管尝试对比 NASA 项目和其他政府项目投资效果的研究很少，但是这些研究都证明 NASA 项目对美国的创新能力具有非常显著的影响⑤。

现在通信行业采用大量天基元素，并且天基对地观测能力也有了大规模的商业应用。很明显，如果没有 NASA 和国防部的卫星、火箭研制工作，那么这些产业都不可能存在，但是，它们从载人航天计划中的获益却并不多。NASA 最近的 ISS 商业乘员和货物运输项目将使美国在商业市场中占有更多份额，例如，相对国外发射服务商降低了发射服务成本并增强了业内竞争力⑥⑦。尽管提供上述发

---

⑤　可在 1986 年的佩因报告、1990 年的顾问委员会和 1991 年的斯塔福德报告中找到关于创新相关影响的代表性评论，下列引用节选自 NASA 载人航天计划的相关研究：

我们相信，作为太空前沿先驱领导者，突破关键技术可促进美国未来经济增长，如同二战的军事发展，为战后重要行业发展奠定了基础。（National Commission on Space，Pioneering the Space Frontier：An Exciting Vision of our Next Fifty Years in Space，Bantam Books，New York，1986，p. 189）

航天计划产生了提高竞争力的技术，同时也促进几十年重要科学与工程人才的海外输出情况在呈现最大增长后出现下降，有人认为这一情况与民用航天计划的增加及后续的逐渐缩减有关。（Advisory Committee on the Future of the U. S. Human Spaceflight Program，Report of the Advisory Committee on the Future of the U. S. Human Spaceflight Program，Executive Summary，NASA，Washington，D. C. ，1990）

美国的近期历史证明了我们的航天计划刺激了大范围的技术革新，在消费市场中找到了大量的应用空间，航天技术已经并将继续变革和改进我们的日常生活。（Synthesis Group on America's Space Exploration Initiative，America at the Threshold：America's Space Exploration Initiative，commonly known as the Stafford Report，U. S. Government Printing Office，Washington，D. C. ，1991，available at http：//history. nasa. gov/staffordrep/exec _ sum. pdf，p. 2）.

空间探索高技术投资维持并增加了美国的全球市场份额，也提高了我们的竞争力和贸易差额。同时，它直接刺激了我国科技就业基础，该领域的行业健康直接关系到我国经济安全。（The Synthesis Group，America at the Threshold，1991，pp. 2－3）

⑥　J. Oberg，"Russians face their space crisis：Agency chief worries that country's aerospace industry isbecoming uncompetitive，" NBC News，September 28，2012，http：//www. nbcnews. com/id/49217472/ns/ technology _ and _ science － space/t/russians － face － their － space － crisis/＃. Ue1OtRaOXGI.

⑦　See http：//indrus. in/articles/2012/04/27/the _ new _ war _ for _ space _ is _ a _ public － private _ one _ 15428. html.

射服务的部分企业也在发展多样化的服务，包括对 NASA、军用和私营行业消费者提供服务，但是目前并未验证其成功的可能性[8][9]。

　　NASA 的另一项显著的国家经济贡献是"成果转化"（例如特定技术），其显著程度超过更难评估的宏观经济指标。凭借大量的成果转化，NASA 不可辩驳地证明了其重要的影响力，同时，NASA 每年都发行大量出版物，讲述航天活动成果是如何应用于其他消费行业的[10]。上述成果转化包括抗划透镜、水净化系统、飞机防结冰系统、冷冻干燥流程和低温隔热等。值得注意的是，NASA 出版的年度刊物 *Spinoff* 并不会单独指出载人航天的益处，而是更多地从 NASA 总体航天活动的角度描述其贡献，包括 NASA 在航空领域的活动[11]。载人航天委员会并没有找到任何可靠的分析方式将这些元素分离出来，但是很明显，这些成果转化中的很大一部分似乎都与载人航天计划的技术相关。

　　尽管各种技术转移的例子可以促进公众对航天活动的兴趣和支持，但是并不能为载人航天和经济利益之间的关系提供系统的理解基础。在过去几十年中，有很多研究致力于建立航天活动（包含载人和无人）与整体经济之间的关系，也包括评估航天活动对美国工

---

⑧　A. J. Aldrin，"Space Economics and Commerce，"pp. 179 – 200 in *Space Strategy in the 21st Century*（E. Sadeh，ed. ），Routledge（Taylor & Francis），London，U. K. ，2013.

⑨　例如，见"Low – Cost SpaceX Delays 1st Commercial Launch，"详述了价值 40 亿美元的 50 次未完成发射订单，http：//www. reuters. com/article/2013/11/26/space – spacex – launchidUSL2N0JA1XL20131126.

⑩　NASA，Office of the Chief Technologist，NASA Spinoff，available at http：//spinoff. nasa. gov/，last updated August 10，2011.

⑪　近期，一篇部分有 NASA 代表撰写的报告聚焦于 NASA 全部活动的衍生物，提出了一系列独立且量化的机构影响力评估方法，方法包括测评创造的就业岗位、产生的收入、提高的生产力和效率、挽救的生命和改善的生活，早期调查结果显示上述部分类别数据可喜。见 D. Comstock，D. Lockney，and C. Glass，"A Structure for Capturing Quantitative Benefits from the Transfer of Space and Aeronautics Technology，"（pp. 7 – 10）paper presented at the International Astronautical Congress，Cape Town，South Africa，October 3 – 7，2010，International Astronautical Federation，Paris，France.

业和技术能力的影响。这些研究通常采用三类方法：采用宏观经济价值函数模型来评估研制费用投入所产生的技术进步影响，通过投资收益比来表示这种影响因素；通过成本—效益比来评估特定技术回报；对政府航天计划向私营部门的技术转移进行评估[12]。总之就是航天计划能够在微观和宏观两方面对经济产生重要影响。

在 20 世纪 60 年代有大量研究调查了 NASA 对特定或者广泛的经济指标的影响。这些研究并不都是 NASA 委托进行的，且大多数研究集中在局部区域影响[13]。1968 年，斯坦福研究协会的调查结果发现"NASA 活动对美国南部地区具有正面的、间接的影响，因为 NASA 在这些地区建立研发中心和生产、试验、发射设施"[14]。

20 世纪 70 年代进行了更多的研究，其中部分研究是在预算缩减的情况下，NASA 为争取更多投资而委托研究机构进行的。在 1971 年，中西部研究协会发布了在全国范围内对联邦政府投入回报的评估结果，其中就包括对 NASA 投资的评估。值得注意的是，该机构基于摩西·阿布拉摩维兹（Mose Abramovitz）（1956）和罗伯特·索洛（Robert Solow）（1957）提出的分析模型，对所有政府研制费用投入的回报进行了评估，同时也将这种评估方法应用到了 NASA 的开支上。换言之，该机构认为 NASA 项目研发投入的回报率和其他政府项目的研发回报率是相同的，而不是远高于（或低于）其他

---

[12] 方法见 These approaches are summarized in H. R. Hertzfeld, "Space as an Investment in Economic Growth," pp. 385 – 400 in *Exploring the Unknown*: *Selected Documents in the History of the U. S. Civil Space Program*, Volume III: *Using Space* (J. M. Logsdon with R. D. Launius, D. H. Onkst, and S. J. Garber, eds.), NASA, Washington, D. C. , 1998.

[13] See for example W. Isard, *Regional Input – Output Study*: *Recollections*, *Reflections*, *and Diverse Notes on the Philadelphia Experience*, MIT Press, Cambridge, Mass. , 1971; W. H. Miernyk, *Impact of the Space Program on a Local Economy*: *An Input – Output Analysis*, West Virginia University Press, Morgantown, West Va. , 1967.

[14] R. W. Hough, "Some Major Impacts of the National Space Program," Stanford Research Institute, Contract NASW – 1722, June 1968, reproduced in *Exploring the Unknown*, *Volume III*, 1998, pp. 402 – 407.

项目的回报率。中西部研究机构对 NASA 的投入回报率的评估结果
为 1∶7，并对 NASA 从 1958 年到 1987 年间的回报打了 33％的折
扣[15]。尽管这份研究的方法和结果受到了很多人的批评[16][17]，但是
NASA 及其支持者在很长一段时间内都引用该研究的结果来证明
NASA 研发项目的有益效果[18]。

　　NASA 在 20 世纪 70 年代委托的研究中，由大通计量经济所
（Chase Econometrics）（1976 年和 1980 年）完成的研究最为重要。
这些研究的早期目的是依照国家经济水平衡量标准［即，国民生产
总值（GNP），就业情况和生产力］估算 NASA 的总收益情况。
1976 年研究显示"研发支出的历史收益率为 43％"。在大通计量经
济所的研究过程中还发现，"1975—1984 年间，NASA 的有关开支
持续增长 10 亿美元（1958 美元）"，将导致 1984 年 GNP 增长 230
亿美元（即，增长幅度超过标准的 2％）[19]。不仅大通计量经济所的
研究结果如此，中西部研究机构 1988 年的研究同样给出了相似的结

　　[15]　Midwest Research Institute，"Economic Impact of Stimulated Technological Activity," Final Report，Contract NASW - 2030，October 15，1971，reproduced in *Exploring the Unknown*，*Vol.* III，408 - 414.

　　[16]　*A summary of the challenges in employing the methodology of the Midwest Research Institute study that includes a critique of other studies of the economic benefits of NASA spaceflight programs can be found in H. Hertzfeld，Measuring returns to space research and development，pp. 155 - 170 in Space Economics（J. Greenberg and H. Hertzfeld，eds.），Progress in Astronautics and Aeronautics，AIAA，Washington，D.C.，1992.*

　　[17]　国会预算办公室对中西部研究机构该项研究的批评见 *Reinventing NASA*，http：//www. cbo. gov/sites/default/files/cbofiles/ftpdocs/48xx/doc4893/doc20. pdf，p. 4.

　　[18]　NASA 支持者不加鉴别地引用该研究结果的案例见 http：//www. penny4nasa. org/category/fight - for - space/.

　　[19]　M. K. Evans，"The Economic Impact of NASA R&D Spending," Executive Summary，Chase Econometric Associates，Inc.，Bala Cynwyd，Penn.，Contract NASW - 2741，April 1976，reproduced in *Exploring the Unknown*，*Volume III*，1998，pp. 414 - 426.

论，审计局（GAO，现为政府问责局）又对此进行了进一步分析[20]。

　　20世纪70年代开展的进一步研究主要关注NASA在特定领域获得的成果，其中关注度最高的是数学公司（Mathematica）在1976年开展的一项研究。此项研究重点关注了NASA对4项重要技术的贡献，这4项技术包括：燃气轮机技术、低温技术、集成电路技术以及广泛应用于物理建模的软件程序开发（NASTRAN）[21]。此外，这4项技术中有3项技术受益于NASA有关载人航天工程的研发支出。此项数学公司的研究将NASA研究产生的整体经济收益流定义为与技术成本削减以及研发速度加快有关的效益（例如，若在非NASA领域内比正常情况提早一年或两年使用集成电路，其经济价值是什么？）。此研究尝试解决在任何政府研发投资利益评估过程中存在的重要问题之一：若没有了相关投资会发生什么？

　　数学公司研究认为，NASA用于研发4项新技术的投资的整体经济收益高达70亿美元，其中与集成电路技术研发相关的收益高达50亿美元。由于此估算总收益超过1974年NASA总预算，因此研究结论指出，NASA的收益主要加快了新技术投入市场的速度，但不一定对技术本身的研发过程有所帮助。亨利·R·赫兹菲尔德（Henry R. Hertzfield）指出，此研究的研究对象有4个，且更多使用了传统微观经济学消费者剩余理论，因此相比较宏观经济学研究结果而言，此结果更容易被经济学领域所接受[22]。

　　20世纪80年代开展的研究主要为大型计划论证，例如空间站计划，而非关注更广泛的研发方法。1988年，中西部研究机构开展了

　　[20]　U. S. General Accounting Office，"NASA Report May Overstate the Economic Benefits of Research and Development Spending," Washington，D. C.，1977，pp. 6 - 11.

　　[21]　Mathematica，Inc.，"Quantifying the Benefits to the National Economy from Secondary Applications of NASA Technology—Executive Summary," NASA CR - 2674，March 1976，reproduced in *Exploring the Unknown*，*Volume III*，1998，pp. 445 - 449.

　　[22]　H. R. Hertzfeld，"Space as an Investment in Economic Growth," p. 391.

一项国家公共行政学院委托的、且早在 1971 年就开展过的研究[23]，研究认为空间计划的回报为 9∶1。此项研究遭受到了与早期类似研究（如 1976 年[24]开展的大通计量经济学研究和早期中西部研究）一样的批判[25]。

除了 20 世纪 70 年代到 80 年代间，在宏观经济学层面上开展的研究外，还有大量研究着眼于技术转移问题。这些研究受到 NASA 委托，主要检验 NASA 工作对于一般美国人日常生活的积极影响大于抽象科学时的一些相关参数。同样，NASA 还开展了一些项目来展示其发表在年度刊物 *Spinoff* 上的技术，这些与 NASA 有关的技术发明在不同方面影响了人们的生活。主流批评观点认为，*Spinoff* 刊登的成果转化无非是示范项目（即，没有完全商业化的），或是供公共部门使用的空间技术[26]。这虽然会将 *Spinoff* 的价值降低为公共关系工具，但并不能减小 NASA 相关技术的经济影响，因为，经济影响力的计算基于实际使用情况数据，而非计划使用情况数据。

在一项近期研究中，亨利·R·赫兹菲尔德研究了 15 家私营企业成功将其新发明商业化的相关经济效益。这些发明均源于 NASA 生命科学研发项目，且大部分与 NASA 载人航天活动相关[27]。根据研究，1958—1998 年间，NASA 投资 37 亿美元用于生命科学研究，主要研究内容包含 15 项技术，相关研发投资共计 6 400 万美元。此外，上述私企还耗资近 2 亿美元自有资金用于后续开发和商业活动。

[23]　Midwest Research Institute，"Economic Impact and Technological Progress of NASA Research and Development Expenditures，" Executive Summary，for the National Academy of Public Administration，September 20，1988，reproduced in *Exploring the Unknown*，*Volume III*，1998，pp. 427 – 430.

[24]　M. K. Evans，"The Economic Impact of NASA R&D Spending，" 1976.

[25]　Midwest Research Institute，"Economic Impact of Stimulated Technological Activity，" 1971.

[26]　H. R. Hertzfeld，"Space as an Investment in Economic Growth，" p. 391.

[27]　H. R. Hertzfeld，Measuring the economic returns from successful NASA life sciences technology transfers，*Journal of Technology Transfer* 27. 4：311 – 320，2002.

结果显示，1975—1998 年间，这 15 家私企为美国经济增长贡献了
15 亿美元。此项研究强调了，基于 NASA 生命科学研发项目的新技
术，成功商业化后所带来的经济收益的重要性，并进一步证明：相
对 NASA 在这些领域的投资而言，商业成功带来的收益是巨大的。
但是，对载人航天相关的 NASA 生命科学研发收益与其他联邦生物
医学研发项目收益进行比较，这一研究超出了赫兹菲尔德的研究
范围。

2.4.1.1　经济技术原理评估

虽然大多数经济学研究都指出，用于 NASA 空间活动的联邦投
资已使美国在经济上获益，但是精确测量或量化此收益几乎是不可
实现的。研究结果难以确定 NASA 载人航天计划对经济增长影响的
程度。NASA 或其他分析家从未试图对 NASA 载人航天计划收益和
其他联邦研发项目收益进行比较[28]。

本质上，这是一个反事实的问题：虽然 NASA 载人航天活动对
美国科技、工业和创新能力都有着积极的影响，但是若不能确定联
邦机构的其他类似大型研发投资能否产生同样的影响，那么此影响
力很难评估。除了此分析问题外，以前开展的大多数实质性研究只
能有限应用于当前研究，还因为：没有区分非载人航天和载人航天，
并且该类研究更倾向于关注 20 世纪 60 年代以后的数据[29]。上述两个
原因中，后者尤为重要，因为 20 世纪 60 年代与 21 世纪的资金水平
差异巨大。例如，1967 财年，NASA 预算占联邦研发支出的 30%，

---

[28]　An early study that focused on human spaceflight was M. A. Holman，*The
Political Economy of the Space Program*，Pacific Books，Palo Alto，Calif.，1974. See also
M. A. Holman and R. M. Konkel，Manned space flight and employment，*Monthly Labor
Review* 91（3）：30，1968；R. M. Konkel and M. Holman，*Economic Impact of the
Manned Space Flight Program*，NASA，Washington，D. C.，January 1967.

[29]　R. A. Bauer，*Second-order Consequences：A Methodological Essay on the Impact
of Technology*，MIT Press，Cambridge，Mass.，1969；F. I. Ordway III，C. C. Adams，
and M. R. Sharpe，*Dividends from Space*，Crowell，New York，1971.

占联邦政府资助开发总支出的 35%[30]。到 2009 年，这两项占比分别
为 4.5% 和 6%。此外，2009 财年的 NASA 研发支出中，非载人深
空探索占了很大比例，这表明 NASA 载人航天研发可能只占联邦研
发支出总额的 3%～4%，甚至更少。这一数据表明，根据 NASA 20
世纪 60 年代不完全且非决定性的研究数据，来预测未来经费水平已
经降低的 NASA 载人航天项目的影响力，这是有风险的。最近的一
项研究对可能经济效益的当前理解进行了修改，指出了一个与过去
20 年完全不同的载人航天计划预算范围，同时也指出，未来载人航
天预算接近 2000 年后预算水平的几率，高于接近 1960—1970 年时
期预算水平的几率。正如报告下文所述，实现联邦政府研发投资经
济收益的手段高度复杂。但是，最近一项评估结果可能对决策者了
解 NASA 项目的经济影响具有很大帮助。

　　总之，用于长期载人航天计划的政府干预经济学原理是一个重
要原理，此原理基于一个人们普遍认可的观点：这些项目对美国经
济产生了巨大的推动作用。航空航天技术连带产生的附加利益很多
——特别是在非载人航天技术方面[31]。但是，即使载人航天所带来的
经济和技术收益是巨大的，却难以衡量收益水平。由于收益难以衡
量，就很难与其他能够取得此经济收益的可能性进行对比。此外，
由于未来 NASA 项目资金只占联邦研发支出的极小份额，因此预计
未来美国载人航天计划的影响力会更小。没有证据表明 NASA 载人
航天的投资收益多于或少于联邦政府其他研发投资的收益，通常认
为这些收益对经济有着积极影响，当然，不应理解为暗示这些投资
没有经济收益。

---

　　[30]　See National Science Foundation，*Federal Funds for Research and Development*，
Fiscal Years 1951 - 2002，NSF 03 - 325，August 14，2003，http：//www. nsf. gov/
statistics/fedfunds/；NSF，"Federal Funds for Research and Development，Fiscal Years
2009 - 2011，" http：//www. nsf. gov/statistics/nsf12318/content. cfm? pub _ id＝4177&-id
＝2；accessed January 21，2014.

　　[31]　逐条效益总结，见 M. Bijlefeld，*It Came from Outer Space*：*Everyday Products
and Ideas from the Space Program*，Greenwood Press，Westport，Conn. ，2003.

　　最近有人指出，无论 LEO 任务还是 LEO 以远的轨道任务，空间探索的最终目的是为了探索空间资源。NASA 提供相应资金支持私营企业进入市场并开展一些 NASA 早期开展的研究项目，例如，设计研发运输飞船，以及将航天员送入空间站等。这些投资促使少数个人和公司进一步投资研发自己的项目。NASA 希望通过将研发风险转换为商业因素（期待有更广泛的客户基础和收入来源），从而在获得巨大成本节约的同时刺激新兴工业。虽然这些投资企业能否在脱离 NASA 的情况下自我维持运营并盈利还有待进一步考察，但至少在非 NASA 需求方面有极大的有效储备。

　　许多投资商投资拥有商机的项目，这些项目不只局限于轨道飞行研究。富人还通过开设公司或预定未来亚轨道旅行座位的方式投资亚轨道飞行研究。开采空间资源的前景更为遥远，可能在未来能够实现，但就现有的成本和资源价值来说，根据粗略计算结果可以得知在此项研究时间范围内，即使解决了非地球探矿权法律问题，其可实现概率也是极低的。

　　NASA 正在考虑扩大 ISS 项目相关公私合营关系的商业用途，该公私合营关系与发展新运输系统所采用的公私合营关系类似，同时鼓励其他在 LEO 开展的研究——例如，发展能够租赁给政府或其他用户的商业空间平台②。同时，NASA 正在申请 LEO 以远探索的商业实体投资。增加的地月轨道空间研究工作量创建了更多合作伙伴关系。最近，NASA 已经同 3 家公司签订了商业月球登陆器开发项目相关协议，并与一家公司达成共识，进行月球商业探测，其中包括发展旅游业。其他公司纷纷表达了对发展地月空间研究基础设施支持项目的兴趣，包括通信网络和人类栖息地开发项目。

　　最近的一项商业利益领域关注地球轨道以远的机器人空间资源探测研究。载人航天委员会认为，过去在地球上进行的机器人空间

　　②　NASA，"Evolving ISS into a LEO Commercial Market"，released April 28，2014，https：//prod. nais. nasa. gov/cgibin/eps/synopsis. cgi？ acqid＝160471.

资源探测就是一个高度投机的想法，为保证探测的商业利益，需对成本利益等进行本质上的调整。需要高速飞行的探测任务成分越高，商业利益越少。

当前不可能评估，商业力量能否在未来为 NASA LEO 以远的载人航天探索任务节约巨额成本（将近数百亿美元）。此外，投资扶持新的商业伙伴可能成为 NASA 的新趋势，使得在决策计划优先级时，可能在便于新的商业企业发展这一目标与探索目标（即，回答恒久面对的问题的目标）之间形成竞争。

尽管没有广泛认可的、强有力的定量方法，能够对联邦研发项目在不同经济部门和研究领域的回报进行比较评估，但有一点很明确，NASA 载人航天计划就像其他政府研发项目一样，已经刺激了经济活动，产生了新产品并促进了技术发展，这已经或可能在未来产生显著的经济影响。但是，开发一种可靠的比较评估方法，对比航天回报和其他政府研发投资回报，仍是不现实的。

2.4.2　国家安全防务

2.4.2.1　空间安全与国家安全

要陈述的第二个基本原理是：投资载人航天研究有助于提高国家安全。国防部和其他国家安全机构已经认识到在太空"高地"开展研究的潜在优势。在过去 30 年间，与空间相关的应用研究的数量和范围，对在地球表面或近地表面开展的军事行动的支撑作用十分明显。然而，下文中我们将讨论载人航天在这些工作中的地位的局限性。

20 世纪 50 年代，艾森豪威尔（Eisenhower）政府发展卫星的最初目的是收集苏联情报，从而减少人工驾驶飞机收集情报所存在的风险。虽然苏联政府一开始反对通过空间技术探测国家领土这一概念，但是最后还是妥协了③。随后，两个超级大国也部署了探测弹道导弹发射的早期预警卫星，以及保证国家领导人间和军事力量间实时连通的通信卫星。美国还部署了一小队气象卫星来辅助其制定战略计划和战略目标。这些军用卫星偶尔还用于执行一些和平时期的常规任务，其冷战时期的根本任务是协助核武装力量④。

自海湾战争起至今日，美国军方已经系统研究出空间系统支撑常规军事演习的方法。通过提高在轨系统及相关地面设备的技术性能，国家安全部门依靠天基信息和服务快速壮大起来，如下所示。

1）情报支持，空中侦察与监视（ISR）系统用于定位、确认、瞄准敌军，并评估陆海空作战效果。在 2013 年，时任国家侦查局（NRO）主管在评价此系统对作战人员的作用时，指出，"我们有许多新型 ISR 作战解决方案。这些服务、产品和工具直接协助最高优先权任务，包括：反易爆装置（IED）工作，识别和跟踪高价值目标，打击毒品走私和特别通信任务。"⑤

2）预警卫星能够侦测敌军导弹发射情况并报告相关导弹防御部门。它还在攻击迫近时，向民众发出警报，如 1991 年伊拉克飞毛腿

---

③ 详尽的艾森豪威尔政府航天政策表述见 D. A. Day，J. M. Logsdon，and B. Latell，*Eye in the Sky：The Story of the Corona Spy Satellites*，Smithsonian Institution Press，Washington，D. C.，1998，and W. A. McDougall，*The Heavens and the Earth：A Political History of the Space Age*，Johns Hopkins University Press，Baltimore，Md.，1985，pp. 112 – 209.

④ 更多美国军事利益在太空领域的历史发展见 D. N. Spires，*Beyond Horizons：A History of the Air Force in Space*，*1947 – 2007*，2nd ed.，Air Force Space Command，Peterson AFB，Colo.，2007；M. Erickson，*Into the Unknown Together：The DoD*，*NASA*，*and Early Spaceflight*，Air University Press，Maxwell AFB，Ala.，2005，and F. G. Klotz，Space Commerce，and National Security，Council on Foreign Relations，New York，1999，pp. 7 – 10，available at http：//www. cfr. org/world/space – commerce – national – security – cfrpaper/p8617.

⑤ Betty Sapp，Director，National Reconnaissance Office，Statement for the Record Before the House Armed Services Committee，Subcommittee on Strategic Forces，U. S.，House of Representatives，April 25，2013，available at http：//docs. house. gov/meetings/AS/AS29/20130425/100708/HHRG – 113 – AS29 – Wstate – SappB – 20130425. pdf.

导弹攻击以色列和沙特阿拉伯㊱。

　　3）在近期冲突中，大多数美国及其盟国进行的远距离通信都经由空间路由进行传输，包括商业通信卫星和军用通信卫星。随着不断增加的频带宽度，最新的情报资料几乎能够实时地将攻击和飞行目标发送给战场上的空军部队和陆军部队。远程控制飞机安全有效地作业均依靠通信卫星提供的安全可靠的数据链。

　　4）气象卫星预报可能影响军队作战的条件，如飞机发射的隐蔽目标，不利的地面条件和海上运动。

　　5）空军全球定位系统（GPS）最初是为了进行海上及陆地远程导航，其准确度高，可靠性强，淘汰了旧式导航系统。此外，军队还将 GPS 应用在战争和后勤工作中。GPS 能够在有效攻击目标的同时，减小对附近区域的损害。有些可操纵降落伞上也配备了 GPS，从而可为偏远且难进入区域的军队供应物资。

　　根据这些例子不难看出，现代军队不得不借助空间系统数据在危机和冲突中作战或提供救灾及人道主义援助。因此，近些年国家安全委员会越来越多地关注空间系统的潜在威胁，无论是自然产生的威胁还是人为造成的威胁，包括提升探测、追踪、确认和描述绕地飞行目标的能力（"空间态势感知能力"）。此外，现在还正在进行现有卫星星座的"再资本化"，包括更高级的卫星导航与授时系统、通信系统、导弹预警系统和气象系统㊲。

2.4.2.2　载人航天在国家安全中的角色

　　值得注意的是，上文中讨论的所有能力都不依赖人类的空间活动。实际上，在 20 世纪 60 年代，军方研究并开展了多项涉及载人

㊱　U. S. , Department of Defense, *Conduct of the Persian Gulf War*: *Final Report to Congress*, Washington, D. C. , April 1992, p. 177.

㊲　General William L. Shelton, Commander, Air Force Space Command, Statement to the Subcommittee on Strategic Forces, House Armed Services Committee, U. S. House of Representatives, April 25, 2013, available at http: //docs. house. gov/meetings/AS/AS29/20130425/100708/HHRG – 113 – AS29 – Wstate – SheltonUSAFG – 20130425. pdf.

航天的项目，包括动力滑翔（Dyna – Soar）三角翼轨道飞行器和载人轨道实验室（MOL）。据历史学家大卫·斯皮尔斯（David Spires）所说，载人轨道实验室于 1961 年在航天计划草案中进行了验证，其作为军事平台对潜在空间军事任务进行了评估，包括"空间指挥站、永久性空间监测站、空间补给基地、永久性轨道武器交付平台、子系统和相关组件"[38]。然而，这两个项目最后都由于成本和技术问题终止，并在项目执行中均面临机器人性能增加、但缺乏强制军事需求的人为难题。

在一段时间内，美国所有有效载荷，包括国家安全有效载荷在内，都由航天飞机或一次性运载火箭进行发射[39]。尽管 1986 年挑战者号灾难发生后，国会命令禁止航天飞机携带商业有效载荷，但情报机构将其国家安全有效载荷转移到了传统运载火箭上，并且很可能在挑战者号表现出与预想不符的飞行频率之前就已经转移。美国空军开始研究无人飞行器来满足其发射需求，但是此项研究对发射卫星的尺寸有所要求。航天飞机计划于 1989 年在范登堡空军基地宣布终止，这标志着美国空军不再直接参与载人航天相关研究。克林顿政府在 1999 年国防航天政策中指出，"载人航天技术可用于空间探索、研究、测试、评估以及提高现有或未来国家空间安全任务能力"，这些任务未被定义[40]。

之后政府颁布的国家航天政策文献中，并没有把载人航天和国家安全任务直接联系起来。而载人航天与政策目标间的联系被概括为提高国家地位和增进国际合作关系。虽然这两个目的十分重要，

　　[38]　D. N. Spires, *Beyond Horizons: A History of the Air Force in Space*, 1947 – 2007, 2007, p. 121.

　　[39]　RAND National Defense Research Institute, National Security Space Launch Report, Santa Monica, Calf., 2006, p. ix, available at http://www.rand.org/pubs/monographs/MG503.html.

　　[40]　U. S. Department of Defense, "Department of Defense Space Policy," Memorandum for Secretaries of the Military Departments, et al., July 9, 1999, section 4. 11. 4, http://www.fas.org/spp/military/docops/defense/d310010p.htm.

但是与国家安全完全无关。

乔治·布什政府的 2004 年《空间探索愿景》（*Vision for Space Exploration*）涉及到载人航天对国家安全和政策目标的重要性，其中包括加速发展关键支持技术和发展美国经济确保国家安全，作为"美国民主政策的有力象征"；以及有助于美国改变和成长的相关贡献[41]。有趣的是，随后发布的 2006 年《国家空间政策》（*National Space Strategy*）中，认为载人航天与广泛的国家政策安全问题没有任何联系[42]，除了在技术部分提出国家和非国家行为者可借助"新方法来回答美国现在享有的军事优势"这一观点外，其他部分均未涉及空间问题[43]。

2010 年奥巴马在肯尼迪航天中心进行的演讲中明确指出"人类在地外长时间工作、学习、操控和安全生活"与"美国在地球上的领导能力"是密不可分的[44]。随后，在 2010 年《国家安全策略》中明确指出，美国空间能力支持"我国及盟国的安全力量"，但没有提及载人航天[45]。此外，还列出了奥巴马政府有关载人航天的修正方

---

[41] NASA, *The Vision for Space Exploration*, February 2004, available at http://www.nasa.gov/pdf/55583main_vision_space_exploration2.pdf.

[42] Executive Office of the President, Office of Science and Technology Policy, *U. S. National Space Policy*, August 31, 2006, http://www.whitehouse.gov/sites/default/files/microsites/ostp/national - space - policy - 2006.pdf.

[43] Executive Office of the President, *The National Security Strategy of the United States of America*, March 2006, p. 44, http://georgewbush - whitehouse.archives.gov/nsc/nss/2006/index.html.

[44] Executive Office of the President, "Remarks by the President on Space Exploration in the 21st Century," Kennedy Space Center, Fla., April 15, 2010, http://www.whitehouse.gov/the - press - office/remarks - president - spaceexploration - 21st - century.

[45] Executive Office of the President, *National Security Strategy*, May 2010, p. 31, http://www.whitehouse.gov/sites/default/files/rss_viewer/national_security_strategy.pdf.

案，但其中并未将其与广泛的国家政策与安全目标联系起来[46]。

2.4.2.3　国家安全与国防理由评估

在当前和可预见的未来，美国的空间国家安全需求可能完全依赖无人系统。目前，没有迫不得已的理由需要人们在太空中实施国家安全任务。即便如此，载人航天并不是完全与国家安全考虑不相关的。设计、研发、发射和运行载人飞船需要的知识资本、科技技能和工业设施无疑与无人航天飞船（包括国家安全载荷）所需的有所重合，尽管目前 NASA 载人航天计划的规模较小，对美国与国家防务相关的工业基础只能产生一定的影响[47]。此外，可能出现诸如特种作战中小部队单元的快速亚轨道转移等新的选项，美国国防部先进研究项目局和空军研究实验室正在考虑此类选项（2002 年维持和2008 年热鹰概念）。

NASA 载人航天计划的一项益处是获得"软实力"或"通过吸引力而非强制力（从国际关系中）获取自身想要的东西"[48][49]。先前一份国家研究委员会报告建议美国考虑"利用载人航天计划，邀请新兴经济大国参与美国的载人航天活动，以强化美国的软实力领导地位"[50]。除了国际努力可以带来的这些经济和工业效益外[51]，载人

---

[46]　Executive Office of the President，*National Space Policy of the United States*，June 28，2010，http：//www. whitehouse. gov/sites/default/files/national _ space _ policy _ 6 - 28 - 10. pdf.

[47]　2010 财年 NASA 的全部采购花费（包括无人探索航空项目和载人航天）低于美国邮政局、退伍军人管理局和能源部（U. S. Census Bureau，Consolidated Federal Funds Report for Fiscal Year 2010，USGPO，2011）.

[48]　Nye，J. S.（2004）. Soft power：The means to success in world politics. New York：Public Affairs Press，p. 2.

[49]　Johnson - Freese，J.（2007）. Space as a Strategic Asset（pp. 51 - 81）. New York：Columbia University Press.

[50]　See NRC，*America's Future in Space：Aligning the Civil Space Program with National Needs*，2009，p. 4.

[51]　案例之一是 20 世纪 90 年代向俄罗斯航天计划注资，使俄成为了国际空间站伙伴。这是稳固俄罗斯航天部门的广泛举措之一，同时也鼓励了苏联解体后的合作。

空间探索的软实力价值还深植于实施此类项目所需的、经过验证的
技术成就中。美国阿波罗计划和最近中国载人航天工程都已经证明，
利用技术提升国家地位、建立大国形象在地缘政治方面可以发挥作
用。最后，还需在未来关于空间利用和定居的国际协议中保有更强
的话语权，此类国际立场同样具有重大意义。如果美国在众多国家
将航天员送往太空并支持航天研发的环境中，发挥更积极的作用，
那么这种话语权就会更加强劲。

**虽然天基资产和项目是国家安全中的重要组成部分，载人航天
在这一领域的直接贡献已经或可能一直是有限的。现有的载人航天
计划使得美国在国际空间行为准则上更具主导性，同时强化了美国
的软实力，有利于美国与其他国家开展合作，因此也对包括国家安
全在内的美国国家利益做出了积极贡献。**

2.4.3　国家形象和国际关系

载人航天的第 3 个理由是，它有助于建立国家形象（内外部均
是）和推进和平的国际关系。

从内部视角看，毫无疑问美国航天计划对国家自身形象有积极
的建设作用。国家历史上很少有这样的时刻：作为一个独立的国家，
我们实时关注某个独立事件。因此，当大多数那个时代的美国人
——从孩童到老人——都记得约翰·F·肯尼迪（John F. Kennedy）
总统遇刺、阿姆斯特朗登月、挑战者号航天飞机爆炸和世贸中心在 9
月 11 日那天被恐怖主义袭击等事件时，就显得非同寻常。空间探索
过程中的很多成功（同样还有很多灾难）都为我们留下了这样的时
刻，提醒我们不忘探索的风险。因此，从更宽泛的角度讲，空间探
索为美国的政治和社会文化做出了特殊的贡献。它们在"一个美国
人"的定义上发挥了自身的作用，同时强化了冒着风险探索新领域
的探索者们的身份，他们早已成为这个国家文化和历史的一部分。
"追求卓越"和保持这样一个国家的渴望成为一个继续开展空间探索
活动的理由。就像第 3 章中将论述的一样，空间探索并不是多数美

国人最关心的事，但这一领域依然是人们自豪的源泉。

美国航天计划最初就被视为国家国际地位和形象的贡献者。最初无人航天项目快速发展，紧跟着就是成功发射人造卫星，作为对苏联航天优势威胁及其可能的军事用途的回应。在阿波罗计划时期，肯尼迪总统对载人航天计划提供了大笔经费支持，以保证航天领域的主导地位，同时证明美国独步全球的技术优势。随着历史的发展，开展国际合作在 NASA 载人航天计划中逐渐兴盛起来，其中的参与方在强化国际关系方面发挥了重要作用，同时也实现了诸如增强美国国家软实力等其他国家目标（详述见上节）。随着参与航天项目和载人航天项目的国家不断增多，继续推进美国载人航天计划的一个常被提及的理由就是：积极参与这一领域有利于在所需的任何国际协议中保持持续的、强有力的话语权，有利于防止太空侵略，也有利于对可能存在的太空资源或太空移民制定探索政策。载人航天委员会的一些委员对空间探索和南极洲利用的国际条约进行了类比[32]。

2.4.3.1　对国家形象和国际关系理由的评估

发展载人航天在展示国家能力与形象、强化国际关系稳定性的合作项目中存在一种潜在的力量。

不同的群体和国家对国家形象的主观判断并不相同。但是，对于大多数人而言，载人航天是一种和平活动，并为成功者（包括支持它的个体和/或国家）建立了积极的形象。此外，当国际合作项目也取得此类成功的时候，就升华到协商和国际信任的水平，被视为积极的国际关系成果，即参与协议的各方都履行了各自的义务。国际合作要求对目标取得一致意见，通过技术里程碑维持并不断修正一个项目，这非常有助于建立并保持一种稳定的、超越载人航天的国际关系，并惠及所有参与的国家。随着美国的载人航天计划从 20

---

[32] P. Ehrenfreund, M. Race, D. Labdon, Responsible space exploration and use: Balancing stakeholder interests, *New Space* 1/2 （201）: 60 - 72, http: //www2. gwu. edu/~spi/NEW _ Space. 2013. 0007. pdf, 2013.

世纪 60 年代的竞争阶段转变为以 ISS 为标志的国际合作阶段，美国一直持续保持在该领域经费投入和项目实施的领导者地位，从而服务于建立国家形象和国际关系的目标。选择推进在科学和探索目标方面开展国际合作，一方面可以通过分摊费用降低美国的成本，另一方面可以约束美国继续支持航天计划或处理负面国际声誉的影响。合作协议有助于保持国际合作的稳定性，相比较没有此类协议保证的国家项目，可以较少地受到年度预算波动的影响。

　　ISS 项目的国际合作有助于在非稳定时期支持和雇佣俄罗斯火箭专家。当时苏联解体导致其核和火箭力量处于核扩散的风险中，虽有争议，但此举减小了这种风险。在一封给森司布伦纳众议员的信中，（国务院）议会事务助理部长芭芭拉·拉肯（Barbara Larken）将国务院的位置描述为"寻求保持俄罗斯建设性地参与国际事务，可能更重要的是，俄罗斯参与 ISS 项目在防止核扩散方面发挥了重要的作用"[53]。其他考量因素包括获取俄罗斯的技术和帮助俄罗斯保持超级大国的和平象征——其载人航天项目——的渴望[54]。这种持续的航天合作关系已经成为美俄关系中一项积极要素。但是，双边关系中的影响要素的程度很难量化。当时的美俄关系受到很多因素影响，直到本报告发布之时也依然如此。

　　要实现载人探月、载人登陆近地小行星和载人探火等宏伟事业，国际合作对于广泛发动全世界的专家、分摊成本、提高效率、保持成功所需的长远进程方面具有至关重要的作用。由此而论，国际太空探索协调组的技术路线图关于 14 个航天机构各自工作的描述尤其

　　[53]　Barbara Larkin（Assistant Secretary for Legislative Affairs，Department of State）to Representative James Sensenbrenner，December 22，1998. Cited in Johnson - Freese，p. 67.

　　[54]　Logsdon，J. M. & Millar，J. R.（2001）. U. S. - Russia cooperation in human spaceflight：Assessing the impacts. Space Policy，3，171 - 178.

值得注意：2007 年，题为《全球探索战略》的报告⑤，作为众多航天机构国际合作进程的首个成果，发布了合作框架。之后与会方又紧接着商讨、发布了两份全球探索路线图⑤。实施这些计划所需的合作已经在各国航天机构间建立了一个网络，和其他类似的网络一样，这种关系也促进了这些国家间的和平关系。诸如载人航天这样的真正国际合作需要建立在此类共享计划的基础上，同时也需要长期的合作协议。这些协议反过来也有利于确定适当的项目途径和目标，同时也有利于任何参与国在政府更迭时保持项目目标的稳定性。

作为载人航天探索的主导者，将加强自身的国际形象和民族自豪感。因为此类工作的技术复杂、耗资巨大，因此可以从国际合作的努力中获益良多。此类合作还有很重要的地缘政治效益。

2.4.4　教育与启蒙

很多人认为航天计划在激发新一代科学家和工程师以及专业教育方面，能发挥重要的作用。在载人航天委员会研究过的文件和听过的报告中，这一作用已经上升为支持载人航天的理由之一。

的确，在 1957 年苏联成功发射人造卫星和 1958 年通过国家防务教育法案（第 85～164 号公共法案）后，美国政府在科学教育方面投入了大量经费。很多后来成为 NASA 科学家、工程师和航天员的美国人都将苏联人造卫星和阿波罗计划视为其童年的启蒙和日后在 NASA 相关领域学习并就职的激励，而政府投资对他们的教育经历至关重要。

用太空激励学生从事科学和工程相关职业的想法驱使国会授权 NASA 从每个项目的资金中划拨一小部分用于教育和外部公共活动（EPO）。这些项目包括直接针对校内外从幼儿园到 12 年级的儿童的

---

⑤　International Space Exploration Coordination Group (ISECG)，*Global Exploration Strategy: The Framework for Cooperation*，2007，http://www.globalspaceexploration.org/documents.

⑤　ISECG，http://www.globalspaceexploration.org，accessed January 6，2014.

项目、科学博物馆项目，还包括通过参与"共同参与探索"或"市民科学"等项目使得学生和公众获得参与某科学项目的机会，还有针对研究生在 NASA 所需领域的研究提供支持的项目。不同的 NASA 理事会会专注这一领域的不同部分。载人航天计划已经认识并不断发挥其在启蒙与激励方面的作用，航天员和学生互动是外部公共活动项目很重要的一部分，他们与中小学在校学生在地面上或通过 ISS 开展互动。美国人都记得挑战者号的遇难者中有一位就是老师，名叫克瑞丝塔·麦考利夫（Christa McAuliffe），她在航天飞机上的工作就是向学生们示范基本的科学实验，并和学生们对话。当此类的教育和外部公共活动不再按法律规定获取 NASA 项目资金支持时，它们依然是 NASA 的优先事务。

在 NASA 相关报告和向载人航天委员会的介绍中，载人航天探索计划被认为是对学生从事科学、技术、工程和数学（STEM）行业的激励因素。在该范围之外将展开详细调查，区分载人科学和无人科学项目在此方面的不同角色，或是比较 NASA 的相关激励因素和其他来源的激励因素。

广泛认为，吸引足够多的学生投身科学、技术、工程和数学行业[57][58]对国家的竞争力、经济健康和发展至关重要。很多研究成果表明美国学生对这些领域的兴趣正在下降，尤其是 1983 年的研究《国家就业研究：教育和私营部门》（*A Nation at Work：Education and the Private Sector*）[59]。2012 年国家科学基金会关于科学技术方面的

[57]　NASA，*Societal Impact of Spaceflight*，NASA SP - 2007 - 4801，Washington，D. C.，2007.

[58]　NRC，*Rising Above the Gathering Storm：Energizing and Employing America for a Brighter Economic Future*，The National Academies Press，Washington，D. C.，2005，pp. 9 - 10.

[59]　National Advisory Council on Vocational Education，*A Nation at Work：Education and the Private Sector*，National Alliance of Business，Washington，D. C.，1983.

科学和工程报告⑩显示，一系列的指标多年没有增加，而其他国家在科学、技术、工程和数学方面的产出却大幅增长。美国航空航天协会的报告指出企业的 CEO 们十分关心科学和技术专业学生收入低的情况，并注明其中多数都来自国外⑪。2008 年的美国综合社会调查⑫发现，所有人口统计组别的多数美国人都认为美国学校在科学和数学方面教育的质量还有不足；2007 年盖洛普民意测验⑬显示，大约一半美国人感觉其当地的学校并没有足够重视科学和数学教育，而仅有 2% 的人认为学校在这两个学科上投入的精力"过多"。2004 年美国航天政策实施总统委员会对此作出表态，指明长远的竞争力需要高技术人才，而 21 世纪美国少年的才能相对于其他国家同龄人来说有所下降⑭。他们的结论之一是"空间探索可以成为复苏美国科学和数学教育的催化剂……，它能为促进美国师生在数学、科学和工程专业的进步提供绝好的机会"⑮。与此相反，很多经济学人力资本研究反对缺少成熟科学家和工程师的说法。的确，对特定专业人才的需求会随着经济变化而波动。然而，几乎所有分析都认为：新兴工作岗位，尤其是那些制造业的工作岗位，比之前需要更高水平的技术能力和与科学相关的技能。所以，即使是对未来不一定成为科学家和工程师的学生们，他们并不反对在科学、技术、工程和数学领域加强基础教育的需要。NASA 教育项目经常与这些广泛的目标以及增加科学家和工程师的培养一事关联在一起，而实现后者就必

　　⑩　National Science Board，*Science and Engineering Indicators 2012*，NSB 12 - 01，National Science Foundation，Arlington，Va.，2012.

　　⑪　*A Journey to Inspire，Innovate，and Discover：Report of the President's Commission on Implementation of United States Space Exploration Policy*，ISBN 0 - 16 - 073075 - 9，U. S. Government Printing Office，Washington，D. C.，2004，p. 41.

　　⑫　芝加哥大学国家舆论研究中心进行的 2008 年全国谱查，数据收集于 2008 年 4 月 17 日至 9 月 13 日之间。

　　⑬　L. C. Rose and A. Gallup，the 39th Annual Phi Delta Kappa/Gallup Poll of the Public's Attitudes Toward the Public Schools，*Phi Delta Kappan* 89 (1)：33 - 48，2007.

　　⑭　*A Journey to Inspire，Innovate，and Discover*，2004，p. 12.

　　⑮　*A Journey to Inspire，Innovate，and Discover*，2004，p. 12.

须同时考虑前者⑥。

　　受到载人航天探索启蒙和影响的不止有学生，还有广泛的社会群体。时代杂志在"二十世纪的照片"中有一幅是阿波罗 8 号航天员威廉姆·安德斯（William Anders）从月球拍下的地球升起的场景（如图 2-2 所示），另外还有很多标志性的从太空俯瞰地球的照片，这些都为人类观察自身所在的星球提供了新的视角。

图 2-2　阿波罗 8 号航天员威廉姆·安德斯从月球拍下的地球升起的场景
（来源：NASA）

2.4.4.1　对教育和启蒙理由的评估

　　教育的力量和经济影响一样，都很难被量化，毫无疑问，那些

---

⑥　NRC，*NASA's Elementary and Secondary Education Program*：*Review and Critique*，The National Academies Press，Washington，D. C.，2008，p. 21-43.

航天员作为探索者看到的前沿景观为研究高深的科学、技术、工程和数学学科提供了额外的灵感和动力[67]。在载人航天委员会看来，它将促使 NASA 不断投身外部公共活动，并与公众分享它的挑战和成就。

一份 2008 年关于 NASA 教育项目的国家研究委员会研究报告[68]在结论中指出：NASA 的教育活动应充分利用其科学和探索活动以及它的科学家和工程师们，以此吸引和激励年轻学生对科学产生兴趣。该报告同时还建议：为了发挥最大的影响力，NASA 的教育和外部公共活动应该与院校合作，对正式或非正式的科学教育活动有更直接的理解。报告研究认为，NASA 在外部活动和教育项目上的经费投入是值得的，但仍然假设在航天计划上的花费有很多其他的依据支撑。

重申该结论：对学生的影响可以用来作为载人航天计划在教育和外部公共活动上的很多花费的理由，但教育领域里很少有人将这种影响看作载人航天计划的拨款理由。今天激励和促进学生关注科学领域的来源有很多，当 NASA 载人航天计划在激励着很多学生的时候，其作用并不是唯一的[69]。此外，虽然最初的激励或启蒙是重要而显著的，但成为一名科学家或工程师需要更多的努力，它取决于建立并支持学生兴趣的持续的教育经验，将学生那种随意的兴趣转化为一种认同，促使学生在这条路上一直走下去，这也越来越具有难度[70][71]。

---

[67]　R. Monastersky, Shooting for the Moon, *Nature* 460 (7253)：314 – 315, 2009.

[68]　NRC, *NASA's Elementary and Secondary Education Program*, 2008 p. 113 – 118.

[69]　Learning Science in Informal Environments, NRC, 2009, p. 100 – 102.

[70]　Renninger, K. A., & Riley, K. R. (2013). Interest, cognition, and the case of L _ in science. In Kreitler, S. (Ed.). Cognition and Motivation：Forging an Interdisciplinary Perspective (pp. 325 – 382). New York：Cambridge University Press.

[71]　Renninger, K. A. & Su, S. (2012). Interest and its development. In R. Ryan (Ed.), Oxford Handbook of Motivation (pp. 167 – 187). New York：Oxford University Press.

美国需要科学家、工程师和公众对科学的深入理解。航天任务带来的挑战和刺激可以激励学生或市民参与科学和工程，尽管这种影响很难量化。虽然，成为一名科学家或工程师要求的不仅仅是最初的激励，但是，很多在航天领域工作的人都认可这种激励的重要性，尽管很难区分载人和机器人航天飞行对此所做的贡献。

2.4.5　科学探索和观测

为了更深入地了解太空，对太阳系和星体的探索是科学领域一个主要的目标。研究微重力环境中的物理、化学、生物成为额外的科学研究领域。在上述领域，主要的国家研究委员会的研究中，已经对美国航天计划进行了评估和规划[72][73][74]，还有些研究探讨了可以通过载人航天实现的项目[75]。

各个国家在经历了 40 多年的空间探索后，终于迎来了一个转折点。旅行者号的两艘飞船飞过日球顶层冲出太阳系，而新地平线号飞船则继续试图飞往冥王星，这两个事件标志着空间探索的初级阶段逐渐走向终点。大规模采用无人机器进行探索的时代正在来临，很多任务都将目光转向研究星系中的各个行星。信使号（Messenger）持续地将在水星探测到的信息传回地球；黎明号（Dawn）探测器已经抵达小行星灶神星，目前正在前往谷神星；卡西尼号（Cassini）对土星及其光环和卫星的研究取得了重大进展；朱诺号（June）将于 2016 年进入土星轨道。1958 年，NASA 出台法

⑫　National Research Council（NRC），*Vision and Voyages for Planetary Science in the Decade 2013 - 2022*，The National Academies Press，Washington，D. C.，2011.

⑬　NRC，*Recapturing a Future for Space Exploration：Life and Physical Sciences Research for a New Era*，The National Academies Press，Washington，D. C.，2011.

⑭　The Scientific Context for Exploration of the Moon，*Committee on the Scientific Context for Exploration of the Moon*，*Space Studies Board*（http：//www. nap. edu/openbook. php？ record＿ id＝11954

⑮　European Science Foundation，*Independent Evaluation of ESA's Programme for Life and Physical Sciences in Space*（*ELIPS*）：*Final Report*，Strasbourg，France，December 2012.

案宣布进行空间探索⑦，开启了之后的这一系列飞行任务。飞行任务的选择需要与科学界进行广泛的研讨，得到工程师的足够重视，并且需要考虑经费的现实因素。从十年前开始，空间探索基本上会以天文与天体物理领域的成功实践为基础，需要多年的调查和大量的路线图演算。

人类对太阳系行星的研究历史更为复杂。阿波罗计划成功地将航天员送上月球，而其主要促成因素则出于冷战时期的政治考虑。随着该计划的不断发展，它在科学上的意义就逐渐体现出来，航天员进行的科学实验导致了人们对月球表面知识的革新，同时也使人们对创世纪和其后的历史有了新的理解。然而随着阿波罗计划的终结，对人类本源的探究进程受到了挫折。

人类试图登陆月球和火星，并探索月球和火星的表面，但是美国或是其国际合作伙伴并没有开启任何新的飞行任务。对自然的研究实现了许多科学上的重大发现，但只有当人类登上月球和火星表面才能真正证实这些发现，这些原因促进了载人探索计划的重启。在这种情况下，主要航天国家都致力于发展太空机器人项目，将其投放到"人类可以到达"的环境，即月球、火星和近地星体（NEOs）。很多飞行任务都有双重目标，即向着人类最终的月球和火星之旅任务前进，同时进行科学研究。

月球就像一扇窗户，透过这扇窗户我们可以探索太阳系的起源与演化和地月系统的动力关系⑦。通过月球或在月球上进行的科学实验能够为登上火星积累经验，例如通往月球的中级飞行任务，该任务的设计同时是为了实现科学实验的重要优先项目。美国、欧洲、日本、印度和中国的几种轨道飞行器获得的数据水平已经达到了过

---

⑦　National Aeronautics and Space Act of 1958，Public Law 85 - 568，72 Stat.，426，signed on July 29，1958.

⑦　The Scientific Context for Exploration of the Moon，*Committee on the Scientific Context for Exploration of the Moon*，*Space Studies Board*（http：//www. nap. edu/openbook. php? record _ id＝11954

去十年从未有过的高度，并且促进了新发现的产生。中国航天局研制的嫦娥 3 号在 2013 年 12 月首次实现了月球软着陆。中国是世界上第三个取得这一成就的国家，同时中国正在酝酿进一步的飞行任务，可能包括载人登月与返回。

NASA 成功进行了几十年的火星计划，轨道飞行器和欧洲火星快车号飞行器对火星的探测做出了卓越的贡献。NASA 火星探测的原则是"先找到水"，通过从轨道或着陆点拍摄绘制出了详细的火星表面矿物图，为火星的演化历史和可居住性收集了大量可用数据。NASA 研制的火星探测车机遇号和好奇号依然在火星表面活动，而该科研团队依然能够从收集到的报告中获得新的科学发现。

掠过地球的近地小行星会对地球上的人类和生命产生潜在的威胁。最近发生在俄罗斯的陨石事件影响到 1 000 多人，提高了公众对近地小行星的认识。对近地小行星的研究有两个目的：一是为缓解灾害收集数据；二是增加对早期太阳系的理解和了解其早期对地球的撞击历史。对近地小行星的详细了解使它们成为研究纯物质的重要目标，最终能够促进星际之旅的商业探索。日本的小行星样本收集任务由隼鸟号完成，2010 年隼鸟号首次成功将小行星丝川的样本带回地球。

近几十年来，一些太空探索的国际工作组定义了探索月球、火星和近地小行星在科技领域的关键驱动因素。月球探索分析工作组（LEAG）、国际月球探索工作组（ILEWG）、火星探索计划与分析工作组（MEPAG）[78] 和国际本源探测工作组（IPEWG）在科学界的支持下已经给出了多种发展蓝图。这些文件不断更新，并提供建设性和强有力的理论依据，所有航天机构都可以利用这些文件完善自身的空间探索计划和架构。这些文件内容涵盖机器人飞行任务和载人飞行任务。

最近的发展蓝图中探讨的探索月球的关键科学驱动因素包括：

---

[78]　See the MEPAG website, available at http：//mepag. jpl. nasa. gov/.

调查内太阳系撞击历史,而只有通过调查月球才能发现这一问题的答案;通过调查月球内部和月壳岩石的结构和组成有助于理解行星演化的过程;月球两极可能隐藏重要的挥发物。未来将会通过国际飞行器来研究这些问题,然而许多航天大国也在酝酿载人探索任务和空间站计划。人类登上月球的附加值包括:人类能够提高确认和收集样本的效率,增强样本的回收能力,提高偶然发现的机会。此外,人类与机器人在月球协同探索的情况有助于进行大规模的探索活动(例如钻孔),布置和维修复杂设备,并且为未来的火星探测提供了经验[79]。

火星探索计划与分析工作组对火星探测定义的主要科学驱动因素[80]是:确认火星上是否有生命出现过,了解火星气候过程和历史,探索火星表面和内部的演化过程,并为载人探索做准备[81]。美国国家研究委员会在 2011 年的十年行星科学会议上也提出了相似的目标[82]。为人类登上火星做准备,目前需要进行多方面的研究,包括大气测量、生物危害与从行星返回的保护、就地资源利用、辐射、火星尘埃对人体的不良影响、大气电力、向行星前进途中的保护、灰尘对表面系统的影响和可通行性[83]。本报告在第 4 章中探讨了部分上述技术挑战。

总而言之,过去的行星探测科学驱动因素都有共同的主题。总体的科学驱动因素就是探索太阳系是如何形成和如何演化的。另外

　　[79]　I. Crawford, M. Anand, M. Burchell, et al., "The Scientific Rationale for Renewed Human Exploration of the Moon," white paper submitted to the National Research Council Planetary Science Decadal Survey, available at http://www8. nationalacademies. org/ssbsurvey/publicview. aspx, 2009.

　　[80]　MEPAG 目标不限于人类探索所追求的目标。

　　[81]　MEPAG (2010), Mars Scientific Goals, Objectives, Investigations, and Priorities: J. R. Johnson, ed., 49 p. white paper posted September, 2010 by the Mars Exploration Program Analysis Group (MEPAG) at http://mepag. jpl. nasa. gov/reports/index. html.

　　[82]　National Research Council (NRC), *Vision and Voyages for Planetary Science in the Decade 2013 -2022*, The National Academies Press, Washington, D. C., 2011.

　　[83]　MEPAG 2010.

一个历史性的驱动因素就是：其他行星上是否有生命存在过，现在是否依然存在？火星是太阳系中有希望发现生命的行星之一[㉞]，尽管在目前看来这里不可能存在生命，但是火星表面曾经有水，因此某些生命形式可能在这里存在过。这些问题都与地球息息相关。正如最近的一篇文章中提到的：载人航天探索能够最终帮助人类解决关于存在的一些重要问题，例如太阳系是如何形成的、地球以外是否有生命和人类的未来会怎样[㉟]。

2.4.5.1　LEO 载人航天：ISS

在 LEO 进行科学实验的能力是 ISS 主要存在的意义和要实现的目标。该科学实验主要分为两类：一是为进行更长期的空间探索而研究太空中人类因素的科学；二是利用空间站提供的微重力环境和有人值守实验室，但是并不一定是与载人航天有关的科学。本报告将在下文对这两类科学进行探讨，但是首先需要明确的是，只有第二类科学的主要目的是进行科学实验而不是促进载人航天飞行。第一类科学（人类科学）对地面医学治疗的影响还带有经济学方面的连带效应。

在过去的十年里，科学家和航天员为载人航天探索进行了多方面的研究（例如缺少重力、昼夜节律变化和接触到更多的宇宙辐射）。研究人体对外太空环境的适应性对保护人类在执行探索任务期间的健康具有重要意义[㊱]。NASA 的 ISS 项目科学关注的主要是人类

[㉞]　其他行星包括现存液态水的土卫二和木卫二，以及拥有广泛有机物和地球类似进程的土卫六。

[㉟]　P. Ehrenfreund, C. McKay, J. D. Rummel, B. H. Foing, C. R. Neal, T. Masson - Zwaan, M. Ansdell, N. Peter, J. Zarnecki, S. Mackwell, M. A. Perino, L. Billings, J. Mankins, M. Race (2012) "Toward a Global Space Exploration Program: A Stepping Stone Approach", Advances in Space Research, 49, 2 - 48.

[㊱]　C. A. Evans, J. A. Robinson, J. Tate - Brown, et al. *International Space Station Science Research: Accomplishments During the Assembly Years: An Analysis of Results from 2000 - 2008*, 2008, http://www.nasa.gov/pdf/389388main _ ISS% 20Science% 20Report _ 20090030907. pdf.

调查项目（HRP），专注于能够使人类在太空中健康并有效率地工作的研究和技术（如图 2 - 3 所示）。NASA 提出了一些预先设计的人类可能遇到的危险，包括辐射、骨损和肌损、颅内压增高和在微重力环境下出现的其他生理反应。人类调查项目的职责就是描述这些危险并探索缓解因素，或查明哪一项危险是无法缓解的。因此人类调查项目的职责对于增强人类进入地月空间甚至超越地月空间的能力有非常重大的意义。

图 2 - 3　NASA 空间站飞行工程师凯仁·耐博（Karen Nyberg）在轨时使用眼底镜拍摄自己的眼睛。这是首次使用硬件和新视觉测试软件。　（来源：Courtesy of NASA，http：//www. nasa. gov/content/it - s - all - in - your - head - nasa - investigates - techniques - for - measuringintracranial - pressure/.）

　　ESA 通过其欧洲空间生命与自然科学项目（ELIPS）使得欧洲成为目前 ISS 最大的科研使用者[57]。欧洲空间生命与自然科学项目研

───────────────

[57]　欧洲 15 日 2002 年起开始投资 ELIPS 计划，目前该计划进入第 4 期（ELIPS - 4）有 1 500 余名科学家参与。

究探索放射生物学、物理学、卫生保健、生命支持和污染研究。（详见欧洲科学基金会最近的评估[88]。）ISS 内人类科学研究带来益处的一个很好的证明是"PK-3"的等离子物理实验。该实验由来自俄罗斯和欧洲的多学科小组的科学家负责，该项目产生了一种新形式的物质叫作"冷大气等离子体"（CAPs），能够对多种微生物产生抗菌作用[89][90]。目前在实验室和临床试验中，冷大气等离子体的应用给临床应用带来了希望，尤其是在伤口愈合方面[91][92][93]。值得注意的是，地球上是不存在冷等离子体的，并且如果没有在微重力环境下进行人类科学研究也不可能发现该物质[94]。

最近，日本的希望号实验舱成为最新的 ISS 舱段，科学家对太

[88]　European Science Foundation，*Independent Evaluation of ESA's Programme for Life and Physical Sciences in Space（ELIPS）：Final Report*，Strasbourg，France，December 2012.

[89]　Thomas，H.（2013）Complex plasma applications for wound healing. Presentation at the 2nd Annual International Space Station Research & Development Conference，Denver，CO，July 13. Accessed on October 12，2013 at http：//www. youtube. com/watch? v＝sbhlA0OON4s.

[90]　Miasch，T.，Shimizu，T.，Li，Y-F.，Heinlin，J.，Karrer，S. Morfill，G.，& Zimmermann，J.（2012）. Decolonization of MRSA，S aureus and E. coli by Cold-Atmospheric Plasma using a Porcine Skin Model in vitro. PLoS ONE，7（4）：e34610. Accessed on October 13，2013 at http：//www. plosone. org/article/info% 3Adoi% 2F10. 1371%2Fjournal. pone. 0034610.

[91]　Plasma Technologies. Website accessed on October 12，2013 at http：//www. ptimed. com/index. html.

[92]　Isbary，G.，Morfill，G.，Schmidt，H. U.，Georgi，M.，Ramrath，K.，Heinlin，J.，Karrer，S.，Landthaler，M.，Shimizu，T.，Steffes，B.，Bunk，W.，Monetti，R.，Zimmermann，J. L.，Pompl，R.，Stolz，W.（2010）A first prospective randomized controlled trial to decrease bacterial load using cold atmospheric argon plasma on chronic wounds in patients. Brit. J. of Dermat.，163：78-82. doi：10. 1111/j. 1365-2133. 2010. 09744. x.

[93]　Isbary，G.，Shimizu，T.，Zimmermann，J. L.，Thomas，H. M.，Morfill，G. E. & Stolz，W. Cold atmospheric plasma for local infection control and subsequent pain reduction in a patient with chronic post-operative ear infection. New Micobe New Infect 2013；1；41-43. doi：10. 1002/2052-29775. 19/full.

[94]　Thomas，H. op cit.

空医学、生物学、生物技术和对地观测进行了实验。通过希望号的
气闸舱和机械手臂，可以到外部的太空环境进行实验。美国和俄罗
斯的 ISS 研究项目还致力于研究人类在太空中的活动和持久程度，
以及如何能够延长并支持人在太空中的活动。其他 ISS 的科学实验
还研究在微重力环境下的流体动力学和其他太空环境自然科学现象。

　　2010 年，国会要求 NASA 寻找合适的非政府组织，授予一项合
同，请他们帮助管理 ISS 国家实验室，该实验室拥有美国 ISS 50％
的资源⑤。空间科学促进中心（CASIS）的任务是为地球上人类活动
和生命的利益而发展科学，为公共福利着想⑯。在航天飞机时代，微
重力研究对地球上的肌肉萎缩和骨质疏松症状进行了模拟，相对地
球上临床的缓慢进展，由于轨道上变化迅速因此很快取得进展⑰。而
在基因表达方面的变化，只有在微重力环境下才能进行实验。种种
发现使得世界 500 强公司（包括宝洁、默克、诺华）纷纷投资 ISS
国家实验室管理的飞行项目，这些飞行项目有更长期的飞行机会，
寄托着人们对利用微重力研究促进商业产品发展的希望⑱。

　　国家研究委员会进行的生命和微重力科学十年调查，最终出版
了名为《夺取空间探索未来：新时代生命与物理科学研究》
(*Recapturing a Future for Space Exploration：Life and Physical
Sciences Research for a New Era*)⑲ 的报告，调查了生命与物理科学

　　⑤　2010 NASA Authorization Act.

　　⑯　CASIS Strategic Plan.

　　⑰　Stodieck，L. AMGEN countermeasures for bone and muscle loss in space and on
Earth. In Proceedings of the 2nd Annual International Space Station Research &
Development Conference. Denver，CO，July 2013. Washington，DC：American
Astronautical Society. Presentation retrieved on August 27，2013 at http：//
www. astronautical. org/sites/default/files/issrdc/2013/issrdc _ 2013 - 07 - 17 - 0800 _
stodieck. pdf.

　　⑱　"Supporting Entrepreneurs in Space". http：//www. iss - casis. org/NewsEvents/
NewsDetail/tabid/122/ArticleID/87/ArtMID/581/Supporting - Entrepreneurs - in -
Space. aspx.

　　⑲　NRC，*Recapturing a Future for Space Exploration*，2011.

研究的目标，从而促进未来探索任务的发展。研究建议地面和空间实验应该包括以下几项调查：空间环境对生命支持设备的影响，对人类感染风险的控制，基本的物理挑战[100]。从这以后，生命科学研究计划注重在推进基础科学发现的同时，从整体控制空间探索者的健康风险。ISS 为进行实验室科学提供机会，使其能够利用微重力研究一系列的物理和生物过程。在可预见的未来，此类研究需要人类对实验和平台进行配置。这些行为是机器无法完成的。因此，科学的回归能够使在轨运行的 ISS 实验室产生革命性的系统，并帮助空间探索建设获得投资。

2.4.5.2　科学探索和观测理由的评估

许多研究都表明[101]，载人飞行与机器人任务相配合能够实现重要的科学目标。想要知道人类在太空中能走多远，就需要对长期处于太空环境下，人生理和心理所受到的影响进行进一步的研究，因此对这一科学领域的进一步调查有助于载人航天的发展。而反之，载人航天能否促进科学的发展就需要根据具体情况进行分析。对于行星科学，需要在每一阶段进行成本/风险/收益分析，从而确定载人或无人飞行任务是否能最好地实现科学任务。在 LEO 进行的科学研究不同于为促进载人探索而进行的科学研究，它形成 LEO 独有的探索原因。此外，为了能够让载人航天计划更好地服务于科学，科学家和科学目标需要在飞行任务规划中发挥作用。

在航天科学领域，随着科技、成本和风险的变化，载人探索与无人探索的相对优势也在不断发生转变。目前的机器人行星探测器（例如好奇号和卡西尼号）表明，尽管探测器能以更快的速度和更低的成本去到更远的区域，但是探测器无法实现人类在应对复杂环境

---

[100]　NRC, *Recapturing a Future for Space Exploration*，2011.

[101]　See NRC, *Vision and Voyages for Planetary Science in the Decade 2013 – 2022*，*2011, and Recapturing a Future for Space Exploration*，2011，both published by The National Academies Press，Washington，D. C.

时的灵活性，同时如果有新发现，探测器也不具备临时应对和快速反应的能力。但是在未来某些时候这些缺点可能会得到改进。

2.4.6　生存

太空委员会[112]、未来主义者[113]和太空爱好者们[114]经常提到的一个问题是，人类如何能够长期生存下去。无人航天器使得科学家开始探索太阳系中其他星球的历史。通过空间探索，我们发现了金星的温室效应，意识到火星在30亿年前就已经枯竭，观察到地球的臭氧层在逐渐变薄。人们常说只有您踏上其他国家的土地时才能真正了解自己的国家，同样道理，空间探索使我们能够将地球与其他星球相对比，让我们更好地了解地球。通过继续探索其他星球和地球的科学知识，我们自身才能进一步意识到地球的未来是多么脆弱。

基本生存观点的支持者对未来的各种事件表示担忧：1）地球资源耗减到无法维持人类在地球上生存的程度；2）从概率角度看，大型小行星或彗星撞击地球，影响人类生活甚至造成人类灭绝的可能性；3）太阳活动发生极端变化（包括日冕物质抛射），或是未来地—日系统的演化可能导致地球不再适合居住[115]。上述问题需要我们思考这些事件可能出现在多远的未来；同时改善这些事件带来的后果和将可以维持物种的一定数量的人口送出地球，二者哪一项更可行。从表面上看，相对于行星迁移，改善后果似乎更加可行[116]。但是，如果不对载人航天探索进行持续的投入，就无法确定行星迁移这一解

---

[112]　M. Huang, Sagan's rationale for human spaceflight, *The Space Review*, November 8, 2004, http://www.thespacereview.com/article/261/1.

[113]　S. Brand, *Space Colonies*, Penguin Books, New York, 1977.

[114]　G. Anderson, A rationale for human spaceflight, *The Space Review*, 2011, available at http://www.thespacereview.com/article/1920/1.

[115]　委员会承认但不支持大众媒体上关于所列担忧事项与人类探索地球以远问题之间的联系。

[116]　N. Tyson, *Space Chronicles: Facing the Ultimate Frontier*. New York, W. W. Norton, 2012.

决方法的可能性、时间和成本。

生存依据与人类在其他天体上定居息息相关。最近的 2009 奥古斯汀报告《为我们伟大的国家制定载人航天计划》（*Seeking a Human Spaceflight Program Worthy of a Great Nation*）中总结道：我们都认为载人探索在帮助我们向着终极目标（摸索人类进入太阳系之路）前进的同时，还帮助人类提升自身。现在还不能确定人类何时和如何能够在另一个星球上生存，但是我们可以向着我们的长期目标努力[⑰]。实际上，在载人航天委员会最近收集的推特评论中，多次提到了通过迁移出地球帮助人类物种延续的方法应该作为 LEO 以远载人航天的一项基本目标。

某些著名的科普科学家燃起了人们对将空间探索作为种族延续的一种手段的热情。卡尔·萨根（Carl Sagan）写到："现存的所有民族都不得不探索航天，并非出于探索精神或是浪漫的热情，而是基于最实际的原因——生存……我们探索地球之外更远的太空，就有可能发现更多可以生存的世界……人类就会更加安全。"[⑱] 史蒂芬·霍金（Stephen Hawking）在 2013 年讲到了人们为了生存，需要使自己能够在其他星球上定居，"为了人类，我们必须继续探索太空。如果我们能明白宇宙是如何运行的，我们就能找到控制宇宙的方法。如果我们没能逃离现在脆弱的星球，1000 年以后我们将无法存在。"[⑲]

虽然迁移出地球的方法能够增加人类长期生存的概率，但是目前，我们还不知道是否能够实现可行的太空生存解决方案。以我们目前的能力和发展情况，还有很多挑战，所以我们要追求的是遥远

[⑰]　Review of U. S. Human Space Flight Plans Committee，*Seeking a Human Spaceflight Program Worthy of a Great Nation*，2009，available at http：//www. nasa. gov/pdf/396093main_ HSF_ Cmte_ FinalReport. pdf.

[⑱]　Sagan, C. (1994). Pale Blue Dot. New York：Random House (p. 371).

[⑲]　*Reuters*，Hawking：Mankind has 1，000 years to escape Earth，，2013，available at http：//rt. com/news/earthhawking – mankind – escape – 702/.

未来的梦想。解决这些挑战需要我们继续进行航天计划。无法断言，最终是否能够开发出让人类的存活时间长于人类在地球生存时间的人类迁出地球方法，来延长人类物种的存在时间，只有推动人类太空前沿发展才能解决这一问题。

2.4.7　人类共同的命运和希望

空间探索是人类共同的目标，同时人类共同的命运是人类探索太空最大的依据，不管是科幻小说还是国际政策都表示出了对探索太空的支持。这种依据可以定义为一种信念，相信人类空间探索是超越个人的，太空是人类共同征服的目标[10]。因此，航天飞行致力于研究人类的未来，挑战人类可以进入的太空极限，调查人类可能取得的成就。从空间站、星际飞船到行星前哨和外星环境地球化，人类的想象为我们预测了可能的未来，只有通过继续发展载人航天方面的力量才有可能将想象的未来变成现实。

许多国家不具备载人航天的能力，还有一些国家经济上无法承受载人航天系统的研制。在人类航天史的 50 年里，虽然只有超过 500 人进入过太空，但是载人航天仍然构成了人类文明的一部分。人类共同的命运和共同的心愿并不依赖于广泛的可达性（虽然这是重要的一点）。从这个意义上讲，为达到这一目的，世界将依赖具有载人航天能力的国家和组织，采取互相包容的态度来合作。1967 年的《外层空间条约》是深深植根于这个理论依据之上的：

"确认为和平目的的发展探索和利用外层空间，是全人类的共同利益……深信探索和利用外层空间应为所有民族谋福利，不论其经济或科学发展程度如何……探索和利用外层空间，包括月球和其他天体的探索和利用，应为所有国家谋福利，而无论其经济或科学发展

⑩　Griffin，Nikki，"A Science Officer Speaks － An Interview With JPL Flight Director Bobak Ferdowsi"，Geek Exchange，http：//www. geekexchange. com/a － science － officer － speaks － an － interview － with － jpl － flight － director － bobakferdowsi － 62643. html，accessed January 22，2014.

的程度如何，并应成为全人类的事业。"⑪

1958 年，艾森豪威尔总统为《白宫手册》编写序言⑫，其中提到"我们和其他国家有很大的责任，促进和平利用空间和利用从空间科学和技术获得的新知识，为全人类谋福利。"虽然这句话很笼统地提到了航天计划，并没有特指载人航天，但这本手册直接影响了《星际迷航》⑬ 系列的影视作品，从 20 世纪 60 年代开始，不断发展而逐步完善，成为一部长寿的作品，目前还牢固地嵌入美国流行文化中。许多航天科学家、航天爱好者和普通大众都认为应该通过载人航天实现《星际迷航》中描绘出的理想愿景⑭。

有史以来，载人航天活动一直在星际范围，部分原因归功于卫星。20 世纪 60 年代，电视技术为人类提供了广泛沟通的机会。1969 年，尼尔·阿姆斯特朗登月的片段传播至世界各地，全球观众人数约为 5.3 亿，超过美国当时全部人口的 2.5 倍（如图 2-4 所示）。现在互联网通过网站和应用成为 20 亿人的主要媒体。2013 年，加拿大航天员克里斯·哈德菲尔德在 ISS 上拍摄的一段视频在 YouTube 网站被 1 800 万人浏览，并且在推特上得到 100 万人的跟帖。2013 年 7 月，哈德菲尔德参观了推特的总部，该公司经常迎来名人访客⑮。

载人航天被视为人类共同的使命。"共同命运"和理想是一个世界观，包括生命、宇宙和所有的一切，因而需努力共同探索新的领

---

⑪　United Nations，"Treaty on Principles Governing the Activities of States in the Exploration and Use of Outer Space，including the Moon and Other Celestial Bodies，" known as the "Outer Space Treaty of 1967，" Entered into force October 10，1967，available at http：//www. state. gov/www/global/arms/treaties/space1. html.

⑫　President's Science Advisory Committee，"Introduction to Outer Space，" March 26，1958，pp. 1 - 2，6，13 - 15，available at http：//history. nasa. gov/sputnik/16. html.

⑬　讲述人类在银河系探索的知名电视连续剧。

⑭　D. Day，"Star Trek as a Cultural Phenomenon，" Essay，History of Flight，U. S. Centennial of FlightCommission，available at http：//www. aahs - online. org/centennialofflight. net/essay/Social/star _ trek/SH7. htm，accessed on January 6，2014.

⑮　@mattknox，Twitter，，July 26，2013，https：//twitter. com/mattknox/status/360897639409143808.

域。值得注意的是，这个理由是以生命为根本确立的，共同探索是独立于生存问题之外的。

图 2 - 4　1969 年 7 月 20 日，阿姆斯特朗在阿波罗 2 号任务中成为首个登陆月球表面的航天员。（来源：Courtesy of NASA. This is a cropped photo of the original，NASA photo as11 - 40 - 5886，http：//grin. hq. nasa. gov/ABSTRACTS/GPN - 2000 - 001209. html.)

2.4.7.1　人类命运与理想理由的评估

理想目标本质上是主观的，因此，对于不赞同的人群来说不具说服力，但支持它的人仍会坚持。

有些人认为探索是人类的本质[⑩]。空间是前沿领域，因此，空间

---

⑩　David Dobbs，Restless Genes，National Geographic Magazine Jan 2013，http：//ngm. nationalgeographic. com/2013/01/125 - restless - genes/dobbs - text.

探索的主要理由就是，探索该领域是人类的使命。虽然机器人探索起到了至关重要的作用，但载人航天才能够回答那些恒久面对的问题——我们能从地球向太空前进多远？抵达后我们能发现和获得什么？这里的"我们"毫无疑问是指人类，而不是机器人。载人航天是一项耗资巨大且充满风险的活动，只有怀抱远大理想的人才会冒此风险。此外，人类物种延续的简单欲望是载人航天探索的唯一理由。对于其他目标可通过多种途径实现，载人航天也是其中之一。

对挑战性目标抱有探索和追求的渴望是人类共同的特性。空间是目前探索和追求的主要领域。有些人认为人类的使命是持续探索空间，这也是进行载人航天的主要理由，但不是所有人都赞同这一观点。

2.5　理由评估

尽管上述理由通常被专业人士和公众所认可并广泛传播，但是载人航天在各领域中的作用都无法量化。值得关注的是，缺乏验证测量并不意味着这种作用不存在。在许多情况下，载人航天委员会既不能为载人航天的作用提供强有力的证据，也不能衡量其大小。对于所有的务实型理由，探索目标可由各种不同的联邦预算支付，而非（或代替）载人航天经费支出。然而，由于可选方案也缺少量化方法，因此载人航天委员会不能决定各项目的相关有效性。对于那些理想型理由（如上部分讨论的最后两个理论依据），如果要达成目标则需要进行载人航天探索。

每种传统理由都为持续进行载人航天探索提供了支持，但没有一种理由能够提供令人信服的参数，同时不同的受众强调不同的理由，如在本章开头和在第 3 章中所述。载人航天委员会对民众和相关利益群体进行了民意调查。上文中涉及到的许多载人航天探索理由都不是单一的活动，而是涵盖在从美国国立卫生研究院到国防部等的各种联邦项目中⑪。换言之，上文中的许多航天理由都是考虑了相对条件下的适应性，试图评估在一定的探索理由下实现一系列不同联邦项目的有效性。不幸的是，尚没有完善的评估方法来支撑这项评估。

　　没有一个理由可以为载人航天的发展提供关键依据，但并不代表它们不够强大。虽然项目重点不统一，但没有从原则上反对载人航天的发展。在预算吃紧时，许多人提议将经费用在更为重要的项目上。同时，民众对载人航天预算的支出并不清楚，许多人以 NASA 公开项目为例认为其支出明显超出实际预算。如第 3 章所述，这种反应取决于提供的信息和提问的方法。

　　载人航天的相关讨论引发了上述理由的组合。没有单一的载人航天理由满足相关群体的需求，各群体评估理由的侧重点不同。

2.6　价值诉求

2.6.1　价值诉求问题

　　"不是所有有价值的都能被计算，并且，不是所有能计算的都有价值。"

　　　　　　　　　　　　　　　　　　　——威廉·布鲁斯·卡梅隆⑱

---

　　⑪　如白宫科技政策办公室主任约翰·马伯格博士在 2006 年的戈达德纪念研讨会上的讲话中所说，2005 年的 NASA 授权法案"肯定，该愿景的基本目标是通过一个强大的空间探索计划来提高美国的科学、安全和经济利益。"……政策中这一段落的措词意义重大。其使空间探索从属于科学、安全和经济利益这一首要目标。如此表述，"基本目标"确定探索的成本效益可权衡。由于科学、安全和经济规模由其他联邦出资活动共享，因此这一点对于政策制定非常重要。通过将成本和共同利益联系在一起，便可在对空间探索活动投资还是对可获得同类型利益的竞争型活动投资之间进行权衡，至少理论上可能。(John Marburger, Keynote Address, 44th Robert H. Goddard Memorial Symposium, Greenbelt, Maryland, March 15, 2006, available at http://www.nss.org/resources/library/spacepolicy/marburger1.html.

　　⑱　W. B. Cameron, *Informal Sociology: A Casual Introduction to Sociological Thinking*, Random House, New York, 1963 (5th printing, 1967), p. 13.

　　"价值诉求"是一种主张，用以说明组织能够给予消费者的利益或经验，以及需要的资源或支出的费用。从经济角度来看，当一些经验、产品、服务或项目的价值或收益超过获得它的成本或资源时，被认为是"有价值"的[⑲]。在商业环境中，价值可以表示为给定活动或一组活动的经济利益与支出之比，当比值大于 1.0 时表示正值[⑳]。

　　用"价值诉求"的方法来对公共项目进行评估，很大程度上是由于私营和公共部门之间的目标和可行性测量结果存在巨大差异，对于大多数公共项目没有"盈亏底线"，通常被定义为"不以营利为目的"的活动。由摩尔（1995，2013）[㉑]倡导的"价值诉求"框架认为，公共项目应该通过获得广泛的目标（摩尔将其定义为"价值"）以及目标实现的效率进行评估。公共项目实现广泛目标的有效性是价值诉求分析的核心，适用于公共领域活动。但将反映复杂环境情况，包括方案操作、测量目标、衡量进展情况以及汇总的成果和进展等信息，纳入任何一个相当于"底线"的方式来评估利润或亏损，在私营机构的管理中仍然非常困难。

　　在摩尔 2013 年的概述中，价值诉求框架缺少评估基本原则，难以对给定命题的不同元素进行评估，使其很难在管理和评估工具中应用。在公共部门和私营机构的管理中都涉及确定优先事项，并在有限资源环境下对这些优先事项进行权衡管理。利用价值诉求框架，对公共项目进行管理，需要考虑个体目标（或价值诉求组成）对其

---

　　⑲　Phillips，L.（2007）."Managing Customer Value When Your Program's Survival Depends on It". In *Proceedings of AIAA Space 2007*，September 18 - 20，Long Beach，CA. Paper ♯ AIAA 2007 - 9928. Washington，D. C.；AIAA.

　　⑳　Cole，M. & Parston，G.（2006）. Unlocking Public Value（pp. 43 - 49）. Hoboken，NJ；John Wiley & Sons.

　　㉑　摩尔定义的"公共价值"主张为："寻找他们认为应该为结果负责的价值的政治主张，公共管理者需判定某类公共价值命题——在右手边列出公共价值账户中的价值列表［与私营企业会计核算方案收入相关］。若公共价值命题未与机构需核算的全部、大部分或最重要的项目相联系或有所体现，则也等同失败，这揭示了公共管理者的不重视或对忽视重要公共价值的批评。甚至一个通过与所挑选观察员密切交流以及对公众'市场检验'而建立起来的切实且详尽的公共价值账户都有可能在受访者改变想法后被推翻。"

他目标或因素的影响。这就需要掌握权衡管理和项目产出，因为价值诉求框架建议管理者根据公众或主要利益相关方的意见识别优先事项。建立基本原则是较为复杂的，尤其是在 NASA 载人航天这类项目中则更加难以实现，因为公众舆论宽泛且冷漠（见第 3 章），不能对决定哪些目标的价值更高给出指导意见。

在治理和管理中重视利益相关方价值的方法先于摩尔理论在 R·E·弗里曼的"策略管理：利益相关方方法"中体现，它更集中专注于私营机构的管理。弗里曼的理论和实证工作是围绕理解利益相关方、价值管理、价值传递和组织的生成能力、沟通和传递价值展开的。就像摩尔的价值诉求管理办法一样，利益相关方理论难以适用于大型政府项目，部分原因是在评估价值时，由于多种因素导致不同的利益相关方群体或个人分配到的权重不平衡[12][13]。利益相关方分析法没有达成方法论共识，然而，最近的一些研究将价值映射引入到利益相关方的需求或"利益相关方的价值分析方法"中，旨在为 NASA 航天计划或附属项目的规划者提供指导，目前尚不清楚设计者如何将分析结果纳入航天计划或附属项目的规划中。这些研究大部分是在麻省理工（MIT）系统架构组的牵头下完成的。

为支撑 NASA 星座项目探索和细化（CE&R）合同，德雷珀实验室和麻省理工航空航天学院在 2004—2005 年发起了一项联合研究项目。本研究旨在通过利益相关方价值分析法，确定项目和系统目标，以发展和完善未来载人探月方法。然而，在麻省理工大学整个范围内进行了一项调查，旨在回答有关上述价值诉求分析目标的更大问题——如何才能构建一个公共企业，使其能够适应众多（可能

　　[12]　Cameron，B. G.，Crawley，E. F.，Loureiro，G.，& Rebentisch，E. S.（2008）. Value flow mapping：Using networks to inform stakeholder analysis. Acta Astronautica，62，324 - 333.

　　[13]　Hofstetter，W. K.（2008）. The MIT - Draper CE&R Study：Methodologies and Tools（p. 10）. Retrieved at http：//nia - cms. nianet. org/getattachment/resources/Education/Continuining - Education-Seminars - and - Colloquia/Seminars - 2008/CER _ NIA _ Talk - 8 - September - 2008 - final. pdf. aspx.

冲突的）意见和想法，并使其能够实现指定任务[20]？

这项研究将 NASA 空间探索相关方分为 5 个利益群体——探索、科学、经济与商业、安全和公众。利益相关方的需求（与可能由探索项目传递出的"价值"相结合）由辅助数据源得出，该数据源包括民意调查和政府报告等。随后，这些将映射到更高级的 NASA 探索目标中。这些目标，转换为相应的候选探索任务架构，该架构能够满足利益相关方需求的相对排序（排序由研究人员编制）。这些排名联合起来在 4 个维度上有助于方案的可持续性——价值传递、政策的稳健性、风险和经济可承受能力。反之，这些也可能影响系统的发展，在推进星座计划发展的同时满足利益相关方的需求。

依靠间接测量和研究人员的排序，该工作更应被定义为利益相关方价值分析法的前期研究，而非研究本身。作者承认这些工作的实验性质，并指出一些方法论上的挑战，其中包括许多其他模型中的利益相关方价值分析法的困扰。首先，对组织方（NASA）和其利益相关方的项目目标进行衡量并制定优先次序要求，其影响 NASA 空间探索架构的能力之间的关系特征要进行描述。这就需要评估利益相关方的重要性或优先级的经验方法，因为利益相关方的影响力不是"完全平等"的。这些事项在分析中未涉及。

第二个问题在于，如何评估利益相关方和计划目标之间的关系。为完成这项任务，研究组遵循多个维度顺序量表对其进行评估，用所有利益相关方的分数平均计量总权重或偏好。这种方法是间接的、主观的、需要外部验证，并且忽略上述利益相关方的优先次序问题。

最后一个问题涉及到代表利益相关方价值的衡量标准，这是比工程设计和任务架构开发更高层次的问题。为此，研究团队试图开发一种"近似"或间接测量工具来逐步实现同时满足利益相关方需

---

[20]　Rebentisch, E. S., Crawley, E. F., Loureiro, G., Dickmann, J. Q., and Catanzaro, S. N. (2005). Using Stakeholder Value Analysis to Build Exploration Sustainability. AIAA - 2553. Paper presented at the AIAA 1st Space Exploration Conference, 30 Jan - 1 Feb, Orlando, Fla., p. 3.

求和计划的可持续性要求的系统。不幸的是，这种工具为利益相关方的需求和系统设计之间的关系增添了更多的主观解释，同时还缺乏外部或工程验证[125]。作者指出，需要进行更多的研究。

此后，在 2008 年对该方法进行了进一步研究和简化，同样将研究目标集中于美国国家航空航天局计划，特别是空间探索设想。利用一个简单问题的回答——"谁是空间探索的利益相关方，利益将流向哪里？"研究人员识别出 9 类受益群体：科学、安全、国际合作伙伴、经济、行政和国会、美国公众、教育工作者、媒体和美国国家航空航天局本身。随后，研究人员使用开发的"投入—产出"查询确定利益相关方需求。投入查询处理的具体利益相关方的需求，即"利益相关方需要什么？"（例如，科学家需要科学数据，商业发射供应商需要客户）。产出查询是询问 NASA "机构能产出什么样的价值，为谁提供？"使用这个方法围绕利益相关方和 NASA 产生了48 个不同的需求，记录在"投入—产出"图表中。经过进一步的分析，以确定哪些利益相关方有什么影响，以及对其他群体或对美国国家航空航天局的影响。然后研究人员将各种利益相关方的投入和产出相关联。如此反复迭代建立了"价值网络"，由价值流和循环代表每个利益相关方的产出之间的联系，或一个利益相关方可为其他群体提供的价值。该网络可解释可见行为，如"NASA 为某些经济体提供了发射合同，反之，共同体为国家安全提供了发射服务，而国家安全又将为 NASA 提供资金支持"，该过程可被归纳为 6 个价值领域：资金、劳动力、技术、知识以及货物和服务。经过研究者的进一步细化增加了"激励"和"商业发射"。

这种方法使各利益相关方的需求相互作用，产生研究人员称之为"共同、协同、矛盾或交叉"的需求。协同需求是指在达成一种需求的同时也侧面满足了另一种需求，例如，发射飞船这一事件同

⑫　Rebentisch et al.，Using Stakeholder Value Analysis to Build Exploration Sustainability，2005

时能够满足经济体对发射合同的需求和科学家对科学数据的需求。矛盾需求往往是外部制约因素导致的,例如,在固定经费下既想"收集科学数据"又想实现"在空间环境下测试新技术"。交叉需求是指相互独立的需求。

研究人员所描绘的利益相关方与 NASA 之间所产生的价值传递网络是复杂的、间接的、互动的,有时也是脆弱的。作者在建立模型过程中总结了几种其他的相关结论,包括关于如何构建组织,使其与创造、沟通和传递价值给利益相关方保持一致建议。其中最重要的是与弗里曼和摩尔理论相呼应,如何实现预期的目标:

为实现价值,组织应保持一致,也就是说,由该组织建立的价值产出应该明确溯源到职责、流程和组织内的激励机制。认识到这些产出构成对其组织的影响,整体凸显其重要性。鉴于这些都是判定一个组织的必要条件,责任应明确划定并随时间监管。

该结论在 2010 年美国载人航天计划委员会评估中的《一个伟大国度寻找载人航天项目的价值》一文中再次被提起。评估委员会为了履行其职责对正在进行中的美国载人航天计划进行了一次独立评估,制定了评价标准,对所有待定的替代方案进行公平评估。这些标准集中围绕三个维度,其中之一是价值诉求评估,力图总结利益相关方在各种探索途径和项目选择中的受益特征。图 2-5 中列出了委员会鉴定的各种探索目的地,其中许多目的地的探索途径将在第 4 章进行讨论。

评审委员基于以往的研究,回顾了有关政策文件和民意调查,列出了利益相关方清单。NASA 载人航天计划的利益相关方包括"美国政府、美国民众、科学和教育社区、工业基础和商业企业、整体人类文明"。利益相关方可得到的利益包括:探索的能力、技术创新的机会、增加科学知识的机会、扩大美国的繁荣和提高经济竞争力机会、加强全球合作伙伴关系的机会、增加公众在载人航天参与的潜力。利益相关方获得的受益情况、选择项目的风险和预算的情况是评估项目的三个维度。研究的结论是在没有正式的价值诉求或利益相关方分析的情况下提出的[13]。

目标	公众参与	科学	载人探索	探索准备
绕月飞行/轨道	重返月球（任何时候，只要我们想）	验证机器人操作	超越辐射带10天	LEO 以远试航
地月 L1	进入星际高速	在地月 L1 维修地日 L2 航天器的能力	超越辐射带21天	在潜在的推进剂站操作
地日 L2	首个进入"深空"或地球逃逸轨道的航天员	在地月 L1 维修地日 L2 航天器的能力	超越辐射带32天	潜在服务，测试气闸
地日 L1	首个进入太阳风的航天员	潜在的地/日科学	超越辐射带90天	潜在服务，在太空居住舱内测试
月球、火星和近地星体	保护地球	地球物理学、天体生物学、取样返回	150～220天，与火星中转类似	遭遇小天体，样品交接，资源利用
绕火星飞行	首个火星探测航天员	机器人操作，取样返回	440天，与火星返回类似	机器人操作、测试行星循环仪概念
火星轨道	人类在火星上行走，接触火星	火星表面取样返回	780天，火星探索全程	机器人/人类联合探索，表面操作及取样测试
火星卫星	人类在其他"卫星"上登陆	火星表面取样返回	780天，火星探索全程	机器人/人类联合探测表面和小行星探测

图 2-5　依据灵活的探索路线对不同目的地进行探测的好处。来源：美国载人航天计划委员会评估（2009）《一个伟大国度寻找载人航天项目的价值》http://www.nasa.gov/pdf/396093main_HSF_Cmte_FinalReport.pdf.

　　第二年，麻省理工大学研究小组详细阐述了其 2008 年的工作，包括利用早期论文中使用过的辅助数据源对 NASA 空间探索利益相关方网络进行定量分析。这一分析表明，最高利益相关方的价值是

---

[13]　关于创新、灵感以及应对全球挑战新手段的额外效益描述，收录在国际空间探索协调小组出版物中（2013），"Benefits Stemming from Space Exploration"，accessed February 20，2014 at http：//www.nasa.gov/sites/default/files/files/Benefits-Stemming-from-Space-Exploration-2013-TAGGED.pdf

将有机会在未来的空间探索计划活动中获得科学回报，并且有机会从公众方面获得实际的收获，比如利用互联网，通过 NASA 星座计划进行勘探活动[27][28]。在 2012 年，麻省理工大学研究小组的价值网络分析方法使用了来自 NASA/ NOAA（美国国家海洋和大气局）的地球观测计划利益相关方代表问卷获得的数据。分析中的价值流和利益相关方的优先次序通过比较和评估被证实，比较和评估来自其他外部利益相关方和代理的数据源，例如民意调查和文献研究，结果包括对 NASA 和 NOAA 的建议：NASA 和 NOAA 的地球观测计划应按优先顺序排列目标，将最大化的产品交付给科学家、国际合作伙伴、商业公司和公众。[29]但没有信息显示这些建议已得到落实，或有什么样的影响。

　　涉及到 NASA 活动方案价值诉求分析的最后一个例子是 2012 年的研究，该研究是国家地理空间咨询委员会的"地球资源卫星十的应用价值诉求"。[30]本研究计算"生产力储蓄"，检查陆地卫星的 10 项技术应用，通过检查 10 个"决策过程，如果没有一个运营陆地卫星的程序相关联，这显然是比较昂贵的。许多这些过程都与美国政府相关联，相对于实现同一目标的其他方法显著节省钱"（2012，P. 1）。尽管该研究报告的标题为"价值诉求"的分析，但是它完全专注于陆地卫星应用相关的金融储蓄，从监测沿海变化到对林火管理。这项研究的方法和估算似乎是可信的，尽管该报告提供如何实现这些储蓄，但没有提供相关成本估计，实际上该研究采用了成本

　　[27]　星座计划于 2010 年取消。

　　[28]　Cameron, B. G., Seher, T., & Crawley, E. F. (2011). Acta Astronautica, 68, 2088 - 2097.

　　[29]　Sutherland, T. A., Cameron, B. G., & Crawley, E. F. (2012) Program Goals for the NASA/NOAA Earth Observation Program derived from a stakeholder value network analysis. Space Policy, 28, 259 - 269.

　　[30]　National Geospatial Advisory Committee, Landsat Advisory Group, "The Value Proposition for 10 Landsat Applications," 2012, http: //www. fgdc. gov/ngac/meetings/ september - 2012/ngac - landsat - economic - value - paper - FINAL. pdf.

效益的框架，只关注利益。

最重要的是，价值诉求分析在多重目标和陆地卫星方案其他特征方面并不是一个完整的评估，通过对比摩尔 2013 年的专员布拉顿和纽约市警察局的讨论，价值诉求分析是一个狭窄的方法。同样，美国麻省理工大学的利益相关方价值网络分析的方法不断演变，致力于对美国载人航天计划委员会的审查；和其他研究人员开发和整合的政府项目大型系统专注于将有关利益相关方的价值提供给系统工程和方案设计，这些方法是项目目标导向设计决定，这可以转换为价值诉求传递给发起的组织，回到利益相关方，这是一个多用户[131][132]、多目标的方法，是陆地卫星成果的改进，它并没有提供更宽范围的目标成果关系定义、价值传递和可持续的利益相关方对机构的任务和领导的支持。

当价值定位框架应用于 NASA 载人航天时，委员会起初依据上面所讨论的一套原理，突出 NASA 载人航天一系列假设理想的影响，所有这些可能被用来为 NASA 载人航天的价值诉求定义一组结果目标或"价值"。然而在大多数公共项目中，测量这些影响是很困难的。此外，NASA 的一些结果，例如 NASA 载人航天创新，因为相关创新的长期滞后，其比许多其他公共部门项目更难以衡量。

除了这些影响，如公共的激励、创新表现或美国国家安全和 NASA 载人航天项目的信誉等变化的测量是更加困难的。其他上文所讨论的原理，比如支持在其他行星上建立人类居所、增强探索能力包括航天员的太空任务以及相关的机械设备、空间探索和人类命运之间的联系，代表了 NASA 载人航天的动机是独一无二的。但即使定义了这些理由，要依据任务优先级或公众舆论来评估与之相关

　　⑬　Sutherland, op cit.

　　⑬　Brooks, J. M. , Carroll, J. S. , & Beard, J. W. (2011) . Dueling Stakeholders and Dual - Hatted Systems Engineers: Engineering Challenges, Capabilities, and Skills in Government Infrastructure Technology Projects. IEEE Transactions on Engineering Management, 58 (3), 589 - 601.

的 NASA 当前和计划的任务是否成功实现目标，或在这些基本理由中进行权衡，这都是非常困难的，尤其是它们还需要几十年（或几个世纪，如地球以外的永久栖息地）的时间去实现。

许多或大多数在机构层面面临的发展和应用价值分析的问题，并不是 NASA 所特有的。事实上，这些挑战可能是其他联邦科技项目价值分析缺失的一个原因。没有任何制定联邦研发计划的国家研究委员会试图开展这些项目的价值分析，2001 年由美国国家科学委员会的研究和 1991 年美国国会技术评估办公室的研究[⑬]也没有开展价值分析。载人航天委员会没有找到其他利用价值诉求来分析 NASA 项目的例子，以及由 NASA 高管在公开声明中使用该框架的例子或由国会在 NASA 预算决策拨款中的例子。

2.6.2　利益相关方价值和终止航天发展的影响

鉴于前面论述的原因，如果严格分析在国家层面上 NASA 载人航天具有的价值，则超出了本报告的范围，可能任何报告也无法给出最后答案。调查 NASA 载人航天具有的价值的另一种方法是假设终止该计划，各利益相关方的利益受到多少影响。美国载人航天计划审查委员会在 2010 年度综述报告中，根据创造价值、发现和潜力三个机会角度，对于不同的航天探索项目和不同的方案选择中利益

---

⑬　See NRC，Measuring the Impacts of Federal Investments in Research（NRC，2011）；NRC，Allocating Federal Funds for Science and Technology（NRC，1995）；NRC，Evaluating Federal Research Programs（NRC，1999）；NRC，A Strategy for Assessing Science（NRC，2007）；National Science Board，Federal Research Resources：A Process for Setting Priorities（USGPO，2001）；U. S. Congress，Office of Technology Assessment，Federally Funded Research：Decisions for a Decade（USGPO，1991）. 要注意，上述研究并未就任何替代的联邦研究投资影响评估分析框架达成一致，原因为国家科学委员会所述：“在许多方面，联邦研究项目表现出了比私人研发更多的评测和标杆管理问题。大量联邦资助项目都属于有市场局限性的领域，而且考虑到可用数据类型，大多数计算结果反馈都须理解为平均值，而非边际值。从政策角度讲，这就意味着我们无法通过总量分析确定额外研究经费可能产生的影响。成本/效益框架本身可能过于严苛，未能获得公共资金资助的基础研究所产生的大量效益。这种支出的真正效果很可能是间接的，他们将产出变为私人研发来影响生产力，而不是直接作为具体研究项目的成果。”（2001，pp. 78-79）.

相关方获得的利益进行了分析。从一个独特的视角研究 NASA 载人航天的价值："会发生什么？谁将获益？是否不能再获得那些机会和潜力？"

载人航天委员会在任务描述中已经明确指出：NASA 载人航天的利益相关方在载人航天活动中应该获得利益。载人航天委员会要求"从政府、工业、经济和公益四方面的需求进行研究，以及对航天计划在现在和可能的国际合作伙伴的优先项目和计划背景下进行研究"。即，前面研究的基础就是将政府和公共事务进一步划分为不同的利益相关方群体的利益，即国家安全、国际关系、科学、教育和激励，以及一般的公众利益。载人航天委员会指出，完全回答这个问题需要采用一种全新的方法进行价值分析，作为整体，将价值分析的概念应用到载人航天企业，而不是如上所述只研究单个的航天项目。接下来论证如果终止载人航天计划会产生的损失和由此对一些利益相关方产生的影响。应该明确指出，载人航天委员会建议不要终止载人航天计划。从不同的角度使用另一种方式判断载人航天计划的价值。显然，按照本章前面介绍的理由，如果航天计划终止，这些利益相关方将会失去潜在利益。为避免重复，报告不再重申，载人航天委员会主要研究内容是"将失去什么"，这个明确的观点在本节之前一直没有被捕捉到。

在理论上，应该考虑一些可能的失败会导致相关联的航天计划终止。这份报告中用来评估基础的方法一定是统一的，这意味着每个理由被认为是独立的。另一种模式是，一些利益相关的各种基本原理是彼此相关的，那些相关性所描述的"价值流"是不可约的。在麻省理工学院的语言研究中，这意味着打破一个价值传递网络的"价值循环"，对下游或推论可能已经产生影响，在讨论对于单个利益相关机构的损失和影响时不可能引起关注。此外，"创造价值机会的失去"——通常被称为"机会成本"——尤其难以判断，因为未来创造价值是不可预见的。[13]

　　载人航天委员会观察报告的根本支撑是考虑了时间：即我们面临的未来是不可预测的。从事载人航天的企业，损失价值或失去创造价值的机会，在经过几十年的发展之后可能会产生比现有的评估更大的影响。为了载人航天的发展，必须继续研究如何减小风险的方法，包括发展新环境系统、新的发射和航天运输技术——所有这些都是长期项目——以便在适当阶段用于载人航天探索。这样的发展是昂贵的，同时在科学、工程和管理领域挑战极限并创造了机会。因不能提前认识到这些好处，计划结束后，但由于高效益通常无法预知，因此不会在项目结束前刻意追求。[15]

　　考虑终止航天探索项目的可能成本，必须考虑人类从 LEO 的载人航天到 LEO 以远的载人航天计划的时间表和未来。终止一个计划并不意味着其他计划结束，并且每个计划与其他计划有相当的不同，需考虑计划的复杂性问题。在后面的研究中，载人航天委员会将基于三个观点进行分析，每一个观点将分析一个或多个利益相关团体。

　　1）终止所有载人航天活动（LEO 和 LEO 以远的载人航天活动），一旦终止，需要考虑对政府的潜在影响（国家安全和国际关系）和公众影响（民族自豪感和国家认同感）。

　　2）仅终止 NASA 的 LEO 载人航天计划，需要考虑对科学、经济学（商业）和工业的影响。

　　3）终止 LEO 以远的载人航天计划，重点讨论国际合作和恒久面对的问题。

---

　　[13]　本部分关于载人航天损失缺失和对利益相关方所产生影响的讨论与后悔理论有着广泛的相似性。基于这一假设，在不确定性条件下，面对选择的个人可能会对自己的决定后悔。在这种情况下，决策过程中将考虑避免后悔。见 Loomes，G & Sugden，R.（1982）Regret theory：An alternative theory of rational choice under uncertainty. The Economic Journal（92）805 - 824.

　　[15]　Johnson - Freese，J.（2007）. Space as a Strategic Asset（p. 54）. Columbia University Press.

2.6.2.1　终止 LEO 和 LEO 以远载人航天活动的影响：公众利益和国家利益（政府）

如前所述理由，载人航天可获得民族自豪感和民族认同感（2.4.3.1 节），其他益处很难描述，载人航天的文化"价值"和民族自豪感以及国家认同感的作用更难以评估。民族认同感被定义为"国家的凝聚力，小家庭的命运与国家命运休戚相关"。"民族自豪感"具有积极的影响，公众对自己国家的民族认同感结果…它既是骄傲又是自尊，一个人有一个国家，通过对国家的认同感获得自豪感和自尊感[13]。

集体经验体现在增强民族自豪感，可以通过国家经历或成就来反映，与民族自豪感密切相关[13]。在 2011 年航天飞机计划终止后，NASA 载人航天计划浮出水面，美国公众的民族自豪感指标提升。如第 3 章所述，当时的民意调查显示，美国人在挑战者号和哥伦比亚号失事事件和航天员遇难事故后，更加支持 NASA 载人航天计划。这可以归因于悲剧事件的集体反应，随着 2012 年初航天飞机被空运到博物馆，成千上万的人围绕在华盛顿特区、纽约和旧金山观看航天飞机[13][13]。据新闻报道描述，当奋进号航天飞机运输到加利福尼亚科技馆时，"成千上万"的人等在洛杉矶街头[14]。

---

[13]　Smith，T. W. & Kim，S.，（2006）. National Pride in Cross - National and Temporal Perspective. International Journal of Public Opinion Research，18，127 - 136.

[13]　Smith，T. W.，Rasinski，K. A.，& Toce，M. （2001）. American Rebounds：A National Study of Public Response to the September 11th Terrorist Attacks，" NORC Report，University of Chicago.

[13]　http：//www. washingtonpost. com/lifestyle/style/space - shuttle - discovery - wows - washington - in - 45 - minuteflyover/2012/04/17/gIQAKkgFOT _ story. html.

[13]　http：//sanfrancisco. cbslocal. com/2012/09/21/huge - bay - area - crowds - await - shuttle - endeavour/.

[14]　Space shuttle Endeavour rolls into new home as crowds cheer http：//www. cnn. com/2012/10/14/us/shuttleendeavour/.

民族自豪感与文化和非政治领域的成就有关，包括科学和技术领域[41]。经营公司和政治活动早就已经运用符号唤起"品牌"产品、服务和候选人的民族自豪感。营销活动显示投资目的是创造收入。高辨识度的图标或符号在很多不同的人口聚集区显示了"品牌效应"。图标的象征功能应用广泛，这种功能反映了市场营销经理人的理念，即他们的产品或服务与图标一样具有吸引力。

NASA 载人航天使用"品牌商标"进行广告活动，是 NASA 载人航天在美国文化中具有普遍性的间接体现。舱外活动（EVA）中与航天员直接相关的舱外服在全国参与市场推广活动[42]。2013 年，大品牌在广告中使用舱外服，包括可口可乐饮料、联合利华香水、KIA 汽车和许愿基金会（图 2 - 6）。[43][44][45]

这些持续的联系和关注对 NASA 载人航天计划提出了难题，"NASA 载人航天对于国家形象的真正价值是什么？"载人航天委员会获悉，NASA 载人航天是民族自豪感的源泉，这一答案在美国人心中根深蒂固，与前文（2.2.3 节）的研究结果一致[46][47][48]。此外，民意调查研究发现，"美国名誉"——民族和个人自豪感相关概念——由于载人航天终止 LEO 及其以远的活动而成为最大损失（见表 3 - 12），这也可能成为后代的最大损失。

---

[41]　T. W. Smith and L. Jarkko, National Pride: A Cross - National Analysis, NORC Report, University of Chicago, http: //publicdata. norc. org: 41000/gss/documents/ CNRT/CNR19％20National％20Pride％20 -％20A％20cross - national％20analysis. pdf, 1998.

[42]　http: //mashable. com/2013/08/20/nasa - spacesuit - smithsonian/.

[43]　http: //www. coca - colacompany. com/videos/bro - blows - wad - in - space - suit - ytgd ＿3qonzxue

[44]　http: //www. nytimes. com/2013/01/11/business/media/for - axes - apollo - line - a - campaign - found - inspace. html? ＿r＝0.

[45]　http: //www. trendhunter. com/trends/super - bowl - kia - commercial.

[46]　Betty Sue Flowers, Panel Discussion, January 18, 2013.

[47]　Neil deGrasse Tyson, presentation to the Committee, October 23, 2013.

[48]　Smith (1998) op cit.

Permission Pending

图 2－6 “许愿基金会”显示孩子未来希望成为航天员。来源：Make－A－Wish® Foundation.

虽然，NASA 载人航天计划对国家安全的直接贡献有限，但其对国家安全利益有间接贡献（详见 2.4.2.3 节）。利益相关方在 2012 年委托 NASA 和美国商务部工业安全局技术评估办公室对 536 家公司进行调查，研究 NASA 载人航天劳动力损失潜在影响国防工业基础的间接证据。研究调查了航天飞机和星座计划终止对 NASA 工业基础和美国政府客户的影响。86 名供应商表示，他们的客户在某些方面会受到影响，主要包括有经验人员的流失、设备成本增加、软件和产品制造的潜力损失和研发经费减少。28 家公司表示，他们与美国导弹防御局的业务将受到影响，特别在劳动力和研发经费方面。27 家公司表示，与美国空军空间与导弹系统中心（SMC）的业务会受到劳动力和创新成本增加及担保方面的影响。

极少数供应商，会对一个中小企业造成很大影响，甚至至其破产倒闭[149]。美国国家空间安全办公室（NSSO），美空军和商务部预测分析大多数研发支出和创新是由这类企业完成的[150]。美国国防部重

[149] Department of Commerce（2012）. The National Aeronautics and Space Administration's（NASA）Human Space Flight Industrial Base in the Post－Space Shuttle/Constellation Environment（pp. 124－128）.

[150] 2007 国防工业基础报告。

点关注工业基础侵蚀现象，认为这是对国家安全的威胁[51]。未来NASA 如果在载人航天领域积极采购相关物资，损失很可能限制在最小范围，然而精确的影响则无法评估。

　　NASA 载人航天也可作为促进美国地缘政治和展现软实力的途径（见 2.4.3.2 节）。从地缘政治和从未来开发空间资源的商业角度看，这种影响是载人航天价值诉求的重要因素。一旦失去，这种影响将难以恢复。

2.6.2.2　终止 LEO 载人航天：商业和科学影响

　　在研究终止探索项目可能花费的成本时，必须考虑时间限制和LEO 载人航天区别于地外探索项目的最终结果。目前，所有的国际合作伙伴已达成协议，运营 ISS 至 2020 年。虽然奥巴马政府已经宣布将 ISS 延寿至 2024 年，但是，不同的国家目标、资金投入和航天政策使 ISS 的最初参与国不能确定参与延长的日期[52]。2020 年空间站项目的终止（脱轨）将对有必要继续进行的 NASA 人类研究项目（HRP）造成影响。人类研究项目是通过识别空间环境对人类行为、机能和健康造成影响的原因，进而减轻相关因素，达到降低风险的作用。研究项目在规定的时间进度内不会产生结果，所以 NASA 已经确定优先研究的风险因素，包括辐射、骨骼和肌肉损失、颅内增压以及其他空间环境的生理和心理反应。研究解决这些问题需要足够的时间进行风险描述，还需确定哪些因素可能会对人类在空间环境操作产生最重要的影响，以及如何（是否）解决这样的风险。虽然，没有人知道人类研究项目何时能够得到风险消减的可靠结果，

　　[51]　O'Hanlon，M. (2012). The National Security Industrial Base：A Crucial Asset of the United States，Whose Future May Be In Jeopardy (21st Century Defense Initiative Policy Paper). The Brookings Institute，Washington，D. C.，http：//www. brookings. edu/~/media/research/files/papers/2011/2/defense% 20ohanlon/02 _ defense _ ohanlon. pdf.

　　[52]　Krasnov，A. Perspectives on the Future of Human Spaceflight. Presentation and remarks to the Committee on Human Spaceflight，April 23，2013.

但与较晚结束相比，较早结束 ISS 将会增加对人类健康及行为产生影响的信心和特征概率。

如 2.3.1 节讨论，NASA 的 LEO 载人航天计划正在落实一种全新的机制，从商业赞助的定价合同中获取空间运输系统。中小赞助商与服务商大量涌现，并为新的运输系统提供支持，也为今后数十年在 LEO 的经济活动预期增长做好充足准备。这些新的商业空间公司正在提供不同的服务，例如空间飞行训练、航天服设计、航天器模型[153][154][155]。在不久的将来，这些公司将以 ISS 的使用为核心，依靠地球与 LEO 间的发射活动来实现运转[156]。如果 2020 年终止 ISS 项目，会导致 NASA 在较短时间内作为这些公司的主要或唯一客户，这将使得企业很难有机会收回在这些系统中的投资[157]。为了继续发展这些系统，NASA 超出政府拨款部分的资金将被商业资金所取代，并流入国民经济利益（例如多元化的发射行业）。但是，如果没有 ISS 作为该领域美国投资的驱动器，则无法通过竞争优势和资金控制

-----

[153]　The National AeroSpace Training and Research Center（NASTAR）. Accessed on December 21, 2013 at http：//www. nastarcenter. com/about – us/etc – and – the – nastar – center.

[154]　WayPoint2Space. Accessed on December 21, 2013 at http：//waypoint2space. com.

[155]　Orbital Outfitters：Space Suits, Space Mockups, and Space Diving. Accessed December 21, 2013 at http：//orbitaloutfitters. com/what – we – do/.

[156]　National Aeronautics and Space Administration（2011）. Commercial Market Assessment for Crew and Cargo Systems Pursuant to Section 403 of the 2010 NASA Authorization Act. Report issued March 12. http：//www. nasa. gov/sites/default/files/files/Section403（b）CommercialMarketAssessmentReportFinal. pdf.

[157]　近期，NASA 和白宫宣布意欲将 ISS 延寿至 2024 年，一是促进 LEO 商业继续发展成熟，再者也可另科学回报最大化。

来证明目前的投资力度是否可行[18]。

　　目前,至少有一家企业正在将 ISS 作为小型商业卫星的发射平台,其他多家企业在 ISS 国家实验室的支撑下,正在探索商业研发、商业服务与产品发展途径。也有一些企业制定有 LEO 发展计划,但是目前仅处于计划阶段。还需指出的是,依赖 LEO 的商业市场发展模式可能会出现在发展早期,但其本质上属于投机行为[19][20]。

　　在 2.4.5.1 节讨论了 ISS 的科学利益。如果 ISS 的国家实验室产生了对地球的效益,只可能会在若干年以后实现。因为,如果 NASA 到 2020 年的 LEO 载人航天计划终结,将会缩减 ISS 国家实验室一直关注的研究与开发进程,造成潜在的(未知的)科学与商业实体的相关价值损失。除非能找到一个新的合作伙伴或者合作伙伴能弥补美国撤出所带来的运营资金损失,否则,国际合作伙伴管理的研究项目有可能受到严重影响,甚至终止。

　　在这篇报告提交给国家研究委员会审查的一个月内,NASA 和美国政府宣布他们将继续履行承诺,维持 ISS 至少到 2024 年。在这种情况下,上述讨论的在 2020 年终止的影响将会降低,延长的时间将在科学探索、ISS 国家实验室以及商业活动和运营方面产生回报。然而,如第 4 章所述,如果 2020 年以后继续运营 ISS,在预算压缩

---

⑱　近期,一项由 FAA 委托富创公司完成的研究显示,美国载人航天市场的竞争优势(相比其他国家)源于 NASA 的"商业乘员发展"项目。见 Autry, G., Huang, L. & Foust, J. (2014) An Analysis of the Competitive Advantage of the United States of America in Commercial Human Orbital Spaceflight Markets. Available at https://www.faa.gov/about/office_org/headquarters_offices/ast/media/US_HOM_compet_adv_analysis-Final_1-7.pdf

⑲　See Davidian, K., Christensen, I., Kaiser, D., & Foust, J. (2011) Disruptive Innovation Theory Applied to Cargo and Crew Space Transporation. Paper ♯ IAC-11-E6.3.4 presented at the International Astronautical Congress, Capetown, South Africa, October.

⑳　Aprea, J., Block, U., & David, E. (2013). Industrial Innovation Cycle Analysis of the Orbital Launch Vehicle Industry. Paper ♯IAC-E6.2.6 x19035 presented at the International Astronautical Congress, Beijing, China, Spetember.

的情况下，将削弱 LEO 以远的活动。第 4 章将进一步讨论，如何权衡以 ISS 为基础的科学探索与 LEO 以远探索的潜在价值。

2.6.2.3　终止 LEO 以远的探索：伙伴关系和恒久面对的问题

任务声明要求载人航天委员会考虑美国载人航天计划对当前和潜在国际合作伙伴的价值。载人航天委员会发现，美国的近期载人探索目标为 LEO 以远的目的地，与我们的国际合作伙伴不尽相同（见第 1 章）。美国专注于火星，月球只是作为一个中间目标。尽管如此，由于美国所做出的贡献远远超出其他国际合作伙伴的全部贡献之和，因此，国际太空探索协调组所制定的全球探索路线图大致围绕美国的意图和贡献。如果，美国终止 NASA 的 LEO 以远探索计划——包括小行星重定向任务、月球和火星，那么 LEO 以远的载人航天探索可能会放缓数十年，直到本世纪末或下个世纪初，火星仍将遥不可及，除非有其他实体能够替代美国进行重大投资。由于具有商业竞争或其他国家大量投资的可能，因此开展月球探索的情况不甚明朗，无法预测。无论如何，美国终止 LEO 以远的探索计划，都将对载人航天计划和许多国际合作伙伴的发展理想产生不利影响，还可能使其他领域的合作关系和计划复杂化。

当前，ISS 计划的国际合作伙伴并不是唯一参与国际太空探索协调组的国家。印度、韩国、乌克兰、英国和中国参加了国际太空探索协调组会议。所有这些国家均表示出希望在将来能有机会与 NASA 合作的兴趣[⑯]。目前发展类似项目最大且最活跃的国家是印度和中国。印度与美国已有多年的航天合作，并表示出继续合作的兴趣。[⑯]

2011 年年底，中国发布航天白皮书，详细说明其理念与计划，更新自 2006 年以来的进展，并指出了未来 5 年的目标。如第 1 章所

[⑯]　Logsdon（2010）op cit.

[⑯]　Sachdeva, G. S.（2013）. Space policy and strategy of India. In E. Sadeh（Ed）., Space Strategy in the 21st Century（pp. 303 - 321）. London: Routledge（Taylor & Francis）.

述,中国的计划勾勒出一个清晰的愿景、目标和建立在之前基础之上的系统的发展计划,一个积极的机器人发展计划,建设空间站,并进行月球开发研究。尽管中国希望与美国开展载人航天合作,但是出于安全担忧,特别是美国国会的禁令,近期中国参与联合计划的可能性不大。[163][164]

终止 LEO 以远的载人航天探索会将空间探索的势头转向亚太地区,尤其转向中国。而中国已经开始创造国际合作机会,包括与俄罗斯、法、德等西方强国。[165] 航天大国从美国转向亚太地区的地缘政治变化,都将对美国造成战略上的和政策上的不确定后果。

最后,终止 NASA 的载人航天计划将使美国无法回答恒久面对的问题。而该问题原本有望于通过机器人探索寻找答案。关于我们能够从地球前进多远?和抵达后我们能发现和获得什么的问题,其目的在于创建一个框架,引导以火星为目标的载人航天探索计划发展和实施,且该发展计划可使用第 4 章指出的途径和决策规则。如果终止 NASA 载人航天计划,别的国家将有机会开展相关航天活动。最终,这个美国一直没找到答案的问题也能(通过别的国家的航天活动)得到回答,到那个时候,美国可能会下决心重启载人航天计划。载人航天委员会认为这种假设不符合美国的最佳利益。

---

[163] Chen,S. (2013) . U. S and China partner on small - scale space projects. South China Morning Post, September 30. http://www. scmp. com/news/china/article/1321102/us - and - china - partner - small - scale - space - projects.

[164] David,L. (2013) . Security fears impede U. S. space cooperation with a rising China. Space News,December2;Chen,S. (2013) . U. S and China partner on small - scale space projects. South China Morning Post,September 30. http://www. scmp. com/news/china/article/1321102/us - and - china - partner - small - scale - space - projects.

[165] David,L. (2013) . China Invites Foreign Astronauts to Fly on Future Space Station. September 28,Space. com. http://www. space. com/22984 - china - space - station - foreign - astronauts. html.

2.7　载人航天效益总结

载人航天计划对个别利益群体具有现实利益，但没有达到令人信服的程度。载人航天委员会判断，在遵循第 1 章提出的途径和决策规则的前提下，不论在实现宏伟愿景方面，还是在创造现实价值方面，NASA 载人航天计划都有继续开展的必要。

国家研究委员会在 2009 年完成的名为《美国空间的未来：将民用航天项目与国家需要紧密相连》［*American's Future in Space：Aligning the Civil Space Program with National Needs*（2009）］的报告中提到，"长久以来，美国民用航天都表现出服务美国国家利益的能力"，⑯ 建议未来航天能力和计划与国家需要优先结合，同时纳入传统航天领域以外的新领域，具体包括气象监测、先进技术发展和国际关系等。从美国民用航天的目标和合理性角度出发，在上述新领域中，载人航天委员会认为国际关系与载人航天的关系最为紧密，符合美国在"邀请新兴经济体参与美国载人航天探索"方面的利益。⑯ 国家研究委员会的报告还提到，应该优先发展载人航天计划，因为这些活动能在文化、科学、商业和技术方面带来变革性的结果，同时也提到这些活动需要长期投入才能有所成效。⑯ 实现这些载人航天计划未来可能取得的成就，不仅需要献身，而且需要投入和计划，还需要根据本报告给出的发展和决策途径进行管理。

目前，鉴于在分析和其他方面面临的挑战（例如对 NASA 载人航天计划的目标和对 NASA 项目的贡献和影响进行定义和估计，权衡多个因素对与价值定位相关的 NASA 的价值定位和合理性进行评

---

⑯　Committee on the Rationale and Goals of the U. S. Civil Space Program（2009），National Research Council. "America's Future in Space：Aligning The Civil Space Program With National Needs"（p. 59）. Washington，DC：The National Academies Press.

⑯　Committee on the Rationale and Goals of the U. S. Civil Space Program（2009），p. 63.

⑯　同上。

估），对"NASA 载人航天价值诉求"进行最终评估超出了载人航天委员会的能力范围。根据载人航天委员会的判断，包括一系列的活动在内，这些项目的结果很难监测，而且受其他多个联邦项目的影响，对这些项目结果的详细数据进行监测往往需要数十年的时间。最后，至于"放弃什么"这个问题，尽管多个利益相关方从不同的视角审视了载人航天的好处，但不会给载人航天委员会基于理智分析形成的结论带来任何改变。

第 3 章　公众和利益相关方意见

关于公众舆论的本质和作用的争论一直以来都是民主化进程讨论的一部分。有些理论家认为，民众的政治参与对实现真正的民主是至关重要的。但其他人则强调代议民主的优势，这取决于民意代表受委托对许多事项作出决策。从规范、哲学、经验等角度阐述公众舆论在决策中的地位的大量文献不在本报告的讨论范围之内。然而，在对于公众而言，显示度特别低的政策领域，决策的制定通常都是联邦决策者与相关政策领导互动的结果，尤其是在双方意见高度一致的情况下更是如此[①]。由于这种决策模式，再加上对现有的公众关于空间探索的意见的回顾，公众和相关利益者意见小组（以下简称小组）也在征求那些更接近决策流程的人的输入，这些人的利益与载人航天相关，但不一定支持载人航天。

本章主要探讨公众和利益相关方对于空间探索和载人航天飞行的意见，包括对各种项目的理由和支持。3.1 节回顾了美国主要民意调查公司过去这些年收集的民众意见的数据。3.2 节探讨了本研究下一份调查的结果，以评估主要利益相关方的意见。

3.1　公众意见

本章对于公众意见的探讨是基于大量有关公众对于空间探索和载人航天意见的研究、数据集和论文进行的。经过过去几十年的收

---

① G. A. Almond，*The American People and Foreign Policy*，Harcourt，Brace and Company，New York，1950；J. D. Miller，*Space Policy Leaders and Science Policy Leaders in the United States：A Report Submitted to the National Aeronautical and Space Administration*，Northwestern University，Chicago，Ill.，2004.

集，关于这个话题有大量的数据。关于公众意见的讨论基于使用概率抽样来进行的各种调查[②]。出于对反馈率下降和数据收集成本上升的考虑，过去几年，基于非概率抽样方法进行的调查数量大幅增加，其中包括近期就空间探索进行的一些调查。尽管诸如在线选择样本库之类的非概率调查在某些情况下可能是适用的，本部分的回顾重点是基于调查界使用最为广泛的概率方法收集到的公众意见数据。关于概率抽样的其他信息，参见框 3 - 1。

框 3 - 1

　　最官方的公众意见调查是基于概率抽样，这种抽样方法能确保目标人群中每个人都有入选样本的已知概率。支撑抽样概率的统计理论能够使研究者将目标人群的准确度进行量化。

　　非概率抽样调查包括没有已知入选概率的参与者。在诸如医学调查的研究中参与者可能会被研究者选中，或者在在线样本库中自己选中自己。在非概率样本中，样本和目标人群缺乏清晰的关系，这就加大了衡量评估准确度的难度，并使得"样本错误"的计算变得不准确。即使数据能够反映目标人群的人口构成，对样本错误的计算有可能会产生误导。

　　来源：American Association of Public Opinion Research，"Opt - in Surveys and Margin of Error，" http：//www. aapor. org/Opt _ In _ Surveys _ and _ Margin _ of _ Error1. htm＃. UtmdwvMo6os，accessed January 2014.

　　需要注意的是，对于兴趣点相对较低的话题来说，更难衡量公众的态度。有人曾说，受访者通常不愿意承认他们对某件事没有意见；迫于需要回答问题的内在压力，很多人会选择一个可能并不能体现他们当时态度的答案选项[③]。有些情况下，受访者仅仅是在被访问时形成一种倾向，他们所表达的意见也可能是基于在彼时恰巧对

---

　　② 　American Association for Public Opinion Research，*Report on the AAPOR Task Force on Non - Probability Sampling*，Deerfield，Ill. ，http：//www. aapor. org/Reports1/6877. htm＃. U3u7S9fMcfU，June 2013.

　　③ 　P. Converse，The Nature of Belief Systems in Mass Publics，in *Ideology and Discontent*（D. Apter，ed. ），Free Press，New York，1964.

他们最重要的一些考虑，通常是因为这些考虑在问题中被提及或是优于调查中的问题④。

附录 B 回顾了包含的调查方法的附加信息、涵盖问题的措辞。本报告的大多数数据都可以从康州大学罗珀公众意见研究中心、密歇根大学政策与社会研究校际联盟或收集数据的机构等的网站上获得。

本章 3.1 节描述了公众对于空间探索和载人航天兴趣和意识的数据。随后探讨了政府对空间探索资助的意见，以及过去对于载人航天特定任务的支持，例如，月球任务、航天飞机、空间站以及火星任务等。3.1 节还包括对于美国作为载人航天领导者这一角色的理解、公众对国际竞争和合作的感受，以及未来空间探索和融资中政府和私人领域的角色，审视了过去对于空间探索的理由。本部分结尾是对空间探索态度群体差异（教育，种族，性别，年龄）的探讨。

3.1.1　对空间探索的兴趣和对此关注的公众

国家科学委员会的《科学和工程指标》（*Science and Engineering Indicators*）（国家科学基金会编制的科学工程数据汇编）研究中的一部分数据调查显示，20 世纪 80 年代，公众对于空间探索的兴趣逐步上升，1998 年约有 1/3 的美国成年人对于空间探索"非常感兴趣"（图 3 - 1）。1986 年 1 月挑战者号航天飞机的失事可能刺激了公众对于空间探索兴趣的提升；航天飞机重新飞行后，公众感兴趣的水平有所降低，但是 90 年代末随着 ISS 的第一部分开始组装，公众兴趣又有所提升。

总体来说，过去 30 年，约 1/4 的美国人对空间探索有很大兴趣，尽管多数美国人说自己至少在某种程度上感兴趣。最近的美国综合社会调查（2012 GSS）估计美国公众对空间探索"非常感兴趣"

④　J. R. Zaller. *The Nature and Origins of Mass Opinion*. Cambridge University Press，1992.

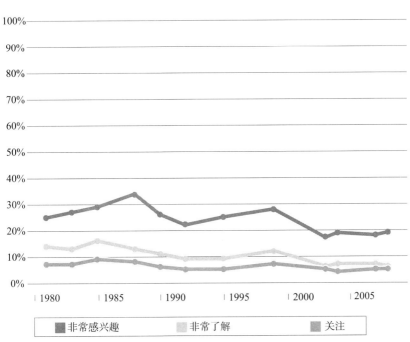

图 3－1　公众对空间探索的兴趣、了解度和关注度，1981—2008。

来源：1981—2000：国家科学基金会对公众态度的调查；科学新闻研究，

2003—2007；美国国家选择研究，2008。（见彩图）

的比例为 21％（44％是"比较感兴趣"）。

　　在一项划时代的研究中，加布里埃尔·阿尔蒙德（Gabriel Almond）认为民众对政策事件的参与度取决于对话题的兴趣度以及充分知悉的感受[5]。这一说法有助于理解公众对低显示度事件的参与，如空间探索。对于多数政策事件，都有一个"高度关注公众"群体，这一类型的人会通过新闻追踪此事，有更成熟的认知模式，比起他们不太感兴趣的话题，他们会掌握有关此事的更多信息。

　　由于"高度关注公众"被定义为对于某一话题非常感兴趣、知

⑤　Almond，*The American People and Foreign Policy*，1950.

道的信息又很多的一类人，对于空间探索"高度关注的公众"数量
比感兴趣的公众数量要小得多。过去 30 年，对空间探索很了解的美
国人比非常感兴趣的人少得多（见图 3-1）。基于既感兴趣又非常清
楚这个子集，对空间探索关注的美国成年人比例一直都是个位数，
挑战者号失事前的 1985 年这一比例上升至 9%。近些年降至了 5%。

　　相较于其他公共政策事件，公众对于空间探索的兴趣水平是较
低的（图 3-2）。2012 年美国综合社会调查发现，对空间探索"非
常感兴趣"的比例和对国际和国外政策事件感兴趣的比例持平，都
处于调查问题的最后 10 位，落后于新的发明和技术（42%）和新的
科学发现（41%）等相关事项。

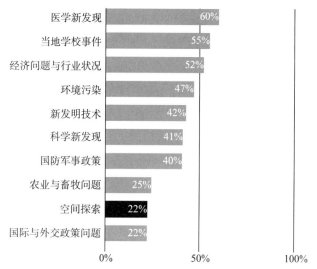

图 3-2　对各种事项回答"非常感兴趣"的受访者比例。
来源：美国社会调查，1972-2012。

3.1.2　对空间探索支出的支持

　　近些年来，公众对于 NASA 的态度是积极且稳定的。皮尤研究
中心（Pew Research Center）2013 年 10 月的研究发现，NASA 是

公众最支持的政府机构之一，73％的受访者表示他们对于 NASA 的态度是"强烈支持"或"比较支持"。

　　然而，尽管对 NASA 的态度比较正面，公众对于空间探索不断增长的支出的支持度却相对较低。根据美国综合社会调查的数据，尽管很多人认为美国在空间探索上投入太少，但有更多人认为美国支出的太多（图 3－3）。过去 40 年里，10％～20％的公众认为对空间探索投资太少，更多人（30％～60％之间，即使这部分人的比例有所下降）认为支出太高。1973 年，持太少和太多意见的人之间的差距超过了 50 个百分点，然而到了 2012 年，这一差距下降到了 10 个百分点。在最近的调查中，22％的受访者表示，我们在空间探索的投入太少，而 33％的人认为投入太多。

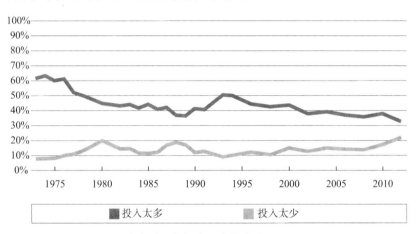

图 3－3　公众对空间探索开支的意见，1972—2012。
来源：美国社会调查，1972—2012。（见彩图）

　　尽管只有少数公众表达了增加空间探索投入的意愿，但是对于增加投入的支持率比对空间探索感兴趣的比率要高。

　　2012 年的美国综合社会调查中，对空间探索非常感兴趣的受访者中有 45％认为我们对空间探索的投入太少（在比较感兴趣的人中这一比例为 11％，毫无兴趣的人中这一比例为 6％）。

　　有些情况下，对空间探索投入的支持会随着问题的提出方式而变化。例如，盖洛普公司 2006 年为航天基金会做的一个调查告诉受访者"NASA 今年的预算需求比联邦预算低了一个百分点，而对于后者相当于美国公民每人 58 美元。您认为国家应该继续支持空间探索吗?"随后又问国家应该增加还是降低对空间探索的资助。约 31% 的人认为应该增加投入，其中 9% 的人说应该"大幅"增加。尽管这些问题来自两个不同的调查，问题措辞的差异不是两份调查方法的唯一区别，盖洛普公司调查中对于增加投入的支持度是美国综合社会调查同年调查中回答支出太少的 15% 这一比例的两倍。这种差异和浮动，取决于成本等相关考虑是否被提及以及成本信息是如何呈现的，这在态度测量中是普遍现象。

　　相较于其他可能的重点开支项目，空间探索总的来说经费较少。2012 年的美国综合社会调查采访了大约 18 个全国性的问题，在认为政府对某一问题投入太少的受访者比例中，空间探索排名 16 位。只有外国援助和福利支出排在它后面。

　　这并不是近几年才有的现象。皮尤研究中心 2004 年关于总统和国会的优先事件研究中，只有 10% 的人说"扩大美国的空间项目"是首要任务，在 22 个选项中位列最后。排在它前面的是"改革竞选财务制度"(24%)和"处理全球贸易问题"(32%)。其他关于联邦政府开支项目优先级的民意调查普遍显示空间探索基本都排名靠后⑥。

3.1.3　对特定载人航天任务的支持趋势

　　尽管有相对较少的人说他们对空间探索这一话题感兴趣，而且了解这个的人更少，但是过去几年很多人表示支持特定的载人航天计划。本部分讨论了对阿波罗计划、航天飞机计划和一个火星任务

---

　　⑥　R. D. Launius, Public opinion polls and perceptions of U. S. human spaceflight, *Space Policy* 19：163 - 175，2003；S. A. Roy, E. C. Gresham, and C. B. Christensen, The Complex fabric of public opinion on space, *Acta Astronautica* 47：665 - 675，2000.

的支持。

3.1.3.1　阿波罗计划

　　劳纽斯（Launius）⑦公司评估了 20 世纪 60 年代太空竞赛高峰时期对于"政府是否应该支持载人登月"这一问题的民意调查，并发现，美国公众对于阿波罗计划持迟疑态度。提及了阿波罗计划成本的一项调查发现对这个计划的支持率较低。1961 年 5 月，也就是计划开始前不久，盖洛普公司的民意调查显示，只有 1/3 的人愿意花费 400 亿美元——平均每人 225 美元，将一个人送上月球。1967 年 7 月哈里斯公司的调查显示 1/3 的人表示他们认为未来十年每年花 40 亿美元在这个计划上是值得的。1967 年盖洛普公司的调查结果中，只有 1/3 的人说他们认为在苏联之前实现载人登月是很重要的。

　　尽管六七十年代花钱将人送上月球并不是很受欢迎，但公众越来越支持阿波罗计划（图 3 - 4）。2009 年哥伦比亚广播公司（CBS）新闻的民意调查中，71％的受访者在回看这件事时认为该计划是值得的。1994 年，哥伦比亚广播公司的调查数字是 66％，然而在 1979 年，只有 47％的人认为是值得的。

3.1.3.2　ISS 和航天飞机

　　ISS 的第一个组件于 1998 年安装。在建设前的十年，美国人对于建设一个大的空间站计划的态度是积极的（表 3 - 1）。1988 年，略多于 70％的美国成年人同意或非常同意建设空间站。到 1992 年，支持率降至 58％，到发射现空间站第一个组件时又稍有回升。

　　图 3 - 4 包含了关于航天飞机计划支持度的两个时间序列：一个是基于美国国家广播公司新闻（NBC News）做的调查（问题是航天飞机对于美国来说是否是好的投资），第二个是基于哥伦比亚广播公司新闻和纽约时报做的调查（问题是航天飞机是否值得继续）。两个时间序列的最终两项数据表明多数人支持该计划。在这之前的十年，

---

　　⑦　Launius，R. D. 2012. Why go to the Moon? The many faces of lunar policy，*Acta Astronautica* 70：165 - 175.

两项调查显示有 $60\%\sim70\%$ 的民众支持这个计划。

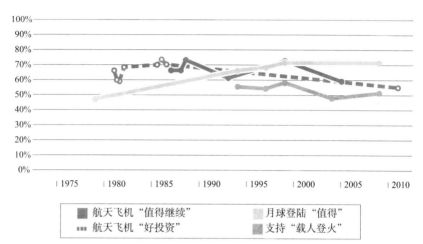

图 3 - 4　公众对航天飞机、登月和火星任务的支持度，1979—2011。来源：

航天飞机延续：CBS 新闻/纽约时报（1987，1988），CBS 新闻（1993，1999，2005）；

航天飞机投资：NBC/AP（1981—1982），NBC/WSJ（1985—1986），Pew（2011）；

登月：CBS 新闻（1979，1994，1999，2009）；

火星：CBS 新闻（1994，1997，2004，2009）。（见彩图）

表 3 - 1　对于建造一个"足够容纳科学和制造实验的空间站"的支持度，1988—1999

	年度			
	1988	1992	1997	1999
非常同意	11%	10%	12%	9%
同意	61	48	51	55
不确定	5	5	6	6
不同意	22	31	26	27
非常不同意	1	6	5	3

3.1.3.3　火星任务

　　2009 年哥伦比亚广播公司的一项民意调查显示，有 51% 的人支持"将美国航天员送往火星"，超过了反对的 43%；之前关于该问题的调查显示 90 年代的支持率更高，1994 年是 55％/40％，1997 年是 54％/41％，1999 年，58％/35％；2004 年，48％/47％（图 3 - 4）。

当考虑了成本因素时，答案的分布有了变化。盖洛普公司 2005 年的调查，问及受访者是支持还是反对"为这个计划留出钱来"，发现 40％支持，58％反对。这个答案分布同 1969 年和 1999 年的同样问题的调查基本一致。益普索美联社民调 2004 年的一项调查问及"您可能听说了，美国正考虑通过在月球建立永久空间站来扩大该计划以最终实现将航天员送上火星。考虑所有可能的成本和收益，您是支持还是反对这么做？"，结果发现两种态度各占 48％。（样本中有一半对问题稍作了修改，将"美国"替换成了"布什政府"，发现 43％的支持，53％的反对）。

2007 年科学新闻研究中有一个关于是否支持载人火星计划的问题。问题是"美国应该开始规划未来 25 年的载人火星计划"。当时正是苏联"人造卫星"成功发射 50 年。结果显示，40％的人同意，58％的人反对。（1998 年，《科学和工程指标》的一项调查问了同样的问题，当时公众的态度更积极一些，51％的支持，41％的反对）。

3.1.4 对比载人任务和机器人任务

当提及机器人任务的成本更低时，对载人航天计划的支持率就明显下降了。例如，盖洛普公司 2003 年曾问及，"有些人认为美国航天计划应集中在类似旅行者号的非载人任务上，这样能将信息从太空传回；其他人说美国应该专注于维持航天飞机之类的载人航天计划。您更支持哪一个？"52％的人支持载人项目，37％支持机器人。但是第二年益普索美联社民调中，问题是"有人建议使用机器人探索月球和火星，比人类探索更经济可行"，答案明显发生了改变，57％的支持机器人，38％的支持载人。

在反对载人探索的理由中，风险似乎并不是主要原因。多数民众似乎能够接受探索太空本身就有危险。在挑战者号事件后，对 NASA 和空间探索的支持率上升了。哥伦比亚号失事后不久的 2004

年，益普索美联社民调的调查问及"考虑到去年 2 月航天飞机失事，7 名航天员全部丧生，载人航天计划是否还应继续"，73% 的人回答美国应继续将人类送往太空。

3.1.5　NASA 的角色、国际合作、商业公司

3.1.5.1　美国的领导地位及合作的空间探索

在被问及美国是否应该继续做空间探索领域的世界领导者时，超过一半（58%）的受访者在 2011 年皮尤研究中心的调查中回答应该。但是这个比例一直随着时间在变化。1988 年时代周刊/扬克洛维奇民意测验所（Time/Yankelovich）的调查发现，49% 的美国人认为"美国做空间探索领域的领导者"这"十分重要"。2004 年，益普索美联社民调关于同样问题的调查中，38% 的人认为美国领导空间探索很重要。

2011 年，多数受访者说，"美国应该继续做航天领域的领导者"，但是 2011 年 7 月 CNN/ORC 的调查发现 38% 的人认为"美国在空间探索领域领先于俄罗斯"这点"十分重要"。之前，盖洛普公司 1961 年 6 月的调查中，这个数字是 51%。2006 年 3 月盖洛普公司的调查问及，"大量亚洲和欧洲国家现在有了自己的航天计划，或者已经宣布航天活动和探索的计划。随着越来越多的国家航天计划起步，您有多担心美国将失去太空领域领导者地位？"只有 13% 的人说他们非常担心这种可能性，只有 22% 的人说有些担心。在盖洛普公司 2008 年对这个问题的调查中，只有 11% 的人"非常担心"中国将成为空间探索新的领导者，只有 21% 的人说他们"有些担心"。2/3 的美国人表示并不担心看到此事出现。

3.1.5.2　国际竞争/合作

近来，很少有调查深入研究国际合作，但是现有数据表明公众对此基本都是持积极态度。即使在 1988 年冷战时期，时代周刊/扬克洛维奇民意测验所的调查仍发现 71% 的美国人认为美国与苏联在

诸如探索火星等计划上开展合作是很好的。1997 年 7 月哈里斯公司的一份民意调查显示，77％的公众表示"支持美国，苏联和其他国家参与的联合太空任务"，66％支持建设美国和国际合作的空间站。1997 年底哥伦比亚广播公司新闻的调查发现 2/3 的受访者表示美国应该在太空任务中与俄罗斯合作。2008 年，即使在被告知，航天飞机的最后一次任务与新的计划之间有 5 年空白期，以及美国将依靠俄罗斯往返空间站时，只有 13％的人表示他们对此"非常担心"。

3.1.5.3　私营部门的角色

很少有调查涉及公众对于政府和私营部门在空间探索和载人航天中的角色，这反映了空间探索显示度较低，以及私营部门活动是近年来的新生事物。1997 年扬克洛维奇民意测验的调查发现 53％的人认为空间项目应该由政府资助和管理，30％的人倾向私营部门。2011 年 CNN 的问题发现，54％的美国成年人认为美国应该更多依靠私营部门执行未来的载人航天计划，38％认为载人航天主要应该是政府的职能。这两个结果显示，公众正越来越能接受太空领域的私人商业活动。但是鉴于调查量很小，也很难从中得出肯定的结论。

3.1.6　支持空间探索的理由

只有少量调查曾探究公众支持空间探索的理由。多数调查在封闭式问题中给出了一些特定理由。毫不意外的是，在问题中明确列出理由收到的支持率比使用开放式问题收到的支持率高。因此，在分析封闭式问题的答案时，对于那部分"强烈支持"一个理由并据此作为对此理由深度支持的有效指标的审视十分有用。然而，各种调查使用了不同形式的封闭式问题，因而没有可比对的系列用来评估公众对某个理由的支持。将现有调查汇集到一起，通过有限数据得到的结论是，没有哪个理由获得民众的全力支持。

1994 年哥伦比亚广播公司的开放式调查中，56％的民众表示，探索太空的最好理由是增加知识，或寻找其他生命形态。超过 7％的人仅提及这两个理由，3％的人提到了经济效益和国家安全这两个理由，仅 1% 说是国家荣誉和领导地位。约 1/4 的人回答不知道或者没有提供什么理由。

　　2004 年 6 月盖洛普公司的调查使用封闭式问题让受访者从各种理由中选出他们认为继续探索太空的主要理由。29% 的人选择了探索是人类的本性；21% 选择了维持我们国家在太空领域国际领导者的地位；19% 选择了对地球的利益；12% 选择了维持国家安全；10% 选择了空间探索激励我们和我们的孩子（这项调查中没有增加知识这个选项）。

　　2011 年皮尤的调查使用了 3 个开放式问题，发现 34% ~ 39% 的公众同意航天计划对下列各项都有"很大贡献"：激励人们对科学技术的兴趣，科学进步，国家荣誉和爱国主义（表 3 - 2）。

　　盖洛普公司在过去十年开展的大量其他调查显示了与此类似的空间探索的各种理由。

　　1）2004 年，34% 的人强烈同意，"我们的生活质量受益于国家航天计划所产生的知识和技术"（68% 人基本同意）。2005 年，32% 的人强烈同意航天计划使美国科技有优势参与国际市场竞争（80% 基本同意），28% 的人强烈同意美国航天计划通过激励学生而促进了经济发展（76% 基本同意）。

　　2）2008 年，23% 的人强烈同意"科学，技术和其他收益值得载人航天飞行的风险"（68% 基本同意）。

　　3）2008 年，21% 的人强烈同意航天计划激励年轻人认同科学、技术、工程和数学教育是"一项伟大的事业"（69% 基本同意）。

　　这些调查中强烈感受到航天计划利益的人大概有 21% ~ 34%。

表 3 - 2　航天计划理由支持度，2011

美国航天计划对以下的贡献率	很大	有些	不多/什么都没有	没意见
激励人们对科技的兴趣	39%	35%	22%	4%
科学进步	38	36	22	5
国家荣誉和爱国主义	34	34	28	5

来源：皮尤研究中心。

3.1.7　支持空间探索的相关因素

之前的回顾发现 18 岁以上的民众对增加空间探索支出的支持相对较低。但是对这些调查结果进一步的分析发现，民众中有一部分群体对空间探索持有较积极或较消极的观点。为了探究这些模型，小组在 2011 年皮尤研究中心刚做的研究中通过年龄、性别、种族、教育、党派重新审视了大量问题。表 3 - 3 的条目显示了认为航天飞机是好的投资的支持比例；认为美国在空间探索中做领导者很重要的比例；以及认为航天计划对国家荣誉和爱国主义、所有美国人使用的先进科技和激发对科学技术兴趣"贡献很大"的人的比例。

表 3 - 3　对空间探索支持度，2011

	空间项目对以下贡献很大				
	航天飞机良好的投资	美国的太空领导力很重要	国家荣誉和爱国主义	科学进步	激发对科学技术的兴趣
整个美国	55％	58％	35％	38％	39％
性别					
男性	59	60	37	45	44
女性	52	57	32	31	34
种族					
白种人	59	60	36	39	39
黑人	39	49	21	36	37
其他	49	58	33	34	40
年龄					
18～29	54	62	30	35	40
30～49	55	59	32	38	38
50～64	55	56	36	38	38
65 以上	56	58	41	41	39
教育程度					
高中毕业或以下	47	56	33	33	35

续表

	空间项目对以下贡献很大				
	航天飞机良好的投资	美国的太空领导力很重要	国家荣誉和爱国主义	科学进步	激发对科学技术的兴趣
大专	56	60	33	43	45
大学或以上	66	60	37	40	39
意识形态					
保守	59	65	37	41	40
中立	56	58	35	37	40
自由	52	50	33	37	39
职业					
全职	58	59	33	39	40
兼职	50	59	31	35	45
待业	54	58	37	37	36

来源：皮尤研究中心。

表 3 - 3 的数据显示：1）男性对航天项目的态度比女性更积极；2）白人总体来说比黑人更积极。小组同样审视了 2011 年皮尤调查中预测了至少四五个问题的积极回答的变量。一个多元逻辑回归模型再次显示，性别和种族是对航天项目支持度的最明显的指标。

小组对 2012 年综合社会调查关于开支重点（我国面临着很多问题，没有哪个可以轻易廉价地解决。我会说出其中一些问题，希望就每一个问题说出：是否在这上面花了太多钱，还是太少钱，以及您认为的空间探索应支出的合理数目）的调查做了类似分析，并重点分析了认为对空间探索支出太少的那部分受访者（表 3 - 4）。

多元逻辑回归模型显示，性别、种族和教育的差异是非常重要的。男性认为在空间探索上开支太少的概率比女性大；白人持相同观点的概率比其他种族（特别是黑人）要大；接受过高等教育的人持相同观点的概率比教育程度较低的人要大。

表 3 - 4　认为"我们在空间探索上支出太少/太多"的比例，2012

	支出太少	支出太多
整个美国	22％	32％
性别		
男性	28	28
女性	18	35
种族		
白人	26	29
黑人	11	49
其他	13	33
年龄		
18～29	19	24
30～49	24	34
50～64	20	35
65 以上	24	35
教育程度		
高中毕业或以下	15	38
大专	21	30
大学或以上	32	26
意识形态		
保守	26	29
中立	19	36
自由	22	30
职业		
全职	23	31
兼职	19	31
待业	22	35

来源：美国综合社会调查。

　　为了进一步探究这个问题，小组也观察了美国青少年纵向研究所（LSAY）的数据，这是一项自 1987 年来全国 7～10 年级学生样本的纵向研究。2011年美国青少年纵向研究所数据中年轻人的年龄是37～40岁，代表了美国"X一代"的年龄分布中心。

通过观察这个纵向记录的5点，小组审视了兴趣、知悉度，以及时间关注度的分布。学生和年轻人在高中时期对空间探索的兴趣是相对稳定的，约有1/5的学生对空间探索表现出很高兴趣（表3-5）。对空间探索的兴趣在青年期略有上升，此时美国青少年纵向研究所数据中的所有受访者都结束学校教育，开始经营家庭和事业。

在整个高中期，对空间探索的知悉感比兴趣水平要低，这反映了过去30年在全国成年人样本中发现的同样格局。总体来说，在高中之后，对太空的知悉感下降，美国青少年纵向研究所数据中接近40岁的年轻人只有6％说自己对空间探索非常熟悉（表3-5）。

总体来说，美国青少年纵向研究所调查年轻人中对空间探索关注的比例与同期全国成年人样本中的水平基本相同。

表3-5　对空间探索的兴趣，1987—2011

	年级/年度				
	10年级	11年级	12年级	2008	2011
对空间探索的兴趣					
非常感兴趣	16％	20％	17％	18％	24％
一般感兴趣	48％	51％	53％	52％	48％
不感兴趣	36％	29％	30％	30％	28％
对空间探索的了解程度					
非常了解	11％	13％	11％	6％	6％
一般了解	50％	53％	51％	42％	43％
不是很了解	39％	34％	38％	52％	51％
对空间探索的关注度					
关注	6％	7％	6％	4％	4％
感兴趣	10％	13％	11％	13％	17％
其他	84％	80％	83％	83％	79％

来源：青少年纵向研究所。

3.1.8　公众意见结论总结

美国公众对 NASA、空间探索和载人飞行的总体态度是比较支持的。同时，公众意见数据表明，多数民众对此并非很感兴趣或是非常了解。过去的调查数据显示，平均 1/4 的美国成年人说他们对空间探索有很大的兴趣。过去几十年，美国成年人中对空间探索既非常感兴趣又很了解（关注群体）的比例持续低于 10%。相较于其他政策事件，公众对空间探索的兴趣尤其低。

一定数量的人认为美国在空间探索上开支太少，然而更多人认为国家为此支出太多，尽管认为开支太多的人的比例一直在下降。对空间探索感兴趣的人中支持增加投资的比例更高。在普通大众中，支持空间探索开支的比例偏低，尤其是与其他开支重点事项相比较。这些趋势，总体而言，对空间探索和载人航天持积极态度，但是对增加投入的支持率较低，公众参与水平低，在过去几十年一直都是如此。尽管感兴趣的水平在出现某些重大航天时刻时会增加，但是浮动从没超过 10 个百分点。

没有某个特定理由持续吸引美国多数民众对空间探索的支持。尽管，上面讨论的某个调查发现，超过一半的受访者对空间探索给出的理由是"增加知识，寻找其他生命形态"，多数调查发现回答分布在几个不同的理由，没有哪个理由能获得多数受访者的强烈认同。

3.2　利益相关方调查

尽管空间探索对美国社会有很大影响，航天政策仍然可以说是显示度较低的公众话题[8]。因为关注空间探索的民众相对较少，政策领导者和利益相关方更有可能对这个领域的政策制定产生更大的影响。

---

[8]　Miller，2004.

2003 年，米勒公司（Miller）就空间探索这个话题对政策领导者做了个调查[⑨]。为了构建这个调查的抽样体系，米勒公司确认了可能会对空间政策的形成有影响的领导职位，然后找到了这些职位上的人。米勒公司表示，因为空间政策与科学政策是密切相关的，除了空间政策领导者，非航天领域的政策领导者对空间政策相关决策也有很大影响。基于这种概念，该研究涵盖了来自研究型大学和被选中公司的领先科学家和工程师，科学和空间相关领域活跃的主要大学、企业和组织的领导层，与空间科学和工程相关的科学、工程和其他专业社团，以及相关志愿机构的领导者。

为了更好地了解利益相关方的意见，小组基于米勒公司建立样本范围的原则方法开展了一项调查。在本研究中，利益相关方是指理论上可能会对 NASA 项目感兴趣以及能够对项目走向产生一定影响的人。除了典型的 NASA 利益相关方[⑩]，非空间领域的科学家也包含在内，因为他们会对空间政策的形成产生影响。8 个利益相关方的描述见表 3 - 6。

表 3 - 6　调查中的利益相关方

利益相关方	对其描述	样本范围规模	样本规模	完整案例数	回复比率（AAPOR 3）[a] / %
经济/产业界	直接或间接跟 NASA 打交道的营利公司（如承包商和航天企业）；对空间探索有经济兴趣的州	573	384	104	28.6
航天科学家/工程师	来自相关领域的顶级科学家和工程师	919	395	261	67.1
年轻航天科学家和工程师	相关领域有前途的科学家和工程师	549	195	90	49.7

---

⑨　Miller，2004.

⑩　Cameron，B. and Crawley，E. F.，2007. Architecting Value: *The Implications of Benefit Network Models for NASA Exploration*. Paper presented at the AIAA SPACE 2007 Conference & Exposition，Long Beach，CA.

续表

利益相关方	对其描述	样本范围规模	样本规模	完整案例数	回复比率(AAPOR 3)[a]/%
其他科学家和工程师	非航天相关领域的科学家和工程师	6 106	396	201	51.3
高等教育	可能会有对航天感兴趣的学术部门的领导人	766	399	294	74.1
安全/国防/对外政策	在国家安全/国防相关领域工作,可能会对航天感兴趣的顶级专家和研究者	115	110	71	66.4
航天作家和科普者	航天作家,科学记者,博客作者,天文馆和公共天文台主管	1 096	99	53	56.4
航天倡导者	航天倡导团体官员和董事会成员	267	96	46	51.7
总计		10 391	2 054	1 104	55.4

[a]　The AAPOR 3 response rate is based on a formula recommended by the American Association for Public Opinion Research. see http：//www. aapor. org/AM/Template. cfm? Section ＝ Standard ＿ Definitions2＆Template ＝/CM/ContentDisplay. cfm＆ContentID ＝3156.

通过识别每个利益相关方的领导职位以及识别在此职位的人来建立利益相关方调查的样本范围。在每个群体中,抽取系统随机样本进行调查。表 3-6 显示了初步样本范围和样本规模,以及每个群体的回复比例。鉴于"NASA 的利益相关方"并非有清晰定义的群体,且利益相关方是使用比较合理、便利而不是全面的抽样范围选定的,该调查的结果并不代表所有利益相关方。另外,本研究并不想利用这些数据来补偿不同群体规模的差距或消除他们在构成上的重叠部分。因此,各群体回复的综合并不能代表 NASA 所有的利益相关方。然而,每个群体的样本都是概率样本,这种方法比非概率样本能够提供关于利益相关方意见的更广泛、多样的视角。附录 C 详细描述了开展调查的方法,包括样本范围的更多信息。

后面的部分将讨论利益相关方调查得出的结论,包括利益相关方对空间探索和载人航天的意见，以及 NASA 载人航天计划可能的走向。附录 D 包含本调查使用的问卷（关于数据收集工具的更多信息，包括问卷的两个版本，以及调查方法的详细描述都包含在附录 C 中）。本章并不具体探讨每个利益相关方的每个问题，而是总结问题内容而产生的比较数据。附录 E 包括利益相关方对每个问题回复的概率分布。

3.2.1　受访者特征

鉴于利益相关方调查主要集中于相关组织和著名科学家的领导层，受访者通常比普通群体年龄要大，通常有更高的学历，更多是男性（表 3-7）。约一半受访者是专业学者，约 1/4 是在管理岗位或专业岗位工作。约 11% 的人自我描述为不从事教学的科学家，9% 为工程师。

表 3-7　受访者特征

特征		数量	比例/%
年龄	40 以下	127	12
	40~49	109	10
	50~59	292	26
	60~69	273	25
	70 或以上	277	25
	没有回答	26	2
性别	男性	936	85
	女性	152	14
	没有回答	16	2
教育程度	高中或某些学院	12	1
	本科	95	9
	硕士	147	13
	专业学历	46	4
	博士	791	72
	没有回答	13	1

续表

特征		数量	比例/%
目前职务	高等教育者	460	50
	非教学岗位科学家	105	11
	工程师	82	9
	管理岗位或专业岗位	224	24
	其他	53	6
	无业/退休	158	14
	没有回答	20	2
航天工作参与度	参与很多	233	21
	参与了一些	325	29
	没有参与	532	48
	没有回答	14	1
参与载人航天相关工作	参与很多	75	13
	参与了一些	150	27
	没有参与	333	60
	没有回答	0	0

在问及是否参与航天相关工作时，约一半受访者回答自己充分参与或者在一定程度上参与了这项工作。样本中有 20% 是从非航天领域选出的科学家，但是样本也包含了与航天相关组织的部分领导者，无论其本人是否认为自己参与了航天相关工作。此外，样本包括与航天相关领域（但不一定只是航天）的学术组织的院长、主席和部门领导。许多受访者本身并未从事航天相关工作。

在从事航天相关工作的人中，约 40% 的人表示自己在载人航天相关工作中参与很多或有一定参与。

除非另有说明，为了本报告的分析，"航天科学家/工程师"在本调查中是指参与了航天相关工作的航天科学家和工程师，无论他们在最初样本中是列为"航天科学家和工程师"群体的一部分，还是"其他科学家和工程师"群体。

"非航天科学家/工程师"是指来自"航天科学家和工程师"及"其他科学家和工程师"群体的自称并未参与航天相关工作的科学家和工程师。尽管基于受访者本人的回复而将某些样本从一个利益相关群体划分到另一个群体的做法不合常规，但这有助于补偿最初样本范围的有限信息。

3.2.2　空间探索和载人航天的理由

本调查的主要目标之一就是了解利益相关方对空间探索和载人航天理由的意见。在得到一系列航天领域文献和讨论中常用的理由之前，受访者以开放式问题的形式被问及他们认为什么是支持（以及反对）空间探索和载人航天的主要原因。结果如表 3-8 所示。

表 3-8　空间探索和载人航天飞行的理由（开放式，所有答案）

空间探索理由	%	载人航天飞行理由	%
知识和科学认知	78	人类能比机器人获得更多成果	32
技术进步	35	人类探索新的前沿领域的动力	30
人类探索新的前沿领域的动力	32	知识和科学认知	28
人类经济活动延伸至地球外	11	未来太空居住地	18
未来太空居住地	8	技术进步	14
美国威望	7	公众支持	9
科学、技术、数学和工程职业	5	美国威望	8
寻找生命形态	5	科学、技术、工程和数学职业	6
国家安全	5	人类经济活动延伸至地球外	5
防止外空威胁	3	国际合作	2
国际合作	3	国家安全	2
商业太空旅行	0	寻找生命形态	2
其他	8	商业太空旅行	0
没有理由/没有强有力的理由	0	防止外空威胁	0
		其他	7
		没有理由/没有强有力的理由	6

就空间探索而言，最经常提及的理由就是获取知识和科学认知。1/3 的受访者不约而同地提到了技术进步和人类探索新领域的本性。

说到载人航天，理由会有更多分歧。3 个理由被最多人提及，各占 1/3，分别是：人类在太空中比机器人能获取更多成果，人类本性中就有探索前沿领域的动力，以及载人航天能够提升知识和科学认知。1/5 的受访者说到了建立未来在太空中的居住地。

无论是空间探索还是载人航天，自称参与了航天相关工作的受访者给出的理由回复与自称未参与其中的受访者的回复呈现出了相同的模式。

为更好理解理由的模式和强度，对于空间探索和载人航天的主要理由的开放式问题，小组记录了每一个回答中的第一个理由（表3 - 9）。在空间探索中，多数情况下（60%），给出的第一个理由提及了知识和科学认知；在载人航天的主要理由中，第一个提到的理由与整个问题的回复模式一样，首先提到的理由有三个：人类在太空中比机器人能获取更多成果（23%），人类本性中就有探索前沿领域的动力（21%），以及载人航天能够提升知识和科学认知（19%）。

表 3 - 9　空间探索和载人航天飞行的理由（开放式，首先提及的）

空间探索理由	%	载人航天飞行理由	%
拓宽知识和科学认知范围	60	人类比机器人获得更多成果	23
人类探索新的前沿领域的动力	21	人类探索新的前沿领域的动力	21
驱动技术进步	9	拓宽知识和科学认知范围	19
未来太空居住地	2	未来太空居住地	10
美国威望	2	没有理由/没有强有力的理由	6
其他	2	公众支持	6
将人类经济活动延伸至地球以外	2	其他	4
激励年轻人从事科学、技术、工程和数学工作	1	推动技术进步	4
寻找生命形态	1	提升美国威望	4

续表

空间探索理由	%	载人航天飞行理由	%
维护国家安全	1	激励年轻人从事科学、技术、工程和数学工作	2
防止外空威胁	0	将人类经济活动延伸至地球以外	1
国际合作	0	维护国家安全	0
没有理由/没有强有力的理由	0	创造国际合作机会	0
商业太空旅行	0	寻找生命形态	0
		商业太空旅行	0
		防止外空威胁	0

在回答完开放式的理由问题后，受访者得到过去的空间探索理由列表，被要求在每个空间探索，尤其是载人航天理由上选择他们认为这个理由"非常重要""重要""不太重要""一点不重要"。

"拓宽知识和科学认知范围"被绝大多数受访者认为是空间探索"非常重要"的理由（表3-10）。多数受访者也认为驱动技术进步，激励年轻人从事科学、技术、工程和数学工作，满足人类探索新的前沿领域的内在动力是非常重要的理由。除了激励年轻人从事科学、技术、工程和数学工作这个理由外，这个模式与受访者对开放式问题的回答几乎相差无几。尽管超过半数（62%）的受访者在看到列表时认为激励年轻人从事科学、技术、工程和数学工作非常重要，只有5%的人会自发提及这个理由。

表3-10 空间探索和载人航天飞行的理由（%非常重要）

空间探索理由	%非常重要	载人航天飞行理由	%非常重要
拓宽知识和科学认知范围	84	激励年轻人从事科学、技术、工程和数学工作	47
驱动技术进步	66	满足人类探索新的前沿领域的动力	45
激励年轻人从事科学、技术、工程和数学工作	62	推动技术进步	40

续表

空间探索理由	% 非常重要	载人航天飞行理由	% 非常重要
满足人类探索新的前沿领域的内在动力	60	拓宽知识和科学认知范围	38
维护国家安全	41	为未来太空居住开路	31
创造国际合作机会	33	提升美国威望	27
提升美国威望	29	创造国际合作机会	26
为未来太空居住开辟道路	22	为商业太空旅行开辟道路	21
将人类经济活动延伸至地球外	21	将人类经济活动延伸至地球外	18
为商业太空旅行开路	17	维护国家安全	17

　　各利益相关方对理由的整体热情有所不同，但是所有群体都对 4 个理由给出了最多支持，其中"拓宽知识和科学认知范围"得到的支持最高。

　　关于载人航天，没有哪个理由是多数受访者都认为非常重要的，即使在看到封闭式的列表时也是如此。激励年轻人从事科学、技术、工程和数学职业和满足人类探索前沿领域的动力被很多人认为是"非常重要"的理由，其后是促进技术进步和拓宽知识和科学认知范围。但是这些理由中没有哪一个被大多数受访者同时认为是"非常重要的"。同样，不同利益相关方给出的首要理由基本是一样的，尽管航天科学家和工程师更有可能认为提升美国声誉是一个非常重要的理由（33%），航天倡导者更倾向于认为比起拓宽知识和科学认知范围，为寻找未来太空居住地开路是非常重要的（61%）。

　　那些选择了超过一个"非常重要"理由的受访者需要选择哪个是"最重要"的。对于空间探索，58%的受访者提到"拓宽知识和科学认知范围"的频率比其他更高（表 3 - 11）。对载人航天，对于"最重要"的理由的观点再次有了分歧：22%的认为是满足人类探索前沿领域的需求，18%认为是激励年轻人从事科学、技术、工程和数学工作，16%认为是拓宽知识和科学认知范围。

表 3 - 11　空间探索和载人航天飞行的理由（%最重要）

空间探索理由	%	载人航天飞行理由	%
拓宽知识和科学认知范围	58	满足人类探索新的前沿领域的动力	22
满足人类探索新的前沿领域的动力	11	激励年轻人从事科学、技术、工程和数学工作	18
驱动技术进步	11	拓宽知识和科学认知范围	16
激励年轻人从事科学、技术、工程和数学工作	8	为未来太空居住开辟道路	14
维护国家安全	5	推动技术进步	11
为未来太空居住开辟道路	3	创造国际合作机会	4
将人类经济活动延伸至地球外	3	提升美国威望	4
创造国际合作机会	1	为商业太空旅行开路	4
提升美国威望	0	将人类经济活动延伸至地球外	3
为商业太空旅行开辟道路	0	维护国家安全	3

　　为了从其他角度探究理由，小组也要求受访者以开放形式回答如果 NASA 的载人航天计划终止，我们会失去什么（表 3 - 12）。提到最多的（1/4）是美国威望将会受损。约 15% 的受访者的答案可以总结为"什么也不会失去"。非航天科学家/工程师更可能回答说什么也没失去（29%），年轻的航天科学家回答什么也不会失去的概率最低（1%）。

　　受访者还可以有机会说出反对空间探索和载人航天的理由。约 1/4 的人要么没有回答这个问题，要么回答没有理由（或者没有充分理由）反对。在收到的答案中，几乎所有人都将焦点放在了成本上，要么是绝对成本，要么是将这些资金与其他可能用途比较得出的成本。在载人航天方面，约 23% 受访者拒绝回答这个问题或者回答没有反对理由。多数受访者（60%）关注点在载人航天成本上。1/3 略多（39%）的人提到了风险问题，另外 28% 认为将重点放在机器人探索上是更好的选择。

表 3 - 12　如果终止 NASA 载人航天计划，我们会失去什么（开放问题，所有回答）

失去什么	%提及
美国威望	26
知识和科学认知	20
人类探索新的前沿领域的动力	17
技术进步	16
公众支持	11
目前所做的投资	10
科学、技术、工程和数学事业	10
未来太空居住地	6
国家安全	4
收获机器人所不能的成果能力	3
人类经济活动延伸至地球外	3
国际合作	3
寻找生命迹象	0
商业太空旅行	0
防止外来威胁	0
其他	14
什么都不会失去	15

3.2.3　对未来路线的观点

　　受访者被要求思考未来 20 年美国载人航天值得且可行的目标是什么。提供给他们 NASA 可能开展的项目清单，并要求他们说出他们对每个项目的支持或反对程度。尽管在调查中列出所有选择的细微差别是不现实的，呈现的这些选择都附有总成本，以提供大概的项目规模。

　　总体来说，受到最强烈支持的选择是 2020 年之前继续进行 LEO 的 ISS 飞行，随后是将 ISS 延续至 2028 年，开展火星任务，远程操控火星表面上的机器人（表 3－13）。将"强烈支持"和"支持"合并，同样的三种选择合并为排名前三，对 ISS 延续至 2028 年和开展轨道遥控火星表面任务的支持程度没有什么区别。

表 3－13　　NASA 载人航天计划未来 20 年的目标

目标	强烈支持	强烈支持或有些支持
2020 年前继续 LEO 的 ISS 飞行	45	79
ISS 延续至 2028 年	37	67
开展火星任务，远程操控火星表面机器人	31	66
载人登陆火星	25	48
建立月球前哨	22	49
重返月球，短期停留更多探索月球	22	56
将人类送上地球附近轨道的近地小行星	19	50
在火星建立人类基地	12	30

　　表 3－14 和表 3－15 比较了主要利益相关群体的选择倾向，航天相关领域的科学家包括航天科学家/工程师、年轻航天科学家，以及自称参与航天相关工作的学者。非航天领域的科学家是自称没有参与航天相关工作的三个群体的受访者。

　　那些自称参与航天相关工作，尤其是参与载人航天相关工作的受访者，通常更有可能强烈支持多数项目，但是在所有三个群体中，2020 年前继续 LEO 的 ISS 飞行是最多"强烈支持"的选择（表 3－14）；其次是将 ISS 延续至 2028 年，尽管那些参与了不包括载人航天在内的航天相关工作的受访者对于开展火星表面远程操控任务的"强烈支持"程度与之持平。在没有参与航天相关工作的受访者中，开展火星表面机器人远程操控任务也是排名第三最受欢迎的选择。比起远程机器人火星操控任务，参与了载人航天相关工作的受访者更倾向支持载人登陆火星。

表 3-14　参与航天相关工作的受访者对于未来 20 年 NASA 载人航天计划目标的态度

	强烈支持（%）			强烈支持或有些支持（%）		
	参与了载人航天相关工作（总数 225）	参与了航天相关但不是载人航天相关的工作（总数 333）	没有参与航天相关工作（总数 523）	参与了载人航天相关工作（总数 225）	参与了航天相关但不是载人航天相关的工作（总数 333）	没有参与航天相关工作（总数 523）
2020 年前继续 LEO 的 ISS 飞行	55	45	42	82	78	80
ISS 延续至 2028 年	51	33	35	75	65	68
将人类送上地球附近轨道的近地小行星	20	20	18	55	51	49
重返月球·短期停留更多探索月球	28	20	21	64	60	54
建立月球前哨	40	20	17	66	51	42
开展火星任务，远程操控火星表面机器人	34	33	30	74	65	66
载人登陆火星	48	21	18	70	47	41
在火星建立人类基地	28	12	6	53	29	22

表 3－15　未来 20 年 NASA 载人航天计划目标：主要利益相关群体强烈支持的选择

	强烈支持（%）				
	航天相关领域科学家/工程师（总数 373）	非航天领域科学家/工程师（总数 464）	产业界（总数 104）	国防（总数 71）	航天倡导者和科普者（总数 99）
2020 年前继续 LEO 的 ISS 飞行	43	40	56	47	65
ISS 延续至 2028 年	33	35	51	38	57
将人类送上地球附近轨道的近地小行星	21	18	21	11	19
重返月球，短期停留更多探索月球	18	19	25	21	41
建立月球前哨	22	16	35	18	44
开展火星任务，远程操控火星表面机器人	30	30	34	30	41
载人登陆火星	25	16	35	27	57
在火星建立人类基地	13	6	20	7	38

在航天相关领域和非航天相关领域的科学家中，受到"强烈支持"最多的选择是 2020 年前继续 LEO 的 ISS 飞行，其后是将 ISS 延续至 2028 年和开展火星任务远程操控火星表面机器人（表 3－15）。在工业界的受访者中，最受支持的选择是 2020 年前继续 LEO 的 ISS 飞行和将 ISS 延续至 2028，随后是建立月球前哨，开展火星任务远程操控火星表面机器人和载人登陆火星。国防领域的首要选择通常反映了科学家/工程师的选择。航天倡导者和科普工作者更可能选择"强烈支持"多数项目，但是来自这个群体的受访者支持 2020 年前继续 LEO 的 ISS 飞行概率是最大的。航天倡导者和科普工作者很可能支持将 ISS 延续至 2028 年和载人火星登陆，其中这个群体一半的受访者强烈支持这些选择。

将"强烈支持"和"有些支持"合并（表 3 - 16），就会发现类似的模式，尤其是总体来说最受支持的项目选择（2020 年前继续 LEO 的 ISS 飞行，ISS 延续至 2028 年和火星任务远程操控火星表面机器人）。

表 3 - 16 未来 20 年 NASA 载人航天计划目标：

主要利益相关群体强烈支持的选择（强烈支持和有些支持）

	强烈支持和有些支持（%）				
	航天相关领域科学家/工程师（总数 373）	非航天科学家/工程师（总数 464）	产业界（总数 104）	国防（总数 71）	航天倡导者和科普者（总数 99）
2020 年前继续 LEO 的 ISS 飞行	76	78	83	82	86
ISS 延续至 2028 年	62	66	80	73	81
将人类送上地球附近轨道的近地小行星	52	48	50	42	58
重返月球，短期停留更多探索月球	56	52	64	54	72
建立月球前哨	51	40	60	45	73
开展火星任务，远程操控火星表面机器人	65	64	80	63	76
载人登陆火星	50	38	63	52	74
在火星建立人类基地	32	20	43	31	60

40 岁以下的人比起 40 岁以上的人通常更可能支持多数项目（表 3 - 17）。40 岁以下的受访者回复中，2020 年前继续 LEO 的 ISS 飞行和将 ISS 延续至 2028 年是获得"强烈支持"最多的两个选择，其次就是建立月球前哨和载人登陆火星。

表 3 - 17　未来 20 年 NASA 载人航天计划目标：对比 40 岁以下和 40 岁及以上

	强烈支持（%）	
	40 岁以下（127）	40 岁及以上（951）
2020 年前继续 LEO 的 ISS 飞行	59	44
ISS 延续至 2028 年	56	35
将人类送上地球附近轨道的近地小行星	34	17
重返月球，短期停留更多探索月球	24	22
建立月球前哨	40	20
开展火星任务，远程操控火星表面机器人	35	31
载人登陆火星	42	23
在火星建立人类基地	25	11

　　为了从不同角度进一步探究首要选择，受访者被要求评出未来 20 年 NASA 几个可能的项目/活动的重要性。总体来说，参与航天相关工作的人，尤其是参与载人航天相关工作的人，对多数项目给出的重要性评价都比没有参与航天相关工作的人要高（表 3 - 18）。

表 3 - 18　未来 20 年 NASA 的重点：对比参与了航天
相关工作的受访者和没有参与的受访者

	非常重要（%）		
	参与了载人航天相关工作	参与了航天相关但不是载人航天相关的工作	没有参与航天相关工作
进行必要投资维持有活力的人类探索项目	56	29	26
进行必要投资维持有活力的机器人探索项目	57	76	62
继续将 ISS 作为科学研究的实验室	46	33	36
人类探索限制在 LEO 任务，同时继续在太阳系及以远的机器人任务	16	37	30
火星载人计划	37	20	15

续表

	非常重要（%）		
	参与了载人航天相关工作	参与了航天相关但不是载人航天相关的工作	没有参与航天相关工作
提升诸如天气和通信卫星的轨道技术	47	71	70
维持载人航天探索的领导地位	53	35	31
扩大与其他国家空间探索的合作	44	47	41

比起没有参与载人航天相关工作的受访者，参与了相关工作的受访者更有可能说，进行必要投资维持有活力的载人航天项目是非常重要的。在参与了载人航天相关工作的受访者中，56%认为进行必要投资维持有活力的载人航天项目是非常重要的，差不多同样多的人认为进行必要投资维持有活力的机器人探索项目是非常重要的。在参与了航天工作但不是载人航天工作的受访者中，29%认为投资载人航天非常重要，76%认为投资机器人探索非常重要。没参与航天相关工作的受访者的回复接近于参与了航天相关工作、但没有参与载人航天相关工作受访者的回复。

那些参与了载人航天相关工作的受访者更有可能回答维持 ISS 作为科学研究的实验室以及规划载人火星任务是非常重要的。比起参与了航天工作但不是载人航天工作的群体以及没有参与航天相关工作的群体，载人航天相关工作的受访者对维持美国在载人航天领域的世界领导者地位给出的重要性评价更高。另一方面，那些参与了航天工作但不是载人航天工作的群体以及没有参与航天相关工作的群体，更有可能认为提升诸如天气和通信卫星之类的轨道技术是非常重要的。扩大航天国际合作在这三个群体中收到的支持率基本相同。

3.2.4　其他发现

调查还有如下有价值的发现：

1）国际合作。多数人（59%）认为 NASA 应该开展 LEO 以远的载人航天国际合作，并将此作为与现有合作方和新兴航天国家国际合作的一部分。很少人（8%）认为 NASA 应该开展独自参与的LEO 以远载人航天任务。13% 的人认为 NASA 应该主要或只是与现有的国际合作伙伴（如 ISS 合作方）开展这些任务，17% 认为NASA 根本不应该开展 LEO 以远的载人航天任务。

2）机器人任务 VS 载人任务。多数人（64%）认为 NASA 应当专注于将机器人任务和载人任务结合起来。1/3（34%）的人认为NASA 应该主要或者仅仅专注于机器人探索。

3）私营部门的角色。绝大多数受访者认为 NASA 应当领导以科学研究为目的的空间探索，而私营部门应该在公民个人的太空旅行中担任主导（表 3-19）。多数受访者认为私营部门应该在将人类经济活动延伸至地球以外的活动中担任主导。至于要建立地球外的人类居住地，约半数人认为 NASA 应该在其中扮演领导地位，约 1/3 的受访者感觉双方都应该这么做，20% 的人认为私营部门应该是引领者。

表 3-19　未来 20 年谁应该在这些活动中承担领导角色

	NASA	私营部门	都不是
以科学研究为目的的空间探索	95%	2%	1%
将人类经济活动延伸至地球以外	16	68	14
普通公民的太空旅行	1	85	12
建立地球以外的人类居住地	48	20	30

3.2.5　支持载人航天的相关因素

小组基于对其中 5 个调查问题的回答建立了一个衡量对载人航天总体支持的比例。5 个问题分别是：是否支持建立月球前哨（10e），载人登陆火星（10g），建立火星人类驻地（10h），维持强有力的载人航天项目（11b）和维持载人航天领域的世界领导地位

（11e）。这 5 个问题的答案是密切相关的。表 3 - 20 显示了参与调查的各个分组的比例平均数。平均数采用 4 分制，4 代表对载人航天的最高支持，1 代表最低支持。

表 3 - 20　选定的子群体对载人航天支持的平均水平

	平均水平
群体	
航天相关领域科学家/工程师	2.55（370）
非航天科学家/工程师	2.32（461）
产业界	2.91（98）
国防	2.55（64）
航天倡导者和宣传者	3.22（95）
是否参与载人航天	
没有参与空间探索	2.36（530）
没有参与人类探索	2.50（333）
在一定程度上参与了人类空间探索	2.95（150）
载人航天参与度非常高	3.22（75）
年龄	
39 或以下	3.10（127）
40～49	2.89（109）
50～59	2.63（292）
60～69	2.56（273）
70 或以上	2.05（273）
教育背景	
本科或以下	3.09（107）
硕士/专业人士	2.79（192）
博士	2.41（788）
性别	
男性	2.53（932）
女性	2.65（152）

备注：数字高代表支持度高（4 是最高，1 是最低）

对载人航天的支持与受访者参与度成正比，与其年龄成反比。通过一个多变量模型可以看出，这两个变量与对载人航天的总体支持的相关度很高。另外，不同利益相关方群体的支持度差别很大，航天倡导者和宣传者对载人航天的支持度最高，非航天科学家/工程师的支持度最低。

3.2.6　利益相关方调查结论总结

本调查的主要目标之一就是了解利益相关方对空间探索和载人航天理由的意见。关于空间探索的理由，受访者之间高度一致，但是关于载人航天的理由分歧较大。

就空间探索来说，绝大多数受访者都认可"拓宽知识和科学认知范围"这个理由。尽管一些其他理由也有超过半数的受访者认为是"非常重要的"。但问及他们认为哪个是最重要的理由时，提及最多的还是"拓宽知识和科学认知范围"。在开放式回答中，受访者用自己的话给出的空间探索理由也是类似的。且参与了航天相关工作的受访者和没有参与的受访者对这个理由的支持基本相同。

传统的载人航天理由中，没有一个理由受到多数受访者的一致支持。在传统的载人航天理由中，问及哪一个是最重要的理由时，"满足人类探索新的前沿领域的动力"这个答案是最多人选择的。但是只有不到1/4的人选择了这个答案，其余人的选择比较分散。

在使用开放式问题形式要求受访者描述载人航天理由时，约1/3的受访者给出的理由是"人类能比机器人获得更多成果"。略少于1/3的人回答理由是满足人类探索新的前沿领域的动力。约1/4的人回答是"拓宽知识和科学认知范围"。

参与了航天相关工作的受访者在开放式问题中更有可能提供额外的载人航天理由，但是这些理由总体来说仅有少数人支持（即使是参与了航天相关工作的人）。不到10%的受访者自发提出的理由有：整体而言，在载人航天计划不明朗的情况下，公众支持率下降；提升美国威望；国家安全；国际合作；防止外空威胁；鼓励科学、技术、工程和数学事业；将人类活动延伸至地球以外；寻找其他生命形态；为商业太空飞行开辟道路。以上每个答案都只有不到 10% 的受访者自发提出，其中有些甚至只有很少人提出。

为了从不同的视角探究载人航天的理由，使用开放式问题向受访者提问：如果 NASA 的载人航天计划终止，他们认为我们将失去什么。在使用这种方式提问时，受访者的答案也没有形成高度一致。提及最多的损失就是国家威望，这也只有 1/4 的受访者提及。15% 的人认为什么都不会损失。

在包含成本的语境下，提问受访者未来 20 年 NASA 载人航天的可能目标时，多数受访者支持的项目包括：2020 年以前继续 LEO 的 ISS 飞行，将 ISS 延续至 2028 年，开展火星轨道任务，远程操控火星表面机器人，重返月球，通过短期驻留更多探索月球。

总的来说，多数人认为 NASA 开展如机器人空间探索和提升轨道技术等非载人的飞行是非常重要的，即使另一个问题的答案显示多数人支持机器人和人类相结合的探索项目。多数人认为，NASA 应该开展 LEO 以远的载人航天探索任务，将此作为与现有合作伙伴和新兴航天国家国际合作的主要部分或唯一选择。

对载人航天支持的关键因素是年龄以及受访者是否参与了载人航天相关工作。另外，不同利益相关群体对载人航天的支持各有差异，其中倡导者和宣传者对载人航天的支持度最高，非航天科学家/工程师的支持度最低。

第4章 载人航天探索途径的技术分析和承受能力评估

4.1 简介和概述

将人类送往 LEO 以远目的地在技术上、程序上和政治上都是非常复杂的。如本报告其他章节所述，有这样一些经常被提及但是又很难证实的言论：尽管成本很高又有生命风险，这种国家利益和更广泛的社会效益使得这些努力是值得的。在任何资源受限的环境中，不仅需要识别出可能的效益，也需要了解可能或需要的投入以及建议任务的难度。

考虑到载人航天（也就是 LEO 以远的载人航天飞行）的复杂性，以及美国载人航天飞行目标变化的时间比实现这些目标需要的时间短得多，将一个载人航天计划分解成更小的任务段是合情合理的。这样做还有一个优势，就是这些构成任务段能够组合成不同的结构，从而无须从头分析就能解决国家的目标变化。

基于能力的航天探索方式将研究和技术发展资源专注于未来可能有价值的系统和能力，并没有考虑特定的任务或任务组合。因而在选择未来任务的流程中就倾向于支持那些能够使用已有系统和能力的任务。"小行星重定向任务"就是这种流程的一个例子。考虑到了更好的目的地是哪里，"灵活途径"的方式比基于能力的规划更复杂。相比之下，基于途径的方法会将美国载人航天计划引向一种途径，这种途径带有依据人类可能探索的各种目的地相关的特定探索目标的难度和复杂度而制定的特定任务顺序。这种基于途径的方式能够促进持续研制提升能力和效率所需的系统。

目前 NASA 正在研制模块化和多用途的系统。尽管 NASA 将这种方式描绘成研制模块化、基于能力、多用途系统，这些系统是否能够支持基于途径的方式还不一定。载人航天委员会首要推荐的（见第 1 章），就是引导 NASA 致力于设计、维持且继续执行通向一个清晰目标的 LEO 以远的探索途径，而不是采用没有特定目的地顺序的"基于能力"或"灵活途径"的方式。载人航天委员会并不是说一种途径优于另一种，但是他们确实推荐（见第 1 章）NASA 应该将长久关注火星作为载人航天探索的"可预见目标"。

本章其他内容主要包括以下 3 个部分：

1）技术要求；

2）技术方案；

3）关键成果。

在技术要求部分，首先会确定载人航天的可能目的地。在可预见的未来，人类生理机能和空间探索技术的局限性将可能的探索目的地限制在地—月系统，地球—太阳拉格朗日点，近地小行星以及火星。NASA、国际太空探索协调组及其他机构已经准备了通往这些目的地的设计参考任务（DRM）。

本章评估 3 个特定的预想途径，以此为例来说明进度、研制风险、承受能力及 ISS 退役期等因素间的平衡。（本章所做的分析是在 NASA 宣布将 ISS 延期至 2024 年之前完成的，尽管如此，本报告中 2020 年和 2028 年的边界条件仍很好地证明了 ISS 退役对 LEO 以远载人航天飞行的影响。）尽管也有其他可能的途径，载人航天委员会选择展示的 3 种途径提供了足够的程序空间跨度，从而能深刻理解承受能力和技术困难。

这 3 种途径的终点都是将人类送往一个最具挑战性、技术可行的目的地：火星表面。基于现实因素，一个真正的载人航天计划可能会在实现最终目的之前有一个中转目的地。

通往火星的每个途径都有 3 到 6 个不同的设计参考任务，如下所示。

　　1）小行星重定向任务—火星途径：小行星重定向任务，火星的卫星，火星表面。

　　2）月球—火星途径：月球表面飞行，月球表面基地，火星表面。

　　3）优化的探索途径：地月拉格朗日点 L2[①]，小行星自有轨道，月球表面飞行，月球表面基地，火星的卫星，火星表面。

　　完成上述任何一种途径都需要大量的任务要素。例如，载人登陆火星表面需要开发 11 个任务要素，如大推力火箭、深空居住地、增压表面移动系统等。要完成出现在一个或多个路线图里的全部其他 6 个设计参考任务还需要另外 8 个任务要素。其中 3 个是过渡性的，因为它们能够直接贡献于全部 11 个主要任务组成部分的研制。例如，月球轨道基地在火星表面任务中并不需要，但是它会直接贡献于火星任务中需要的深空居住地。还有另外 5 个对实现后续目标无益的、没有发展前途的任务组分。尽管有必要完成其中一到多个设计参考任务，这些任务组成部分的先进能力基本上并不适用于火星表面任务。

　　实现上述途径的相关需求也可用能力框架分类。能力评估从涉及完成研制过程所需要克服的技术风险、能力缺口、监管挑战、成本和进度挑战等各种因素开展。评估确定了下列 10 个目前需要解决的首要研究和研制项目，前三个是其中的重点：

　　1）火星大气层进入、下降和着陆（EDL）；

　　2）防辐射；

　　3）太空推力和能源[②]；

　　4）大推力火箭；

　　5）行星上升推进；

　　6）环境控制和生命支持系统（ECLSS）；

---

① 在地球与月球之间的相应位置决定地-月 L2 点在太空中的独特性。

② 随着 NEP、NTP、SEP 及低温推进技术发展，之后将需细化选项。

7）居住地；

8）舱外服；

9）乘组健康；

10）就地资源利用（使用火星大气作为原材料）。

就一个可承受的途径而言，其成本概况必须适合于规划的载人航天计划预算概况。考虑到联邦预算规划的不确定性，以及为了展示预算概况对其他途径特征的影响，本部分对每条途径的可承受性评估依据三种方案进行。

1）进度驱动的承受能力方案，在该方案中，进度是由研发项目能够完成的速度决定的。该方案需要 NASA 载人航天预算的快速增长。

2）预算驱动的承受能力方案，在该方案中，进度受载人航天预算限制，而后者会随着通货膨胀而增长。该方案导致远低于历史正常水平的运转速度（从整体发射速率以及/或乘组任务频率而言）。

3）操作可行的承受能力方案，在该方案中，进度反映了载人航天预算和运转速度的折中，需要载人航天预算比通货膨胀速度增长得更快，但又没有进度驱动方案中那么快，也会造成低于历史正常水平的运转速度，但是又不像在预算驱动方案中那么低。

在考察了每条途径的任务组成部分、能力和承受能力后，本章技术要求部分在最后依照以下 6 种期望性质对每条途径进行了评估。

1）远景和中期目的地应具备深远的科学、文化、经济、激励或地缘政治效益，能够证明公共投资的合理性；

2）任务和目的地的安排顺序应能够使利益相关方，包括纳税人，看到进度和发展，对 NASA 完成这一途径充满信心；

3）该途径以符合逻辑的技术能力前瞻为特点；

4）该途径将那些对实现后续目标无益的、没有发展前途的任务组成部分的使用降至最低；

5）该途径是可承受的，并不至于招致不可接受的风险；

6）在可获得的预算条件下，该途径能够保持关键技术能力，确保操作人员熟练度和基础设施有效使用。

技术项目部分简要总结了 NASA、产业界、国防部和国际同行们正在开展的值得特别注意的载人航天相关项目和计划。随后是机器人系统的探讨，这部分描述了机器人能力的进化改进对未来载人航天飞行的重要性，以及未来几十年机器人技术的迅速提升可能会开辟通往火星及以远的探索途径的可能性。

关键成果部分包括了小组对以下议题评估后的 7 个论述：

1）载人探索的可能目的地；

2）载人探索的速度和成本；

3）预算规划；

4）可能的成本下降；

5）最高优先级的能力；

6）目标的连续性；

7）维持发展进步。

本节最后强调了：如果整个国家（以及国际）对于应该坚持哪条探索途径没有达成高度一致，且没有维持各管理机构和国会正确方向的纪律，那么人类探索的可预见目标不会延伸至 LEO 以远，至少对美国来说是这样的。

4.2　技术要求

4.2.1　可预见技术条件下的可选目的地

NASA 的愿景包括在太阳系内"拓展人类足迹"。这一概念是由美国总统罗纳德·里根在秘密文件《国家航天政策总统指令》（*Presidential Directive on National Space Policy*）中纳入美国国家航天政策的[③]。随后的管理层（除一届外）详述了相似的目标，各委

---

③　*Presidential Directive on National Space Policy*，February 11，1988，available in NASA Historical Reference Collection，History Office，NASA，Washington，D. C.，http：//www. hq. nasa. gov/office/pao/History/policy88. html.

员会相继提出了实现途径的大致建议，并为达到这些目标划拨了经费④⑤⑥⑦⑧。奥巴马总统委托了美国载人航天计划委员会（也被称为奥古斯汀委员会）⑨评审。该委员会 2009 年得出结论称"人类探索的终极目标是为人类踏入太阳系铺路"，同时也提出需考虑物质和经济两方面的可持续性；它的报告详细提出了多种备选方案，例如火星优先、月球优先、灵活途径等，隐含着月球轨道任务、拉格朗日点、近地星体、火星的卫星、月球表面、火星表面。最终，奥巴马总统宣布了美国的近期目标⑩。地月系统之外的载人航天目标将是一个近地小行星，将人类轨道任务引向火星，并在火星表面着陆。相比之下，克林顿政府的航天政策⑪则仅仅是保守地希望美国在地球轨道上建立永久的人类居住地，ISS 将能支撑未来关于进行更远的人类探索活动的可行性和必要性的决定。因此，自 1988 年以来，除了克

④　NASA，*Report of the 90 - Day Study on Human Exploration of the Moon and Mars*，November 1989，available in NASA Historical Reference Collection，History Office，NASA，Washington，D. C.，http：//history. nasa. gov/90 _ day _ study. pdf.

⑤　美国未来太空计划的咨询委员会，*Report of the Advisory Committee on the Future of the U. S. Space Program*，U. S. Government Printing Office，Washington，D. C.，December 1990.

⑥　总统办公室："布什总统宣布 '空间探索计划新视界'：由总统在美国空间政策上标注，NASA 总部，"Washington，D. C.，January 14，2004，http：//history. nasa. gov/Bush%20SEP. htm.

⑦　NASA，*The Vision for Space Exploration*，NASA，Washington，D. C.，February 2004，http：//history. nasa. gov/Vision _ For _ Space _ Exploration. pdf.

⑧　Executive Office of the President，"U. S. National Space Policy，" August 31，2006，available at http：//history. nasa. gov/ostp _ space _ policy06. pdf.

⑨　Review of U. S. Human Space Flight Plans Committee，*Seeking a Human Spaceflight Program Worthy of a Great Nation*，October 2009，http：//www. nasa. gov/pdf/396093main _ HSF _ Cmte _ FinalReport. pdf.

⑩　*Remarks by the President on Space Exploration in the 21st Century*，John F. Kennedy Space Center，Florida，April 15，2010，http：//www. whitehouse. gov/the - press - office/remarks - president - space - exploration - 21st - century.

⑪　National Science and Technology Council，*Presidential Decision Directive/NSC - 49/NSTC - 8*，September 14，1996，available at http：//www. fas. org/spp/military/docops/national/nstc - 8. htm.

林顿政府外，总统的航天政策都不遗余力地拥护以一些形式来拓展人类在太阳系内的足迹。然而，自里根总统起，美国的实际情况都是实行的克林顿政府的航天政策。

国会对 NASA 的指引总的来说在扩张方面比载人航天的行政部门的愿景要显得保守。人们的野心是像阿波罗计划那样超越 LEO，但又被有限的预算绑缚了手脚。即便如此，2010 年 NASA 授权法案[12]授权此报告，明确要求研制能够支持人类前往 ISS 和 LEO 进行太空飞行的重型运载火箭，近期特别关注地月轨道空间。实际上，这份国会指引给报告分析结果划出了一个重要边界，即空间发射系统将是实现 LEO 以远探索的主要运载火箭的假设。

对于美国载人航天的利益相关方来说，需要理解人类在承受空间辐射和空间零重力环境、在可预见的技术和医学条件下有限的有效性、未来空间推进系统的性能等方面的客观能力限制，这些限制都严重制约着人类在太阳系内的探索极限。例如，按传统标准来看终身患癌风险，NASA 人类研究项目发现由银河宇宙射线导致的患癌风险[13]超过目前 615 天持续任务的标准[14]，这还是最乐观的情况。对于 55 岁的男性，假设过去从未暴露于辐射之下，从未吸烟，处于完备的太阳粒子事件工程保护措施之下（如水屏蔽航天员宿舍）；对于女性航天员，年龄小于 55 岁的航天员，曾暴露于辐射之下的航天员，并未在太阳活动最大时（当太阳磁场提供保护时）执行任务，可允许的时间为 6 个月。也可能有其他因素，例如银河宇宙射线导致的非致癌风险、零重力环境下的骨骼与肌肉变性、眼损伤、心理效应可能进一步限制执行任务的可允许时间。尽管 NASA 的人类研究项目努力将深空探测下的健康风险进行量化，仍然有相当多的不

⑫　Public Law 111 - 267，October 11，2010.

⑬　National Research Council，*Managing Space Radiation Risk in the New Era of Space Exploration*，The National Academies Press，Washington，D. C.，2008.

⑭　Steve Davison，NASA Headquarters，"Crew Health，Medical，and Safety：Human Research Program，" briefing to NRC Committee on Human Spaceflight Technical Panel，March 27，2013.

确定风险。同时，载人航天一些潜在的健康风险还在进一步增多。2011 年确认的潜在严重威胁是眼损伤和颅内增压[15]，2013 年确认了微重力环境下抑制内皮细胞发育的潜在风险[16]。这些问题都只和限制可允许的活动时间相关联，并不直接描述航天员可能面临的额外风险，例如在尘埃和月球及火星土壤的高氯酸物质等环境因素下。长期太空飞行中心理因素的影响也是一段时间以来重点关切的问题[17]。最后，值得一提的是，仅仅是人类研究项目积累的佐证书籍的数量（超过 30 册）就说明长时间人类太空飞行安全性评估的复杂性[18]。

对于远距离目的地，对人类探索任务的持续时间限制对航天器速度提出最低要求，此要求很难达到。火星示范任务显示，若长时间储存低温推进剂技术取得了重大进展，则化学推进（载人航天使用的唯一技术）可能使人类能够到达火星并返回。其他类型的推进系统如太阳推进系统（SEP），核电推进（NEP），可以用于支持人类踏上火星表面的任务。然而，研发采用此种概念的高能且具有可操作性的系统将是一项重大工程。

任何超出地月系统、地日拉格朗日点、近地小行星、火星的太阳系目的地带来的研发挑战是巨大的，需要携带超大质量推进剂，在预算上更将以数万亿美元计[19]。

---

[15]　J. Fogarty et al. , *The Visual Impairment Intracranial Pressure Summit Report*，NASA/TP‑2011‑216160，NASA Johnson Space Center，October 2011.

[16]　S. Versari et al. , The challenging environment on board the International Space Station affects endothelial cell function by triggering oxidative stress through thioredoxin interacting protein overexpression: The ESA‑SPHINX experiment，*Journal of the Federation of American Societies for Experimental Biology* 27：4466‑4475，2013.

[17]　Institute of Medicine，Chapter 5 in *Safe Passage*：*Astronaut Care for Exploration Missions*，The National Academies Press，Washington，D. C.，2001.

[18]　佐证书籍收录确定特别人类健康事项的风险报告和期刊文献，人类研究计划佐证书籍列表见 http://humanresearchroadmap. nasa. gov/Evidence/，retrieved April 20，2014.

[19]　R. McNutt et al. , Human missions throughout the outer solar system: Requirements and implementations，Johns Hopkins APL Technical Digest 28（4）：373‑388，2010.

4.2.2　设计参考任务

月球初步探测的完成、ISS 的完善以及机器人火星探测的实现，都支持着 NASA 对太阳系过去存在的或现存的生命迹象的搜寻，载人探火似乎正是在数届美国政府的航天政策中最重要的、符合逻辑的目标。要实现人类登陆火星表面的目标，需要很强的能力和新技术的支撑。NASA 已经大致列出了登陆并探索火星表面任务所需的主要任务需求，并给出了火星设计参考架构（DRA）5.0[20]。DRA5.0 报告总结了在登陆火星表面任务中能量消耗、表面时间、巡航持续时间之间的折中方案。不过，火星并不是 LEO 以远唯一的目的地。在地球和火星表面之间还存在着许多科学技术上具有吸引力的目的地。另外，探索这些中间目的地还能为登陆火星表面的任务提供一定的技术验证、改进技术的方案。NASA 和相关机构已就这些潜在目的地[21][22]及过去形成的合理任务概念进行筛选。

设计参考任务是将一个任务目标分割成若干点目标，在初始概念设计阶段可实现两个目的：一是为任务总体及任务需求提供一个概览，以明确相关支持系统的需求；二是为与其他实现任务目标的可选任务概念比较提供一个基准。这一研究采用了一套具有代表性的设计参考任务来定义人类登陆火星表面任务的"可预见目标"。至于到达其他可行目的地的设计参考任务，如地月 L1 点和地日 L1 点、

[20]　B. Drake，"Design Reference Architecture 5.0，" http：//www. nasa. gov/pdf/373665main _ NASA － SP － 2009 － 566. pdf，2009.

[21]　NASA，Human Spaceflight Exploration Framework Study，Washington，D. C.，January 11，2012，http：//www. nasa. gov/pdf/ 509813main _ Human _ Space _ Exploration _ Framework _ Summary － 2010 － 01 － 11. pdf.

[22]　Chris Culbert and Scott Vangen，NASA Human Space Flight Architecture Team，"Human Space Flight Architecture Team（HAT）Technology Planning，" NASA Advisory Council briefing，March 6，2012，http：//www. nasa. gov/pdf/629951main _ CCulbert _ HAT _ 3 _ 6 _ 12＝TAGGED. pdf.

L2 点[23]，其实过去也曾采用，但采用已选用的设计参考任务的途径已足够用于对人类空间探索所面临的技术和经济承受力的挑战进行全局评估。设计参考任务的定义基于 NASA 近期公开的资料（关于小行星重定向任务[24]，月表前哨[25]，自然轨道上的小行星[26]，火星的卫星[27]，火星表面设计参考任务[28]）和国际太空探索协调组的全球探索路线图[29]（关于地月 L2，定期从月表返地，月表前哨）[30]。

　　以下所述的设计参考任务是理论上的，代表的是可能进行的任务，并非综合的或最终的设计。这些针对每一个 LEO 以远的主要目的地的设计参考任务都验证了与各种人类探索火星途径相关的挑战。

　　以下的设计参考任务可分为两个部分，地月间任务和深空任务。地月间任务包括接近月球表面的任务以及登陆月球表面的任务。这

　　[23]　拉格朗日点也称 L 点或平动点，当两个星体的质量一个远小于另一个时，两星体间共轨结构中的 5 个相对位置。在这 5 个点的任一位置上，一个质量远小于上述两星体的物体会相对于这两个星体维持一个固定位置。在地月系统中，L1 是月球与地球之间可停泊飞行器的点，L2 是月球以远的类似一点。

　　[24]　NASA，"Asteroid Initiative Related Documents," http：//www.nasa.gov/content/asteroid－initiative－relateddocuments/.

　　[25]　L. Toups and K. Kennedy，"Constellation Architecture Team－Lunar Habitation Concepts," in *AIAA Space* 2008 *Conference and Exposition*，American Institute of Aeronautics and Astronautics，2008，http：//arc.aiaa.org/doi/abs/10.2514/6.2008－7633.

　　[26]　B. G. Drake，"Strategic Considerations of Human Exploration of near－Earth Asteroids," paper presented at the Aerospace Conference，2012 IEEE，March 3－10，2012.

　　[27]　D. Mazanek et al.，"Considerations for Designing a Human Mission to the Martian Moons," paper presented at the *2013 Space Challenge*，California Institute of Technology，March 25－29，2013.

　　[28]　B. Drake，"Design Reference Architecture 5.0," 2009，http：//www.nasa.gov/pdf/373665main_NASA－SP－2009－566.pdf.

　　[29]　International Space Exploration Coordination Group（ISECG），The Global Exploration Roadmap，NASA，Washington，D.C.，August 2013，https：//www.globalspaceexploration.org/.

　　[30]　部分案例中的设计参考任务详细分析对来源信息进行了补充或修正，从而确保每个设计参考任务都基于一系列一致假设，例如主要系统元素性能。文中指出，月表前哨设计参考任务基于 NASA 和 ISECGR 提供信息。

些任务的优势在于仍然距离地球较近，还有可能通过紧急终止意外事故并快速返回地球来降低任务风险[31]。地月间任务还花费较少的费用，相比深空任务从经济角度看更具有可承受性，同时航天器与地球之间的通信延迟时间较短，航天器的自主需求较低。通过避免与带有强重力场的物体互动，不需进行月表降落的地月间任务对推进的需求也极大降低了。月球表面任务为在火星表面需进行的操作和所受的硬件约束以及人类生理学在未来任务中的能力提升提供了一个很好的类比。深空任务包含人类登陆火星表面任务的可预见目标、在其他自然轨道上的小行星以及到达火星卫星的任务。小行星和火星卫星任务还可能允许航天器和系统的验证，验证在类似于火星表面任务环境的长期任务中维持人类健康的能力。

4.2.2.1　空间发射系统和设计参考任务

空间发射系统是 NASA 正在研制的重型运载火箭，用来支持人类对 LEO 以远的空间探索活动。载人航天在许多连带研究中都提到了对重型运载火箭的迫切需求。预计的空间发射系统运载能力（70～130 吨，不同型号运载能力有差别）和大型保护罩能减少人类 LEO 以远探索任务对发射次数的需要。美国空间探索技术公司（SpaceX）的猎鹰重型运载火箭目前尚在研制中，其运载能力将达 53 吨。奥古斯汀研究显示，运载能力达 50 吨、具备空中燃料补给能力和生存居住空间扩大的运载系统就能满足人类探索的需求[32]。空间发射系统的替代方案可能要求更多次的发射、更长的在轨时间、更多的对接活动，而这些都可能降低任务可靠性，且费用也难以预估。一方面，增加的发射率及与其他使用小型运载火箭的现有系统的通用性要求可能降低运载火箭的研制和操作费用；另一方面，因为需要额外技术和硬件接口，其他任务的研制费用可能增加。同时，增

㉛　对于某些紧急情况，如载人火星任务分系统故障导致的任务失败，乘员有可能从地月空间安全返回，但对于其他紧急情况，如重症医疗，仍不具备从地月空间快速返回能力。

㉜　Review of U.S. Human Space Flight Plans Committee, *Seeking a Human Spaceflight Program Worthy of a Great Nation*, 2009.

加在轨总装的数量也可能增加操作费用。为简单和连贯性起见，本报告所有涉及参考任务的分析都假设选用空间发射系统作为运载工具。

空间发射系统的商业模型和时间表几乎完全由专为空间发射系统项目设立的项目经费和单位预算概况驱动。像空间发射系统这样衍生自成熟系统的系统，若其经费预算水平与普通研发相同，则有望在更短时间内以比目前预算更低的总费用达到最大作业能力。其所需的设计工作中很大一部分都已在星座计划中完成。此前，由航天飞机派生出的航天器已进行过数次初步设计工作。而且，对空间发射系统的设计是在 2011 年 9 月宣布的，当时的项目研制经费是 120 亿美元，用以支撑该项目至 2017 年年底的首飞（包括地面基础设施），另外还有用以研制猎户座多用途载人飞船的 60 亿美元研制经费[33][34]。猎户座是与空间发射系统配套的乘员座舱，使人类得以探索 LEO 以远的空间。后来 NASA 的经费预算越来越不稳定，使发射日期和费用都深陷危机之中[35]。

4.2.2.2　小行星重定向任务

小行星重定向任务设想的是以两位航天员为一组，在自然轨道上与一颗直径为 7～10 m 的小行星相遇，尝试与其进行短时互动，避免耗费较长的飞行时间。可以先派遣采用先进太阳推进系统的机器人接近一颗质量和轨道属性合适的近地小行星。视最终选择的任务概念，机器人航天器既可捕捉一颗完整小行星，也可从一颗大型小行星表面采集大块岩石[36]，然后进入月球附近的某一轨道内。继若

---

[33]　NASA, "NASA Announces Design For New Deep Space Exploration System," Press Release 11 - 301, September 14, 2011.

[34]　M. S. Smith, "New NASA Crew Transportation System to Cost $18 Billion Through 2017," posted September 14, 2011, updated December 5, 2011, http://www.spacepolicyonline.com/news/.

[35]　M. K. Matthews, "New NASA rocket faces delays," *Orlando Sentinel*, September 6, 2013 (quoting NASA Deputy Administrator Lori Garver).

[36]　NASA 目前正在进行两项小行星重定向机器人任务概念研究。参考机器人任务概念可捕获一颗小行星，可选任务概念可捕获一块巨砾。

干年的小行星重定向阶段后，航天员小组可以乘坐正在研制中的猎户座飞船经空间发射系统发射升空，再与返回的小行星进行交会，并与该小行星上捆绑的机器人航天器对接。该任务最终受限于当前猎户座飞船的设计性能，但若安排两位航天员，还是能够在返回地球之前的舱外活动中支撑为期 6 天的小行星样品采集任务。

4.2.2.3　地月 L2

地月 L2 参考任务[㊱]可以验证人类在深空长期居住及操作的可行性。要达到这一目标，需研制建造通过空间发射系统发射的居住地模块和支持系统。航天器可转移至地月拉格朗日点或稳定月球轨道，这一最小的空间站将能支持 4 位甚至更多航天员至少维持 6 个月生存。航天员可通过空间发射系统和猎户座系统到达该栖居地。届时，主要目标将是为航天员在长期深空任务中提供生存所需的技术，同时还要具备迅速中止任务并返回地球的能力，以及支持其他活动的能力，如观测月球远地面或支持月球表面活动。相比 ISS 的环境控制和生命支持系统，这一任务将对闭环环境控制和生命支撑系统的可靠性和可持续性提出更高的要求（如在没有补给的情况下进行操作）。另外，因延长在地球磁层外的停留时间而导致暴露在太阳粒子的辐射下，这一情况将可能由于质量和体积的限制而有所缓解（目前还没有实际可用的银河宇宙射线缓和方式）。国际太空探索协调组提出了一个这种类型的任务建议[㊲]。

4.2.2.4　定期从月表返地

定期从月表返地参考任务能有效利用事先放置在月球轨道上的、类似于全球探索路线图中所提的月球探索装备，该装备近期又经过了国际太空探索协调组的更新[㊳]。这可能会是一次 4 位航天员参与的为期 28 天的月表任务。

事先部署好的加压月表移动单元可通过空间发射系统和可重复

㊲　ISECG, *The Global Exploration Roadmap*，2013.
㊳　ISECG, *The Global Exploration Roadmap*，2013.

使用的月表升降航天器发射，航天员可乘坐猎户座系统升空，再与永久月球轨道设施进行对接，该设施可作为航天员的驿站或升降平台。可重复使用的升降航天器将能提供到达月表的途径，还能作为低成本一次性的减速平台。通过利用在月表停留时也能作为居住单元使用的月表移动单元，还能进行科学探索。探索范围可限制在升降平台的合理返回范围内。在航天员月表科学之外，这一设计参考任务可验证尘埃和其他潜在污染物质存在的部分重力环境下所需的表面操作、表面居住和表面移动性。

4.2.2.5　月表前哨

月表前哨设计参考任务是定期从月表返地任务的延伸，需要部署长期表面设备。采用与空间发射系统货物部署发射相似的构架，发射可重复使用的升降航天器、平台轨道设施、一次性推进平台、长期任务的表面设备。为期 28 天的前哨任务可通过这些额外的设备延长至 6 个月之久。移动设备还将允许前哨任务从定期返地扩展至科技更多样化的各类平台上，而定期返地本身也可用于科学实验和火星相关技术的测试，例如，用于长期表面驻留任务扩展的高能系统和操作计划。

4.2.2.6　自然轨道上的小行星

小行星设计参考任务是 4 位航天员一组的地月之外的近地小行星深空任务。任务目标小行星的选择基于科学兴趣（或与星球防卫有关）和现实考虑，即地球—小行星间的距离允许航天员在 270 天内从地球转移至该小行星且离开该小行星返回地球。一个猎户座飞船、一个深空推进单元、一个深空栖居模块以及一个空间探索航天器可通过空间发射系统发射，再转移至小行星前在 LEO 轨道上进行对接。一经到达该小行星，就将进行为期 60～130 天的航行，航天员可转移至空间探索航天器上，进行小范围操作和舱外活动、采集样品、对小行星进行实验。进行 14 天的小行星任务之后，航天员可乘坐猎户座空间栖居模块经过 70～160 天的飞行直接再入大气层并返回地球。这一设计参考任务特点是超过 180 天的深空栖居能力、深空导航、低重力外物探索、潜在的关键科学返回。

4.2.2.7　火星卫星

火星卫星设计参考任务与小行星设计参考任务在深空时通过载人航天探索航天器和舱外活动进行低重力物体探索类似，主要不同之处是低重力物体所在的位置。火卫一和火卫二轨道载人任务包含许多指向火星的载人任务，但不包含火星大气层进入、下降和着陆挑战。该任务起初要进入火星轨道，然后使用轨道机动单元在火卫一和火卫二内生存至多 60 天。任务长度可从小行星任务的 1 年增加至火星卫星任务的将近 2 年。任务时间的延长和更高的推进需求使得先进空间推进系统的需求更为迫切。当前的设计基线是核热推进力，尽管至 2013 年底 NASA 仍在考察推进的可用空间。两个采用先进推进平台的火星轨道机动器、空间探索航天器和小型推进平台将预先部署在火星上。经空间发射系统发射，在抵达火星前，航天员可与 LEO 上的长期任务、深空栖居和先进推进平台对接。栖居模块可在除火星轨道上的 2 个月之外的 700 天任务期内保护航天员免受深空环境的伤害。本任务在太空中停留的时间长度可长达火星表面任务的 3 倍之多，鉴于银河宇宙射线的挑战巨大，为期 700 天的太空任务中，可能的深空栖居和运输可行性不高。

4.2.2.8　火星表面

载人航天的可预见目标是人类探索火星表面。许多文件中都提出了无数的表面探索任务概念，本报告的分析基于 NASA 的火星DRA5.0。该任务使用 3 个不同的航天器飞向火星，如图 4 - 1 所示。空间发射系统需要多次发射，将货物和航天员送入 LEO。

任务中的货物部分可利用行星间距离较近的时刻，通过两次发射将支持设备送至火星⑱。这将验证支持设备成功送至目的地，以及

---

⑱　当地球与火星轨道成一直线时，火星任务的运输时长和推进需求最小，这一情况每隔 26 个月左右出现一次。

航天员乘坐的升空航天器拥有充足的时间利用就地资源生成推进剂的情况下在火星表面着陆。该任务概念要求航天员在火星表面的着陆位置在预先部署好的升空航天器及其支持设备的周围。货物运送任务消耗最少能源，在 350 天周期轨道上运行，并利用大气俘获技术被火星轨道捕获。预先部署的两架航天器之一可进行大气辅助大气层进入、下降和着陆，初步启用机器人，准备好载人任务的着陆场所。另一架航天器则可在火星轨道上等待载人航天器的抵达。

　　该任务的载人部分可自 LEO 平台通过核热推进力与长期栖居地分离，经过 6 个月的飞行最终到达火星轨道。载人系统将在有动力推进的情况下进入火星轨道，与预先部署的航天器对接。6 位航天员继而转移至预先部署的包含表面栖居模块的航天器内，再飞行至火星表面。火星大气层进入、下降和着陆系统将在预先部署好的设施附近着陆，航天员就可对火星进行移动实验探索。在航天员登上升空平台并返回深空栖居地之前，火星表面任务持续大约 500 天，推进系统将留在火星轨道上。其后，表面设施继续为后续的载人火星探索航天员执行自主任务和数据采集任务提供服务。一旦航天员转移至随时待命的深空栖居地，就可抛弃升空航天器继而乘坐猎户座飞船经过 6 个月的飞行直接再入大气层，返回地球⑩。

　　任务中的航天员和货物部分的质量较大，需要更先进的推进平台，目前从 LEO 平台点转移至火星轨道使用的是核热推进力。由于核热推进力可能由于技术、经济或政治因素不具备可行性，NASA还在评估其他先进太空推进选项。火星 DRA5.0 研究显示，假设要持续进行多项任务，基于核热推进力的系统可能导致最低的寿命周期费用和任务风险。其他推进选项，如，太阳推进系统和先进低温化学推进，在任务量较少时可能费用较低。火星表面组成部分将需要高可靠性的能源，能够产生总量达 30 千瓦或更多的能量。火星

---

　　⑩　设计参考构架 5.0 体现长时间火星表面驻留，故称为"协同"任务。由于地球与火星的轨道力学特点，也可执行与"协同"任务相反的"对立"类短期驻留任务。该构架飞往火星的时间约为 200 天，表面驻留约 60 天，返回时间约 400 天。

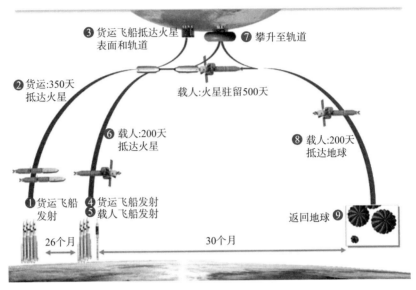

❸ 货运飞船抵达火星
表面和轨道

❼ 攀升至轨道

❷ 货运:350天
抵达火星

载人:火星驻留500天

❻ 载人:200天
抵达火星

❽ 载人:200天
抵达地球

❶ 货运飞船
发射

❹ 货运飞船发射
❺ 载人飞船发射

返回地球 ❾

26个月　　　　　　　　　　　30个月

图 4 - 1　DRA 5.0 载人登火。来源：NASA，Human Exploration of Mars
设计参考构架 5.0，2009.

DRA5.0 的总结是，一个裂变反应堆的质量可能会达到一个基于太阳的表面能量系统的 1/3，在火星的大风和尘埃环境下，部署大型智能太阳能阵列将极具挑战。

4.2.3　可能的途径

既然已有各种各样的中间目的地和相关任务概念提出，且都归结于火星表面任务，那么就可以定义可能的途径。以上所述，3 个途径中的任何一个都是一系列到达各个目的地的载人航天任务。第一条途径（小行星重定向任务至火星）是当前政府提议的美国载人航天计划，月球至火星途径，利用月球作为试验及发展更成熟技术的根据地，以抵达更远的火星。而重返月球以及进行比阿波罗时代更为深入的科学研究是具有可行性的，这一途径也与传统国际伙伴，以及国际太空探索协调组（NASA 为其成员）的目标一致[41]。最后，加强探索途径本质上利用了每一个可行的目的地来实现火星表面着陆，就目前的物理学和技术水平来看，允许进行任何人类探索能够到达的目的地的探索活动。

这 3 种途径都用于比较和说明将人类送到远至火星表面所面临的挑战。尽管到达火星的途中有某些特定目的地很具挑战性，要求各类硬件方面极大的突破和验证（如推进系统、动力系统、居住系统）以及与人类健康问题相关的研究，NASA 可以与其他国际和国内组织机构一起，更深入地定义、成熟化、分析更多的通往火星的途径概念。

表 4-1 和图 4-2 定义和说明了 3 种人类探索火星表面任务的可预见目标的代表途径。表 4-1 定义了每一途径的每一设计参考任务，而图 4-2 说明了每一垫脚石目的地以及到达火星表面的 3 条途径。第一条途径小行星重定向任务至火星：通过小行星重定向任务在地月空间中充分利用空间发射系统和猎户座系统，再在火星附近通过集中探索火星的卫星，直接采用优先方式降落在火星表面。

表 4-1　途径定义与相关设计参考任务

小行星重定向至火星	小行星重定向任务	火星卫星	火星表面		
月球至火星	月表突围	月表前哨	火星表面		
加强型探索	地月L2点	本地轨道中的小行星	月表突围	月表前哨	火星卫星	火星表面
途径			设计参考任务		

④　ISECG，*The Global Exploration Roadmap*，2013.

垫脚石目的地途径步骤

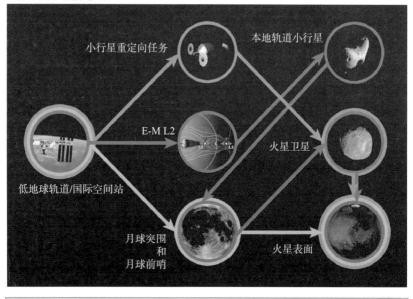

图 4 - 2　途径垫脚石（见彩图）

第二条途径，月球至火星：首先聚焦于月球附近和月球表面，验证长期空间居住和月球轨道复杂推进平台，发展关键部分重力表面固定及移动居住地，长期可靠能源生产以维持这些设备的运行。这一途径的焦点在于，发展所需的设施和技术以利用最近的、最现实的、相对有较短返回时间及开放发射窗口的天体，进行火星表面探索。一旦时机成熟，能够检验硬件、操作和人类健康问题，则要进一步到达真正的目的地——火星。届时，月球上的设施将退役，有选择性地保留，并在将来用于商业用途。相应的，若实际载人火星探索证明经济上、技术上、航天员健康上不可行，那么月球至火星途径就是一种自然的出路，让美国引领全球探索和月球探索。

第三条途径，加强探索较其他途径潜在风险较低的选择：这也应是一个长期途径，探索几个目的地，同时缓步发展关键任务组成部分所需的能力，以期进行完整的火星表面任务。起初，该途径以聚焦于地月 L2 以及自然轨道小行星任务的太空长期居住挑战为起点，随后聚焦于月球，发展部分重力环境下的远距离月表操作能力。最后，发展和利用先进太空推进系统以进行火星卫星任务并实现火星表面操作。由于已经完成了更具挑战性的任务，人类健康问题也在这一途径期间得到调查研究。

以下对 3 条途径中的每一条都将进行详述和评估。

4.2.4　关键任务组成部分的驱动力和需求

以上 3 条途径中，每一设计参考任务都要求关键任务组成部分的发展，从而支撑该特定任务。这些任务组成部分是：发射，太空运输，居住，火星大气层进入、下降和着陆及升空，目的地系统。以下以火星表面任务为可预见目的地或目标，对其中每一组成部分的驱动性能要求进行简要描述。尽管对顺利完成 LEO 以远任务的基本需求都进行了说明，其他设施，如改善的通信网络和先进任务操作，将更有可能有所发展。

4.2.4.1　发射

人类空间探索的发射系统要求由将总载荷质量送入特定轨道（通常是 LEO）的能力、最大载荷直径/体积和可靠性需求所推动。先进的美国发射系统能将置于 5 米整流罩内的质量 23 吨的载荷送入 LEO，但是这些美国建造的发射系统都未进行载人评估，该性能不能用于火星 DRA5.0 型任务。火星表面设计参考任务要求载荷直径约为 10 米，LEO 总发射质量达到 105～130 吨。NASA 正在研制空间发射系统，可进行载人飞行，最终将满足火星表面任务要求。空间发射系统的首个版本是 Block 1，运载能力只有 70 吨，但预计研发的型号中将包含 105 吨和 130 吨版本。尽管火星表面任务所需的总质量可以通过低运载能力的运载工具进行多次发射来实现，但相关的发射次数增加、总装带来的系统复杂度以及操作复杂性可能将总任务可靠性降至一个不可接受的水平。

对一个或多个途径中出现的设计参考任务分析，确定完成每一LEO任务所需的总初始质量（IMLEO）（见表 4‑2）。实际用于完成这些任务的运载火箭可与在轨总装或推进剂补给的风险进行折中。原则上，小行星重定向任务之外的任何一个任务都不能通过一次空间发射系统的发射来完成，要么需要多次空间发射系统进行发射，要么需要空间发射系统一次或多次由若干较小火箭将航天员、小型分系统或大型消耗品发射入轨。

表 4‑2　途径中设计参考任务大约的 LEO 任务总初始质量

设计参考任务	LEO 任务总初始质量近似值（公吨）
小行星重定向任务	100
地月 L2 点	200
本地轨道中的小行星	200
月球突围	400
月球前哨	900
火星卫星	400～800
火星表面	900～1 300

注：所示各目的地质量值为所有发射质量，包括相应设计参考任务中的首次载人发射任务。月球任务包括月球轨道中的一个驻留平台，可作为可重复月球着陆器的停靠点和接驳站点，火星任务 IMLEO 以区间值给出，具体数值根据不同任务元素所选的不同推进系统决定（例如核能、太阳能或化学能）。LEO 中的 ISS 质量为 420 公吨。

4.2.4.2　太空运输

载人航天任务的太空运输任务将由太空运输系统完成，而非运载火箭，因此太空运输系统在进行多地点任务过程中将消耗大量推进剂。这些运输系统将由高性能的、带有大型燃料罐并能实现长期推进剂储存和管理的可再点火发动机组成。带有这些特征的太空运输系统目前所具备的规模还不足以完成地月空间以远的载人航天任务。

对于太空推进系统而言，推力是与比冲（I_{sp}）[42]、发动机喷出气体的质量流率成正比的。当前可储存的化学推进剂推进效率不高（即 I_{sp} 低），导致质量大。太空任务所需的低温燃料要求先进热控和蒸发汽化管理。

相应地，太阳推进系统能提供高得多的比冲，但受制于相对较低的质量流率，导致推力低、速度低、飞行时间长。对于载人任务，这会增加航天员在途中暴露于太空辐射的时间，因此，太阳推进系统被认为不是载人任务的可选方案。太阳推进系统可能适用于运输食物、水、推进剂的货运飞船或火星轨道航天器的着陆和返回。但大小合适的货运飞船所需的太阳推进系统又要求安装很大的太阳能阵列，以产生三倍于 ISS 太阳能阵列的能量来达到足够的推力。

核热推进力提供一个相对合适的比冲增量，可维持较高的推力能力，获得较短的飞行时间。1955—1972 年漫游者（Rover）项目中研发出了核热火箭，1958 年 NASA 成立，漫游者项目归 NASA 管理，随着核反应堆部分划归核能委员会，最终，几个核热推进力系统（NERVA：运载火箭应用核发动机）都成功通过了地面测试。这一项目于 1973 年被尼克松政府取消，部分出于环境和风险因素考虑，但主要是因为其目标应用是载人火星任务，经济上耗费巨大[43]。

核热推进力系统可避免与太阳推进系统大型太阳能阵列相关的问题，但又要面临核系统相关的复杂性。另外，适用于太空旅行的核热推进力系统并未研发出来。

这些选择中的折中选项即是化学推进、太阳推进系统、核热推进力系统和核电推进系统单独使用或组合使用。总寿命周期的费用，极大地受到到达多个目的地的飞行次数总数，以及研发和测试所需

---

[42]　I_{sp} 是推进系统产生的力除以产生该力所消耗的推进剂的质量流率。比推力越高，达到所需推力水平所要求的推进质量流率越低。因此，某种意义上，I_{sp} 可视为推进系统效率的测量值。

[43]　B. Fishbine et al.，"Nuclear rockets：To Mars and beyond，" in *National Security Science*，Issue 1，LALP - 11 - 015，2011，http：//www. lanl. gov/science/NSS/issue1_2011/story4full. shtml.

的时间和费用的影响。为实现以上所述的途径，所需的技术必须极大改进，最终所选的那一项技术将极可能在未来几十年内被若干因素驱动。

4.2.4.3 居住

20世纪70年代，人类出现在ISS上验证了太空居住的可能性。十年来ISS内一直有航天员驻留，还有航天员曾连续生活超过180天。俄罗斯和平号空间站曾有航天员在太空生活和工作超过一年。2015年起，一位航天员和一位太空旅行者将在ISS内生活一年时间。与LEO空间站不同，载人航天深空居住地将无法再进行定期补给，无法定期运走废物，也无法再利用地球磁层的辐射保护。火星DRA5.0表面任务包括两次由6位航天员完成长达或超过6个月的深空飞行阶段。深空居住地必须满足严苛的发射体积和质量限制，还必须提供闭环或接近闭环的空气、水、食物的高可靠度的环境控制和生命支持系统。居住地需要为全体航天员提供住宿，让他们以健康的身体和心理到达目的地，以便完成探索任务并以同样健康的状态返回地球。居住地要能保护航天员免受太阳粒子伤害。下文将有一节讲述防辐射。用居住地保护航天员免受银河宇宙射线伤害是不现实的，必须通过限制任务持续时间来实现。太空居住地还要能在500天表面任务期间无航天员的休眠状态下进行操作。不包括火表驻留的火星任务，如火星卫星设计参考任务，需要更强大的太空居住系统，以确保在两年甚至更长时间中维持航天员健康。这样极长时间的任务居住系统可能需要通过向心加速度来人造重力环境，维持航天员健康。

当航天员处于月球表面时也需要新的居住单元。除了所需的太空居住条件外，月球和火星表面居住还需要在部分重力环境下操作，要有额外危险缓解策略，如潜在的有毒尘埃。火星航天员则需要在火星表面生活约一年半的时间，其中大部分状态是在静止的居住地内一待就是数周，在移动居住地内甚至需要待更久。

4.2.4.4　大气层进入、下降和着陆以及升空

为了在火星表面进行载人任务，着陆系统必须能够将质量大约 40 吨的单个载荷以数百米的精度放置在合适的位置。这个要求远高于目前再入、下降和着陆的能力。目前的火星着陆器好奇号具备将约 1 吨的载荷以数十公里的误差着陆的能力。另外，好奇号所用的大气层进入、下降和着陆方式对载荷采用了不适用于人类乘客的重力加载方法。因此，好奇号大气层进入、下降和着陆系统不能简单地应用于人类任务。NASA 的 DRA5.0 要求航天员在距离火星表面预先部署的就地资源利用设备非常近的范围内着陆，因此好奇号所达到的误差对于人类任务来说还是过大。火星表面任务载荷所需的尺寸和质量需要更加先进的热防护系统、高超声速和超声速减速系统、终端着陆系统来应对通往火星途中稀薄的火星大气。大气层进入、下降和着陆阶段中的每一阶段都潜藏失败点，且我们没有任何中止选择。这样的一个系统依赖于空气动力和推进减速技术的组合使用，可能在飞行时序中要求配置迅速改变。另外，还需要一个先进空气动力保护盾来执行大气俘获机动，将航天器俘获进入火星轨道内。

首次载人登陆火星将是人类拓展自身在其他星球足迹的里程碑事件，但同等重要的是航天员在任务结束时返回地球。从行星表面升空和航天员返回地球的推进剂都要求在行星表面实现就地资源利用，或者从地球上调度一个推进剂补给系统。对于就地资源利用，在航天员离开地球之前就必须预先部署升空航天器，事先对其进行推进剂加注，大约于航天员离开之前 26 个月发射升空。这将使得就地分离火星大气中的二氧化碳来生产推进剂中的氧气部分成为可能。完整的升空航天器和所有相关的资源都必须从地球发射，需要额外的发射设施和能力更高的大气层进入、下降和着陆系统。载人升空航天器搭载 6 名航天员，从火星表面发射入轨，并与在轨道上等待的深空居住地进行对接。

自航天员从地球出发前约 30 个月发射的未使用过的入轨舱需有

长期待命能力，能够把航天员安全带回地球表面。火星任务入轨应具备从未尝试过的载人入轨最大速度 13 km/s 的承受力。入轨保护层应能承受最低 3 000 华氏度的高温，而航天器从月球返回的轨道经历的高温峰值约为 2 750 华氏度[44]。

4.2.4.5　目的地系统

自从阿波罗登月后，没有载人航天器进行过月表探索。当前大多数基于太空的工具和人类接口系统都集中于 ISS 和转移运载工具的维护和修理。表面探索任务要求特制太空服、工具和运载器，这些都要针对感兴趣的目的地进行研制。深空太空服和表面太空服对于在太空中和表面任务中所预期的舱外活动是必须的。表面舱外服要求比历史上任何太空服更灵活。能够携带数周居住地单元的大型漫游机器人将是拓展固定驻地外部探索范围的核心，同时还可能需要机器人助手支持航天员执行任务、进入不适合航天员进入的环境，并且还需专门研发针对特定设计参考任务环境的目的地系统，此外还要注意在特殊情况下或更遥远的地点，重复使用设计或功能的可能性。

火星表面系统要求有整年全天时、全天候的 30 千瓦级以上能量供给，即使在尘暴时也不能中断。动力发电系统需要和升空平台一起预先部署好，以支持就地资源利用。鉴于预计 DRA5.0 中以核裂变反应堆作为基准表面动力系统会有较小的质量、体积和较高的可靠性，因此不考虑使用表面太阳能阵列。在月球上，由于有 14 天地影期，核裂变反应堆也是为月球定期返地提供动力的最实际方式，但不能将其放置在靠近月球两极附近的特定位置。完成一些近零重力环境的星体（如自然轨道上的小行星或火星的卫星）任务需要有额外的远程航天器。这些空间探索航天器有与零重力移动系统匹配的表面加压漫游机器人的短期居住地系统。空间探索航天器与舱外

④　NASA, "To the Extreme: NASA Tests Heat Shield Materials," February 3, 2009, http://www.nasa.gov/mission_pages/constellation/orion/orion-tps.html.

服相比，可在小行星近距离或火星卫星近距离工作时为航天员提供更好的保护，并且，它们还能够确保太空运输和升空居住地在航天员和星体的所有互动过程中，与产生的残骸保持安全距离。

4.2.5　关键任务组成部分对途径的贡献

为了达到人类探索火星表面的可预见目标，所有以上所述的要素都是必须的。特别要注意的是，DRA5.0 火星表面任务的 11 个任务组成部分已经确认。这 11 个主要任务组成部分如图 4-3 所示。目前，只有其中 2 个获得了经费支持，进行操作飞行硬件的研发（空间发射系统和猎户座）。到达火星表面以远的目的地的设计参考任务可能不直接使用以上主要任务组成部分，但仍然会用到主要任务组成部分技术研制过程中的一些技术，即图 4-3 所示的 3 个过渡

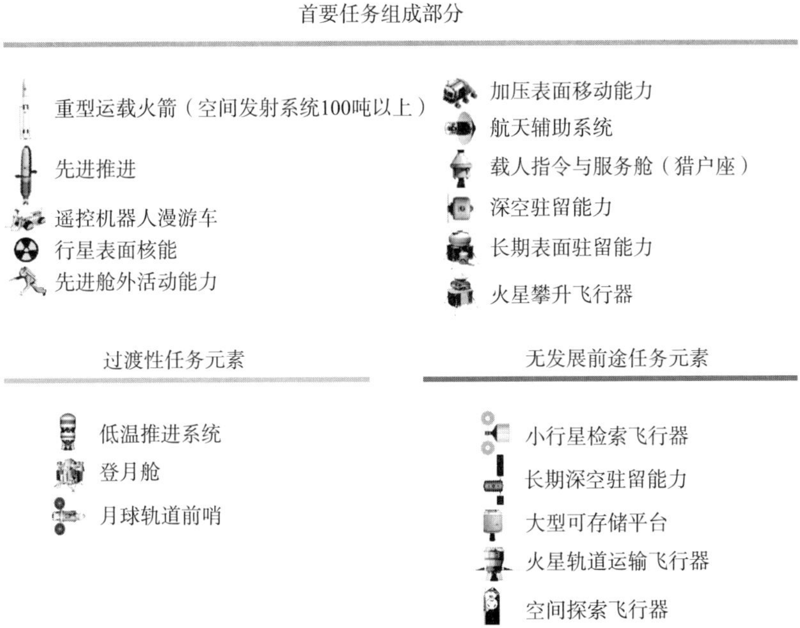

首要任务组成部分

重型运载火箭（空间发射系统100吨以上）
先进推进
遥控机器人漫游车
行星表面核能
先进舱外活动能力

加压表面移动能力
航天辅助系统
载人指令与服务舱（猎户座）
深空驻留能力
长期表面驻留能力
火星攀升飞行器

过渡性任务元素

低温推进系统
登月舱
月球轨道前哨

无发展前途任务元素

小行星检索飞行器
长期深空驻留能力
大型可存储平台
火星轨道运输飞行器
空间探索飞行器

图 4-3　DRA5.0 载人任务的首要任务组成部分，以及过渡性任务组成部分和对实现后续目标无益的、没有发展前途的任务组成部分及其相关标记

任务组成部分。同时，图中还显示了 5 个对实现后续目标无益的、没有发展前途的任务组成部分。尽管在这些任务组成部分的研发过程中可能会产生有用的技术，但大多并不是火星表面任务所需要的，对于人类直接登陆火星是没有帮助的。每一途径的任务组成部分使用进展情况都被列出，以便了解单个任务如何引向可预见目标。重要的是，每一途径的任务组成部分发展都重点突出了设计参考任务阶段之间的主要突破能力，并显示了可能在未来的火星表面可预见目标中消耗额外资金的非核心任务组成部分的发展。

　　小行星重定向任务至火星途径关键任务组成部分的建立如图 4 - 4 所示。3 条设计参考任务途径中的每一条采用的任务组成部分都在图中显示，从小行星重定向任务开始，然后是火星卫星任务，最后是火星表面任务。小行星重定向任务仅用到了火星表面关键任务组

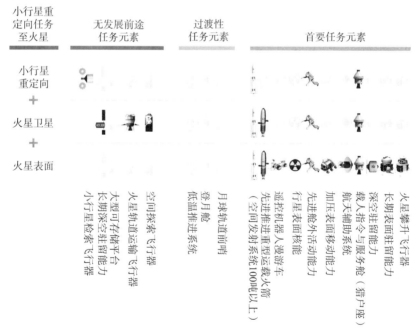

图 4 - 4　小行星重定向任务到火星途径的任务组成部分的建立

成部分中的 3 个，每一组成部分都必须在火星卫星任务前进一步改
进。小行星重定向任务需要先进的舱外活动能力，火星卫星任务也
许能利用部分这些能力。用于火星表面任务的基于核热推进力的先
进推进系统基于一种假设，小行星重定向任务机器人、小行星重定
向任务航天器被认为是对实现后续目标无益的、没有发展前途的任
务组成部分，因此其太阳推进系统能力在未来任务中并不会像现在
设想的这样加以利用。对于小行星重定向任务，未来太阳推进系统
超越现在技术的进展是必须的。如果太空核热推进力不用于火星表
面或火星卫星任务的货物运输，那么太阳推进系统就可发挥这种功
能了。然而，小行星重定向任务需要 50 千瓦的太阳推进系统，比在
火星卫星和火星表面任务中将货物运输到火星的太阳推进系统低 1
个数量级。

　　火星卫星任务将验证所有火星表面任务要求的太空任务组成部
分，都需要在太空居住地和推进方面取得重大进展。实际上，火星
卫星任务的太空居住地要求大大超过火星表面任务要求。从火星轨
道到达火星卫星需要的额外居住地要求和对空间探索系统及轨道机
动要素的需要，导致了又一个对实现后续目标无益的、没有发展前
途的任务组成部分和进展。这一途径使得 6 个关键表面任务组成部
分不断发展，直到它最终进入途径中。

　　月球至火星途径的任务组成部分的建立如图 4－5 所示。月球前
哨任务要求发展若干任务组成部分，其中大部分提供火星表面任务
所需的能力。低温推进系统将使基于核热推进力的太空推进系统的
推进剂管理和储存有所进步。该可重复利用月球着陆器将推动终端
着陆和升空操作的进步。这种一次性的降落平台并不提供任何支持
火星表面任务的技术方面的重大进展，因此它是一个对实现后续目
标无益的、没有发展前途的任务组成部分。

　　月球前哨任务比途径中包含的任何其他任务都要求更多人类到

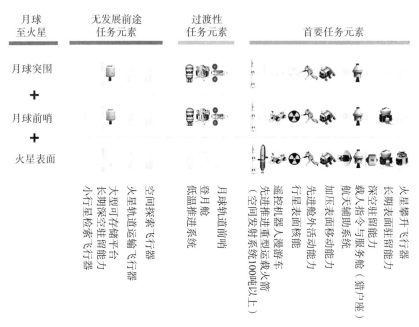

月球 至火星	无发展前途 任务元素	过渡性 任务元素	首要任务元素
月球突围 ＋ 月球前哨 ＋ 火星表面			

小行星检索飞行器
长期深空驻留能力
火星轨道运输飞行器
大型可存储飞行器
空间探索飞行器

低温推进系统
容月舱
月球轨道前哨

先进舱推进重型运载火箭（空间发射系统100吨以上）
遥控机器人漫游车
行星表面核能
先进舱外活动能力
加压舱面移动能力
航天表面辅助系统
载人指令与服务舱（猎户座）
深空驻留能力
长期表面驻留能力
火星攀升飞行器

图 4-5　月球至火星途径的任务组成部分的建立

达火星表面任务的任务组成部分的发展[45]。它要求在尘埃和部分重力环境下进行长期表面操作，验证可居住性的进展，机器人展开和核能发电，这些都将用于火星表面任务[46]。尽管在月球轨道上短期居住方面可出现重大进展，长期居住仍将作为火星表面任务的一部分进行验证。月球至火星途径也使太空推进和大气层进入、下降和着陆在火星表面任务中获得主要精力投入。

　　加强型探索途径任务组成部分建立如图 4-6 所示。图中表明，

---

　　[45]　三个核心首要任务组成部分包含于每项任务中：重型运载火箭（SLS）、载人指令与服务舱（猎户座）和先进舱外活动能力。月球前哨任务要求 4 项额外首要任务组成部分操作演示的发展并为之提供机会。相应地，其他 5 个中间目的地的设计参考任务应对三个核心首要任务组成部分之外的 0 或 1 个首要任务组成部分进行演示。

　　[46]　月球与火星的大气（或不存在）、重力、日/夜循环和粉尘特征等表面环境存在重大差异，但无论如何，月球都为未来航天员执行火星表面任务提供了局部重力环境下的表面系统和人体生理学最佳测试机会。

这一途径具有更缓慢的速度和更低的风险，其中 6 个设计参考任务的硬件要求逐步提高。太空居住能力以短期能力开始，采用更加高效更加可靠的环境控制和生命支持系统，始于地月 L2 任务，随后自然轨道小行星任务的体积和持续时间逐渐增加，且在火星卫星任务中不断累积经验。表面探索能力在月球任务中不断成熟，其中火星卫星任务的太空推进是唯一的重大发展。火星表面任务唯一完成的新发展是在任何其他地方都无法验证的——火星大气层进入、下降与着陆。

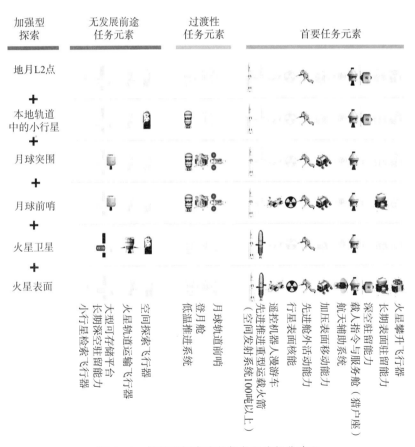

图 4-6　加强型探索途径任务组成部分建立

三条途径中每一条的关键组成部分进展概述如图 4－7 所示。尽管实现载人登陆火星所需的技术进步和先锋任务的交互作用十分复杂，但这三条途径中每一条设计参考任务关键组成部分的简单计算表明人们如何限制这一问题。

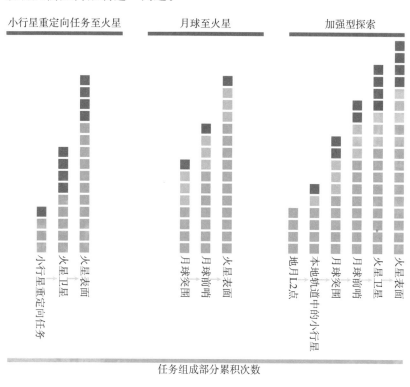

图 4－7　各途径任务组成部分对照比较（见彩图）

由于所有途径都一致以 DRA5.0 架构中把人类送到火星表面为目标，图 4－7 中每一途径都显示累计总数达 11 个主要任务组成部分。对于载人航天项目的可行性，理想的进展是实现平滑过渡，尽可能少地出现跳跃，从这 11 个最终的绿色组成部分中尽可能降低技术风险。这将使载人航天短时大量增加资金的需要降至最低，并使主要技术挑战分散开。对于效率而言，可能会有极少红色的或对实现后续目标无益的、没有发展前途的任务组成部分。

4.2.6　发展关键能力的挑战

发展载人登陆火星表面的能力需要各个学科相当大的资源和技术创新，以确保适合人类生存的太空和表面操作过程环境。[47][48][49] 载人航天早期曾出现过技术飞越发展，使人们对太空环境存在的风险和挑战有所认知。ISS 已经被证明是一种重要的研究和增强人类在空间探索中生存能力的平台。然而，还有一些是未知的，比如一部分和长期效应有关的太空辐射、月球及火星具有的部分重力环境。为使人类能够安全降落在火星表面并返回，就需要许多领域的先进能力，包括以下方面：

1）能够以最低成本将大质量物体送入 LEO 的运载火箭；

2）深空和表面操作所需的可靠发电装置；

3）增加过渡时间和载荷能力的高效太空推进，减少人类暴露在深空环境下的时间；

4）用以在长期太空和火星表面驻留期间确保和保持探索者生理和心理健康的居住、系统、进程；

5）将大型载荷送至火星表面并随后返回地球的大气层进入、下降和着陆系统；

6）将大质量物体送至行星体、将升空航天器送回火星轨道、将航天员送回地球的航天器和系统；

⑰　NRC，*NASA Space Technology Roadmaps and Priorities：Restoring NASA's Technological Edge and Paving the Way for a New Era in Space*，The National Academies Press，Washington，D. C.，2012.

⑱　NRC，*Microgravity Research in Support of Technologies for the Human Exploration and Development of Space and Planetary Bodies*，National Academy Press，Washington，D. C.，2000.

⑲　NRC，*Recapturing a Future for Space Exploration：Life and Physical Sciences Research for a New Era*，The National Academies Press，Washington，D. C.，2011.

7）表面操作所需的系统，包括科学仪器、机器人航天器、载人漫游机器人、航天服和用于产生氧气和其他可消耗物质的就地资源利用系统。

以上领域所需的进展将更具挑战性。为了确定哪种能力应该在当前的研究和发展项目中具备最高优先级，技术专家组在 4 个参数上评估了各种类型的能力：

1）技术挑战；

2）能力差距；

3）法规挑战；

4）成本和时间进度挑战。

由于任务需求并不有助于区分各种能力，因此并未作为一项评估参数。大量的技术能力，包括列入高优先级在内的，都对人类成功登陆火星表面十分关键。

基于技术专家组成员的专业技能和小组获取的额外信息，4 种参数中每种能力获取进展的难度系数被列为高、中、低，赋值标准如图 4 - 8 所示。能力评估确定以下能力将具备高优先级：

1）火星大气层进入、下降和着陆；

2）防辐射；

3）太空推进和能源[50]：裂变能，核电推进，核热推进，太阳推进，低温推进；

4）重型运载火箭；

5）行星升空推进；

6）环境控制和生命支持系统；

7）居住地；

8）舱外服；

9）航天员健康；

---

[50]　随着核电推进、核能推进、太阳推进和低温推进技术发展，未来将需要进行技术优选。

10）就地资源利用（火星大气）。

	高	中	低
技术挑战	技术解决方案目前未知或基于现有技术无法实现	解决方案已知但知之不详	基于当前或之前的相关研究已具备详尽解决方案
能力差距	无相应系统存在或不存在适当规模	系统存在或可调整至满足任务需求	系统存在并可用于或基于调整以满足任务需求
监管挑战	当前法规施以重大限制且修改困难	当前法规实施挑战	无法规限制
成本与进度挑战	作业能力发展按之前的大型、国家项目顺序（航天飞机轨道器）	与阿波罗隔热罩或猎户座环境控制和生命支持系统相类似	人数低于50人的团队开发周期小于5年

图 4 - 8　能力评估标准

许多其他能力的进展将对人类 LEO 以远的探索十分关键。这些都将在额外能力部分进行叙述。

2010 年国家研究委员会公开了一份报告，该报告评估和划分了一些包含 NASA 首席技术人员办公室的全套路线图草稿在内的太空技术的优先级[50]。其中只有以上列出的一个高优先级能力与 NASA 所公开的报告中高优先级的技术紧密相关，这个唯一的例外就是重型运载火箭。

图 4 - 9 和图 4 - 10 显示，上述一个或多个途径中所需完成的任务所要求具备的能力，以及火星任务组成部分（见图 4 - 3）之间的联系。

4.2.6.1　高优先级能力

本节概述每一高优先级能力的评估。尽管所有这些能力都具有高优先级，但最前面 3 项：火星大气层进入、下降和着陆，防辐射，太空能源和推进是在同一级别的。特别是，研发火星大气层进入、下降和着陆能力的成本和时间进度要求是非同寻常的。由于操作系

---

[50]　NRC，*NASA Space Technology Roadmaps and Priorities*，2012.

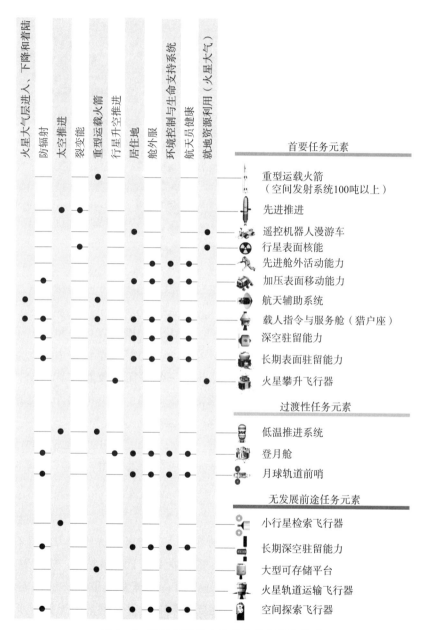

图 4-9　高优先级能力的任务组成部分关系

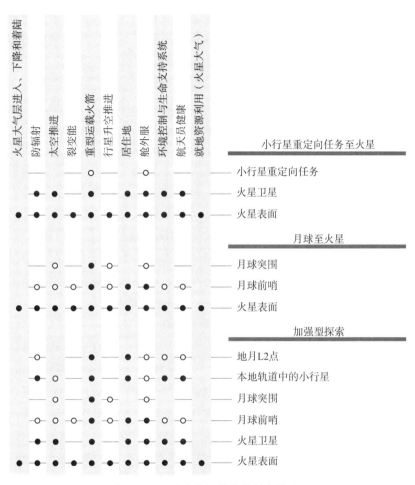

图 4-10　高优先级能力的任务关系

○——执行特定任务所需的大量开发的能力，为准备抵达火星表面的任务，该点上所需的努力将有增无减；

●——执行特定任务所需的大量开发的能力，为准备抵达火星表面的任务，该点上所需的额外开发最小

统的物理尺寸，需要至少在火星大气环境下测试一套操作系统，而发射测试系统的有限发射窗口、极高成本和进度延迟可能导致操作测试失败。另外，克服火星大气层进入、下降和着陆的载人任务技

术挑战仍然有待确定。防辐射则较为特殊，因为传统降低辐射暴露的方式（如防护层）可能增加航天员在过渡时和在火星表面的辐射暴露时间，而非传统技术和生物方案的有效性又尚待验证。至于火星大气层进入、下降和着陆，太空推进系统的超大尺寸极大增加了研发、制造和测试操作系统的成本。对于包括核能在内的系统选择来说，这一成本会进一步增加。研制化学太空推进系统的成本相比之下较低，但单个任务使用化学推进系统的成本将高到威胁火星计划的可持续发展。太空运输唯一的另外选择就是核电推进和太阳推进，但由于核电推进的内在局限，核电推进和太阳推进可能对载人航天器并不可行。因为研发表面动力系统的需要，太空推进和动力能力的成本将进一步增加。另外 7 个高优先级的能力都十分关键，也都十分具有研发挑战性，但从成本上看，都不能与火星大气层进入、下降和着陆和太空推进剂动力相比，在技术挑战和能力差距上都不能与防辐射和火星大气层进入、下降和着陆相比。

4.2.6.1.1　火星大气层进入、下降和着陆

2012 年 8 月 6 日，火星科学实验室实现了一项自主登陆火星的壮举，举世瞩目。人类史上被送上另一星球的、最复杂机器的命运，完全依赖一个耗时数年完成的、创新的 7 分钟着陆程序。大气层进入、下降和着陆包括任务设计、软件、系统研发、操作以及实现入轨、降落和着陆的一体化过程。对火星科学实验室（MSL）而言，数百人工作 8 年之久才将其完成。在大气层进入、下降和着陆期间，航天器需要自主执行 6 个配置改变，完成 76 项出色事件，执行约 50 万行计算机程序且不能出现任何疏漏。

在火星科学实验室之前，美国已经成功将 6 个机器人系统送上火星。这些系统的质量全都小于 600 千克，着陆误差直径的数量级都是以数百千米计[52]。火星科学实验室极大提高了门限值，要求安全

㊿　R. D. Braun and R. M. Manning, "Mars Exploration Entry, Descent and Landing Challenges," paper presented at the Aerospace Conference, 2006 IEEE, March 4 – 11, 2006, doi: 10.1109/AERO.2006.1655790.

将一个 900 千克的漫游机器人送上火星表面，且着陆误差仅 20 千米。即便如此，与将人类送上火星表面的能力要求相比，火星科学实验室根本就是小儿科。

一个登陆火星表面的人类任务可能要求将 40～80 吨的载荷着陆在预先部署好的设施附近（数十米范围内）[53]。由于现有的大气层进入、下降和着陆技术不能处理如此大质量的载荷，火星表面任务的大气层进入、下降和着陆系统要求将完全不同。人类表面任务的多个大气层进入、下降和着陆概念曾被提出。这些包括超声速反推进、细长体减速伞、充气气动减速器和先进热防护系统。然而，一个合并了以上先进概念的大气层进入、下降和着陆系统将极其复杂，且其可行性尚有待验证。

大气层进入、下降和着陆技术是高度互相依赖的，一般也是在与特定任务相关的事件序列中验证过的。在人类火星表面任务之前，火星大气层进入、下降和着陆系统需要在地球和火星大气中进行先导飞行测试。研发新的大气层进入、下降和着陆技术和系统，在地球和火星进行飞行测试，需要核心资源和时间来完成。NASA 在 2012 年发行的大气层进入、下降和着陆路线图总结到，美国在未来几年，将开始研发大气层进入、下降和着陆技术，以使人类在 2040 年后具备火星着陆的能力[54]。

用以支持载人登陆火星表面的大气层进入、下降和着陆技术取得的进展可能会加速到达金星、泰坦星或气态巨星的机器人任务。火星大气层进入、下降和着陆系统进展还可能加速航天器从太阳系内高速轨道遥远目的地返回地球的大气层进入、下降和着陆系统的进展。

---

[53]　Braun and Manning, "Mars exploration entry, descent and landing challenges," 2006.

[54]　NASA, Entry, Descent, and Landing Roadmap, Technology Area 09, NASA, Washington, D.C., 2012, http://www.nasa.gov/offices/oct/home/roadmaps/, p. TA09 - 1.

　　载人登陆火星表面任务大气层进入、下降和着陆系统的评估如图 4 - 11 所示。技术挑战评级很高，因为能够处理非常大型载荷的火星大气层进入、下降和着陆系统所需的技术还有待确认。能力差距评级也很高，因为所需的大气层进入、下降和着陆系统载荷能力目前远远超出现有大气层进入、下降和着陆系统的能力范围。法规挑战评级较低，因为并不需要有法规变化。成本和时间进度挑战评级很高，因为确认适合的技术并确定所需的规模和尺寸需要耗费极多的资源和时间，在地球和火星大气中进行飞行测试以建立它们足够安全能够进行载人任务的自信。

图 4 - 11　载人火星表面任务的大气层进入、下降和着陆系统评估

4.2.6.1.2　防辐射

　　太空辐射以等离子体辐射、太阳粒子和极端高能银河宇宙射线的形式存在，在 LEO 以远的长期任务中，对于航天员的健康是一个极大的威胁。[55] 要克服这一威胁，将需要提升各方面的防辐射技术：预测、风险评估模型、总暴露监测和保护。防辐射系统的功能是降低或反作用于辐射，相关标准要求限制个人在一定时间内一定类型辐射条件下可允许累计总辐射剂量。航天器和居住地设计中的防护层可有效减少航天员暴露在太阳粒子下。然而，由于存在主要穿透粒子与航天器结构、防护层或其他材料互相作用产生的次级辐射，

──────────

　　[55]　NASA，Human Exploration Destination Systems Roadmap，Technology Area 07，NASA，Washington, D. C.，2012. http：//www. nasa. gov/offices/oct/home/roadmaps/，p. TA07 - 8.

证实传统的防护层不能有效地抵御银河宇宙射线。另外，太空服并不能在舱外活动中有效保护航天员免受太阳粒子和银河宇宙射线的伤害。⁵⁶ 曾有人提出利用航天器产生电磁场来保护航天员，但这类系统会带来严重的动力和质量困扰，航天员暴露在高强度电磁场环境下时，又可能出现新的健康问题，且这些系统远远超出本报告中考虑的技术水平。⁵⁷

总的发射安全研究目标是将辐射暴露降低至可接受的水平，同时尽可能少地影响航天器和居住地的质量、成本和复杂性。充分的技术、生物和药物解决方案还有待考证，且目前的能力与提供足够安全保护的要求差距甚远。

ISS 实际上受到地球磁场的保护，地球磁场能隔离部分太空辐射（特别是太阳粒子），因此 ISS 操作的太空辐射环境比 LEO 以远的太空环境友好得多，尽管通过南大西洋时的异常增加了航天员辐射暴露的危险。随着规划出更长期的 ISS 飞行，由于辐射冲击是可累积的，航天员在 ISS 上的辐射暴露也越来越受到关切。因为 ISS 并不提供深空典型环境，所以 NASA 的人类研究项目虽然在地面粒子加速器中利用动物模型进行了辐射研究，但这些设备的银河宇宙射线粒子的能量并未达到能够影响航天员健康的水平。

国家防辐射委员会建议了航天员的 LEO 职业暴露上限值（见表 4－3）。这些上限值基于 LEO 轨道上所受的辐射类型 3％ 的癌症死亡率制定。LEO 以远的长期任务可能需要重新基于满足现有上限值的难度折中，需对深空辐射环境的适用性、潜在健康风险及修改这些上限值面临的法规挑战，对银河宇宙射线的非致癌效应（可能比致癌效应更有限制性），如累积神经变性的深入理解进行再次评估。

㊶　NRC，*NASA Space Technology Roadmaps and Priorities*，2012.

㊷　NRC，*Managing Space Radiation Risk in the New Era of Space Exploration*，2008.

表 4 - 3　西韦特单位的 LEO 暴露限制[58]

LEO 十年期职业性全身有效剂量限制（西韦特）

年龄	男性	女性
25	0.7	0.4
35	1.0	0.6
45	1.5	0.9
55	3.0	1.7

　　基于目前对太空环境的估计，男性航天员挑选年龄在 55 岁以上，从未吸烟、从未暴露在辐射下，唯一需要受控的风险是癌变的情况下，在太空生活 600 天后就可能会超过现有的辐射上限值。现实中更保守估计可能会得出短得多的允许持续暴露时间。但也可以通过减少目前存在的不确定因素，如考虑到不良影响的风险和可采取的辐射防护措施的有效性，来安全提高以上上限值。对于密集等离子体辐射相关的太阳粒子和太阳风暴的更精确预测，可以为准备应对这些事件以及降低错误警报提供更多时间，以改善任务高效性[59]。最终，航天员的挑选和任务的分配也许考虑个人对辐射的易感性，如基因组分析[60]。也要注意到，参考个人易感性信息来进行任务分配可能又与 2008 年发布的遗传信息无歧视法案相冲突，该法案应用对象中唯一的例外是军方。

　　对载人登陆火星表面任务中确保防辐射的能力评估在图 4 - 12 中有简要描述。技术挑战评级很高，因为提供充足防辐射的合适途径还有待确认[61]。能力差距评级很高，因为提供人类火星表面任务所

　　[58]　National Council for Radiation Protection (NCRP)，*NCRP - 132*：*Recommendations of Dose Limits for Low Earth Orbit*，Bethesda，Md.，2000.

　　[59]　NRC，*NASA Space Technology Roadmaps and Priorities*，2012.

　　[60]　M. R. Barratt and S. L. Pool，*Principles of Clinical Medicine for Space Flight*，Springer，New York，2008. p. 67.

　　[61]　NRC，*Managing Space Radiation Risk in the New Era of Space Exploration*，2008.

需的防辐射水平的能力要求远超目前最先进的水平。法规挑战评级中等，因为部分解决方案可能是放宽目前的辐射暴露上限值（基于对人类在太空辐射环境下和火星表面健康影响的更多了解，或重新考虑可接受的风险水平）。成本和时间进度挑战评级中等，因为研发足够的防辐射系统所需的时间和资源是相当大的，尽管与研发火星大气层进入、下降与着陆系统所需的不在一个数量级上。

图 4 - 12　载人火星表面任务的防辐射系统及能力评估

4.2.6.1.3　太空推进和能源

一旦航天器发射入轨，太空推进系统需将其送往预定目的地，再使其返回地球（对于载人任务和机器人样品返回任务）。人类远距离目的地探索任务提出的生物医学和生命维持风险，其中大部分可经由可极大减少到达和离开目的地的过渡时间的先进大推力太空推进系统得到降低，也就由此减少暴露在零重力、太空辐射和心理焦虑的时间。对于探索任务，发射质量的一大部分是太空推进所需的燃料和氧化剂。因此，太空推进系统的效率（即比冲）是关键。大推力也是减少过渡时间的重要因素。虽然已经过数十年的调查和研究，但仍旧停留在哪种类型的先进太空推进系统能在未来的探索任务中提供最佳的比冲和推力组合的层面上。最具吸引力的四种技术分别是低温推进、核电推进、核热推进和太阳推进。以下将一一进行阐述，还将讲解可应用于太空操作（如动力核电推进系统）或是可在月球或火星表面提供动力的裂变动力系统。

随着太空推进技术的发展和成熟，考虑到研发成本，将可能会从四个选择中做一个最优选择，太阳推进和核电推进能提供最高比冲，但完成载人探索任务提供足够推力所需的上百万瓦的动力也会带来高研发风险。核热推进能产生两倍于低温系统的比推力，但主要由于安全地面测试和开环核裂变系统的应用，也会带来高研发风险，同时与其他选择相比性能也较低，不过低温推进技术目前相对成熟。然而，这其中也存在风险，主要在于低损耗、长期储存和低温燃料及氧化剂太空运输。

（1）裂变能

典型机器人航天器通常要求几百瓦动力，而较大的卫星可能要求几千瓦动力。动力最大的卫星是地球同步通信卫星，需要大约 20 kW。

载人航天任务的电力要求比典型的不载人航天器高。ISS 有 100 kW 能力，长期月表或火星表面任务的电力一般需要 50～100 kW。目前看来，把太阳能和核裂变系统作为太阳推力或核电推力系统的一部分，是在月表或火星表面或太空中长期以这一水平提供动力的唯一可行选择。

核裂变反应堆基本上是热能的长期来源。一个完整的太空核能系统可将反应堆产生的热能转化为电能。可用于太空的核反应堆与一些低能核裂变系统在某些方面是类似的，如目前地球上的科研反应堆。这就要求进行重大修缮。例如，太空核反应系统在设计时必须使其在目标环境下（在太空中或在月球表面或火星表面）发射时和安全可靠操作时对公众的风险最小化。

美国在 1965 年发射过一个核裂变反应堆，SNAP－10A。苏联是唯一一个在太空中操作核裂变反应堆的国家，该系统也是数十年前发射的。SP－100 项目，由 NASA、国防部和能源部共同出资，致力于研发表面动力系统核裂变反应堆，该项目于 1992 年终止。美国太空反应堆设计是基于热电系统的应用，将热能转化为电能。20 世纪 90 年代早期，国防部还调查过热离子能量转化系统，采用购自俄罗斯的无燃料部件“Topaz－2”太空反应堆研发太空反应堆的可行性，但该项目最终没有研发出预想系统，俄罗斯和美国都没有发射过此类系统[52]。过去项目中的关键人物和一大部分设施都已无迹可寻。设计、测试和生产太空核能系统的新项目将势在必行。通过与以上所述的项目比较，允许增加法规复杂度，可能要耗资数十亿美元并耗时至少十年才能研发出能够产生 50～100 kW 的核裂变系统[53]。现有的联邦法规列明了研发和发射核裂变反应堆的审批程序。审批程序耗时耗财，且审批过程中发射一个核反应堆可能招来政治反对。

载人火星表面任务中的裂变能系统评估概述如图 4 - 13 所示。技术挑战评级中等，因为反应堆技术需要大量经验积累，尽管可能需要一些新技术在太空中和火星表面提供可靠的长期操作。能力差距评级中等，因为尽管过去在核能技术和太空核能方面取得了一些成就，但美国太空核能项目继续进行裂变能反应堆飞行测试也有近50 年时间了。考虑到完善既定法规程序来获得发射许可的难度，法规挑战评级中等。成本和时间进度挑战评级为高，因为研发可操作的反应堆系统需要相当多的资源和时间，而后才能获得所需的发射许可。

图 4 - 13　100 kW 裂变能系统评估

（2）太空低温推进

考虑到 RL - 10 和 J - 2 发动机长期成功的历史，用于太空推进

　　[52]　NRC，*Priorities in Space Science Enabled by Nuclear Power and Propulsion*，The National Academies Press，Washington，D. C.，2006，p. 114.

　　[53]　V. C. Truscello，*SP - 100*，*The U. S. Space Nuclear Reactor Power Program. Technical Information Report*，Jet Propulsion Laboratory Report 1085，November 1，1983，Pasadena，Calif.，http：//www. osti. gov/scitech/servlets/purl/10184691.

系统的低温发动机已有明确界定。实际上，DRA 5.0 所指的太空推进系统的低温推进选择提出，利用现有 RL‐10‐B2 发动机作为太空三大推进模块的主要发动机：飞往火星的火星入轨模块、火星轨道注入模块和返回地球的地球入轨模块[64]。使用这些发动机实现人类飞往火星的任务，还需要一些新技术。关键需求包括低损耗、长期储存、低温燃料和氧化剂的太空运输。另外，现有的 RL‐10 发动机的操作寿命以小时计量。用于人类火星任务的推进模块可能需要在 LEO 上储存 4～6 个月，等待航天器总装完成；火星轨道注入模块和地球入轨模块可能要求暴露于太空环境数年之后还能进行可靠操作。目前，化学推进系统是人类探索任务的唯一可用选择，但是与其他太空备选方案相比，化学推进的比冲较低（液氢/液氧航天飞机主发动机在真空中为 450 s）。因此，从地球上起飞时，化学推进系统需要携带大量推进剂飞往火星。

NASA 计划进行太空实验来改进低温推进储存能力，用以将寿命从数小时改善到数月。缩短目前在研的实验系统性能与火星任务操作系统性能间的技术差距需要新技术。研发人类火星表面任务、验证其太空中的总装能力及在长时间过渡到火星后可靠操作所需的推进模块将非常昂贵且耗时。

可用于载人火星表面任务的太空低温推进系统评估如图 4‐14 所示。技术挑战评级中等，因为即使太空高性能低温推进系统已经可操作了，太空推进剂处置和长期储存还是需要新技术。考虑到延长太空储存和现有系统的操作寿命，能力差距评级中等。法规挑战评级低等，因为无须修改法规。成本和时间进度挑战评级高等，因为发展太空环境下一次储存低温燃料数年的能力可能需要较长时间。

（3）核电推进

电推系统广泛用于地球轨道卫星和一些机器人科学任务。电推

---

[64]　NASA,"Human Exploration of Mars Design Reference Architecture 5.0," 2009, http：//www. nasa. gov/pdf/373665main_NASA‐SP‐2009‐566. pdf.

图 4 - 14　载人火星表面任务可使用的太空低温推进系统评估

系统将离子加速到非常高的速度。它所产生的比冲在 3 000～6 000 s 范围内，比其他太空推进技术都要高。因此，核电推力系统只需消耗相当于低温推进系统约 1/10 的推进剂就能使航天器产生同等大小的速度改变。核电推力系统可通过裂变动力系统供电。今天，所有电推系统都是通过太阳能供电的（见以下对太阳推进系统的讨论），在太空裂变能系统研制出来之前，这一现状仍将持续。与太阳能系统不同，核电推力系统可用电力都是恒定的，和航天器与太阳间的距离无关。

从人类运输的角度看，所有电推系统（核电推力和太阳推进）共有的缺点是，主流物理学决定使用电推系统会导致产生的加速度比其他系统特征和电力水平合理组合的方式低。目前增加电推发动机推力的调研正在进行中。NASA 正积极将发动机发展到 60 kW。然而，这些努力带来的技术进展还是远远不能达到人类火星或其他远距离目的地任务所需的推力——百万瓦级电力。百万瓦级电推系统技术当前并未得到积极发展。

太阳推进和核电推力系统都能为预先部署货物和居住地分系统提供潜在用途。不搭载人类乘客，所以能适应这些系统的低加速度。但 DRA 5.0 火星表面任务架构采用核热推力用于载人和载货两种任务来减少技术研发所需的项目个数。另外，研发不能用于载人飞行的货物推进系统是不经济的。

百万瓦级人类火星表面任务核电推力太空推进系统如图 4 - 15 所示。成本和时间进度挑战、法规挑战和技术挑战大多被居于核电推力系统核心的裂变能系统（见图 4 - 13）相关的挑战驱动。由于所需的裂变能和电推发动机电力级别更高更先进，一个百万瓦级核电推力系统比上述 100 千瓦裂变系统面临更大的能力差距。

图 4 - 15　载人火星表面任务百万瓦级核电推力系统评估

（4）核热推进

核热推进系统通过核裂变反应堆产生高推力来将推进剂（通常是氢气）加热到极高温度。推进气体会极度膨胀，通过喷嘴产生推力。产生的比冲（800～1 000 s）高于化学推进系统的比冲，但低于核电推力或太阳推进系统的比冲。

核热推进是火星 DRA 5.0 任务太空推进系统的基准。与一些低水平技术研究的投入不同，核热推进技术目前在研。大约 40 年前，一个全面的系统 NERVA 已经研制出来，经过了地面测试，建造和测试了 23 个反应堆和发动机，电力峰值达 4 000 兆瓦，系统操作时间达 1 小时，比冲达 850 s[65]。当年的项目关键设施和人物已无从寻获，目前的环境法规比过去严格得多。建造一个能够容纳全尺寸核热推进系统所排废气的测试设施非常困难，对建造这类设施的政治和法规的反对也是一个问题。但是对于地下主动过滤排污和金属氢化物板废气吸收结合的概念，致力于开发核热推进的蒂姆伯伍德战

⑥　S. D. Howe，High energy - density propulsion—Reducing the risk to humans in planetary exploration，Space Policy 17 （4）：275 - 283，2001，doi：10.1016/S0265 - 9646 （01）00042 - X.

略防御倡议办公室认为项目是可行的[66]。

载人火星表面任务所需核热推进系统评估如图 4 - 16 所示。技术挑战评级为中等，因为 NERVA 项目已经研发出一个可操作的核热推进系统所需的技术中的一大部分。能力差距评级中等，NERVA 项目测试过一个全尺寸系统，但时间已经过去 40 年，当年的水平如今多少有些过时了。法规挑战评级为高，因为技术上和政治上难以为一个大型核火箭项目建造测试设施。成本和时间进度挑战评级为高，因为仅仅是复现 NERVA 过去所做的工作就将非常耗时且费用会高得惊人，转而继续研发一个可操作的系统会更耗时耗财。

图 4 - 16　载人火星表面任务核热推进系统评估

（5）太阳电能推进

今天的全电推系统都是由太阳能提供电力的，在太空核能系统开发出来之前，这种状况还会持续。太阳推进常用于在轨航天器，太阳推进系统过去用在 1998 年和 2007 年发射的深空 1 号和黎明号科学航天器上。这两艘航天器都使用了 2 千瓦粒子推力器和太阳推进系统。和采用核电推力系统一样，一次为期 6 个月的载人火星飞行所需的推力水平要求将目前的系统提升至百万千瓦级。这可能需要电力发动机（见以上关于核电推进系统的讨论）和太阳能系统的巨大进展。与采用百万千瓦级核电推进系统一样，研发一个

[66]　Final Environmental Impact Statement（EIS）for the Space Nuclear Thermal Propulsion（SNTP）Program，Sanitized Version，September 19，1991，http：//oai. dtic. mil/oai/oai? verb=getRecord&metadataPrefix=html&identifier=ADA248408.

百万千瓦级的太阳推进系统可能需要一个很长周期的研制项目，还需大量资源来克服所需的性能水平和现有技术水平之间的关键能力差距。

对人类火星表面任务所需的百万千瓦级太阳推进系统的评估如图 4-17 所示。技术挑战评级为低，因为太阳推进系统已经发展得很好，在太空中已经有长期的操作经验。能力差距评级为高，因为目前的先进系统电力水平远低于可将人类送至火星并返回地球的载人航天器所要求的电力水平。法规挑战评级为低，因为并不需要修改法规。成本和时间进度挑战评级为高，因为缩小能力差距将需要耗费相当大量的资源和时间。

图 4-17　载人火星表面任务兆瓦级太阳推进系统评估

一个达到几百千瓦级电力水平的太阳推进系统，可能适合于向火星或其他远距离目的地完成无人货运任务，并将面临中等程度的成本和时间进度挑战、中等程度的能力差距。然而，正如以上所述，最好是能有一个太空推进系统同时能用在货运航天器和载人任务航天器上。

4.2.6.1.4　重型运载火箭

重型发射系统（即 LEO 载荷能力约为 50 MT 及以上的发射系统）可减少人类 LEO 以远探索任务所需的发射次数。较大的载荷能力，即质量和体积较大，使得能够将更大的航天器要素当作一个单元进行发射，这将能减少或消除对在轨总装、随后的集成及在轨测试的风险。美国目前有两个重型发射系统在研：NASA 的空间发射系统和空间探索技术公司的猎鹰重型火箭。

（1）空间发射系统

2010 年的 NASA 授权法案指引 NASA 研发空间发射系统。NASA 所选的空间发射系统设计保留了星座项目中的在研重型运载火箭的很多特征，该星座项目 2010 年被取消。Block 1 空间发射系统将具备 70 MT 的 LEO 载荷能力。目前计划由两大主要方面的升级来实现将载荷能力提升至 105 MT，而后再提升至 130 MT 的目标。

空间发射系统核心级是基于航天飞机外部推进剂箱的设计，进行扩大和修改以容纳尾部的主推进系统和前端的一个级间段结构。NASA 工作人员赋予核心级"长竿"的特征以便在 2017 年成功实现空间发射系统首飞。

按照目前的计划，推进系统将由航天飞机项目留下的航天飞机主发动机（RS-25s）构成。若采用航天飞机，在起飞的头两分钟，RS-25 液体推进系统将经过安装在核心级两侧的两台固体火箭助推器放大。Block I 空间发射系统的助推器将是通过改装的航天飞机固体火箭助推器。经过渠道选择后采购的助推器将对液体和固体系统均开放。

Block I 空间发射系统将采用德尔它 4 火箭上面级完成前两个任务：无人探索任务 EM-1 和首次载人任务 EM-2。一个专为空间发射系统研发的上面级将用于随后超过 70 MT 载荷能力的飞行。Block IB 的上面级（载荷能力将达到 105 MT）将使用 4 个 RL-10A-4-2 发动机，该发动机用于阿特拉斯 5 改进型一次性运载火箭的人马座上面级。更高载荷能力的空间发射系统航天器（超过 130 MT）将采用 J-2X 发动机，该发动机是土星项目中采用的上面级发动机的升级版。

完成空间发射系统研发不需要技术突破，实际上，空间发射系统是专门从过去成功飞行过的系统中选取关键部件组合而成的一个系统，如航天飞机上、其他运载火箭上面级上使用过的外部燃料箱、主发动机、固体火箭助推器。然而，考虑到空间发射系统的物理尺寸，它的研发还是一项大工程。实际上，根据人类探索和操作任务部（HEOMD）公布的经费看，研发空间发射系统和相关系统（猎户座飞船和地面系统）的成本高得惊人，时间进度不得不拉长，以适应可用经费。结果是，目前计划的空间发射系统发射时间间隔比过去的载人航天项目要大得多：空间发射系统头两次飞行（EM-1和EM-2）在2017年和2021年，相隔4年之久。

（2）猎鹰重型火箭

目前空间探索技术公司在研的猎鹰重型发射系统是猎鹰9发射系统的大推力版本。猎鹰9发射系统一级和二级（一级上有9个，二级上有1个）都采用以煤油和液氧为推进剂的梅林1D火箭发动机。猎鹰重型的配置采用标准猎鹰9核心级再捆绑两个猎鹰9一级作为助推器。猎鹰重型的最大推力将达53 MT，在设计上几个发动机出现推力损失的情况下还能继续完成任务，因此提升了任务可靠度。

梅林1D发动机是经过了飞行测试的梅林1C发动机的更大推力版本。梅林1D地面测试于2012年6月完成，空间探索技术公司宣布该发动机达到了2013年的飞行资质要求。猎鹰9 v1.1于2013年9月在范登堡空军基地成功首飞（采用梅林1D发动机），随后2013年12月又进行了第二次成功发射。

当发射重型载荷时，猎鹰重型就利用核心级外面两侧的助推器进行推进剂交叉供给。结果，在两侧的助推器分离后，核心级还保留大部分推进剂，这样一来就增加了最大载荷能力。这一专有特征是经过现有技术创新适应性后进行应用的[⑰]。

若采用NASA的空间发射系统，则不需任何技术突破就可完成猎鹰重型的研发。首次飞行测试计划在2015年，前两次操作飞行计划在2015年（为美国空军）和2017年［为国际星公司（Intelsat）］。

空间发射系统重型运载火箭评估如图4-18所示。技术挑战和

---

⑰　Erik Seedhouse，*SpaceX：Making Commercial Spaceflight a Reality*，Springer-Praxis Books，New York，N. Y.，2013.

能力差距评级为低，因为空间发射系统本来的设计初衷就是不使用新技术或不需要对现有技术进行关键改进。法规改变评级为低，因为不需法规修改。成本和时间进度挑战评级为高，因为费用高昂，且 NASA 计划在首次操作飞行前完成空间发射系统研发和飞行测试。

图 4-18　空间发射系统重型运载火箭评估

猎鹰重型运载火箭的评估如图 4-19 所示。对空间发射系统来说，由于猎鹰重型研发项目已很接近完成且一次猎鹰重型发射的费用低于空间发射系统，除成本和时间进度挑战评级为低之外，与图 4-18 相同。但考虑到猎鹰重型载荷能力较小，要将猎鹰重型用于火星表面任务，可能增加成本、技术挑战和其他火星项目要素的能力差距。一个较小的发射系统就需要增加发射次数、更多的在轨时间、更多的对接事件、更长时间的在轨总装及更多小型航天器模块的检查。任务可靠性因此降低。

图 4-19　猎鹰重型运载火箭评估

如上所述，奥古斯汀调查显示，人类探索通过 50 MT 的发射系

统就能实现[68]。空间发射系统的商业案例有赖于需完成的任务次数和
操作速度来进行多次小型运载火箭发射。当前，基于空间发射系统
方式与小运载火箭多次发射方式哪种更经济还有待考证。不管怎样，
若美国不建设一个强大的人类探索项目，一个大型机器人航天器或
其他大质量任务（如大规模光学系统），这种研发空间发射系统的商
业案例就会被弱化。中国似乎正在检验不同运载能力的重型运载火
箭的种种折中方案。正在研究中的 LM - 9 的 LEO 载荷能力将达 130
MT[69]。俄罗斯也正在研制新的运载火箭系列，据知 LEO 载荷能力
达 41.5 MT（安加拉 A7V）。

4.2.6.1.5　行星升空推进

升空推进系统需要在长时间休眠后仍具有绝对可靠性，高等至
中等水平的推力、高效性。火星 DRA 5.0 研究并未包括火星升空航
天器的详细分析。然而，基于过去的研究，DRA 5.0 升空推进系统
推进剂可为液体甲烷（LCH4）和液氧（LOX）。有一个任务概念是
通过依靠就地资源利用系统在火星上产生液氧来减轻地球上的发射
质量和降落在火星的质量；甲烷可从地球上携带。NASA 目前并未
在适合人类运输的升空推进系统上投入精力。

除升空系统将需要从一个没有地面人员的远距离进行操控外，
行星升空推进系统的发展将与新运载火箭的推进系统类似，它必须
集成到一个从火星表面升空的航天器上，必须在从地球到火星表面
过渡期间长时间休眠后还能在发射前可靠地进行操作。另外，低温
推进剂储存能力的发展还需要新技术来储存制冷剂达数年之久且不
会或很少出现挥发。

人类火星表面任务所需的行星升空系统评估如图 4 - 20 所示。

---

⑱　Review of U. S. Human Space Flight Plans Committee, *Seeking a Human
Spaceflight Program Worthy of a Great Nation*, 2009.

⑲　69 B. Perret, Launcher Leap, *Aviation Week & Space Technology*, pp. 22 - 23,
September 22 - 23 (reporting Chinese mission and launcher concepts from the International
Astronautical Congress in September 2013).

技术挑战评级为中等，因为过去的月球升空发动机和现有的太空推进系统经验为所需技术的研发提供了坚实的基础。另外，长期储存低温推进剂需要新技术。这一能力差距评级为中等，改进现有可用技术使其能够提供从火星升空所需的电力。法规挑战评级为低等，因为不需进行修改。成本和时间进度挑战评级为高，因为发展太空多年储存低温推进剂的能力需要很长时间。

图 4 - 20　载人火星表面任务行星提升推进系统评估

4.2.6.1.6　环境控制和生命支持系统

航天器、表面居住地和舱外活动太空服都需要可靠的闭环环境控制和生命支持系统来实现人类长时间的 LEO 以远任务。对于没有早期返回中止选择的后续任务和其他任务，环境控制和生命支持系统必须高度可靠且易于维修。美国和俄罗斯 ISS 上的环境控制和生命支持系统证实了何种硬件故障将导致火星任务不可持续。

环境控制和生命支持系统通过监控氮气、氧气、二氧化碳、甲烷、氢气和水蒸气的压力来维持相对安全的空气条件，维持总的舱内压，过滤颗粒和微生物，分配空气。环境控制和生命支持系统还提供饮用水、履行居住地功能，如食物准备和生产、卫生、代谢废物的收集和稳定、洗衣服务和垃圾循环等。环境控制和生命支持系统废物管理系统保护航天员健康、恢复资源、保护行星表面。关键功能包括减少可消耗物（包括食物）的质量和体积；控制臭气和微生物的生长；净化水、氧气、其他气体和矿物质[20]。

---

[20]　NRC，*NASA Space Technology Roadmaps and Priorities*，2012.

现在所用的环境控制和生命支持系统要求能够立即修理、备有大量备份，它们的任务消耗性物资需求巨大，这对持续几周的 LEO 以远任务而言并不实际。在改善可靠性和太空环境控制和生命支持系统性能方面有不少进步，ISS 是一个非常好的进行太空环境控制和生命支持系统测试的平台。但在现有能力和长期太空任务所需的要求之间还有很大差距。到底需要多久才能缩小这一差距、需要何种研究能力和技术还有待考证。另外，目前并没有任何专门针对月球表面或火星表面的部分重力环境下进行操作的环境控制和生命支持系统在研。

载人火星表面任务所需的环境控制和生命支持系统的评估如图 4-21 所示。技术挑战评级为中等，因为环境控制和生命支持系统技术和系统已经可操作了。能力差距评级为高，因为延长寿命、增加现有技术和系统可靠性还有大量工作要做。法规挑战评级为低，因为不需进行法规修改。成本和时间进度挑战评级为高，因为发展和验证长期在太空中和火星表面进行可靠操作的闭环环境控制和生命支持系统的性能需要相当多的资源和时间。

图 4-21　载人火星表面任务环境控制和生命支持系统评估

4.2.6.1.7　居住地

所有载人任务都需要一个加压的安全环境，使得航天员能够有效地生活和工作。居住地包括太空短期居住地，如猎户座多用途载人航天器；太空长期居住地，如 ISS 和用于长期任务的过渡居住地；用于月球或火星表面任务的表面居住地。基于其操作环境、任务持续期、航天员数量和任务目标的不同，所有空间探索类型的居住地都有一些共同的要求以及一些不同的要求。

传统的居住地大、复杂且质量大。NASA 和私营部门近年来一直在支持经济可承受的、可用于太空和表面居住的居住地研发。NASA 计划在 2015 年将一个由比格罗航空航天公司研发的经济可承受居住地发射到 ISS 上。这将使得人们有机会观测它在恒定载荷下的性能，在太空环境下衰退极限和对陨石撞击的耐受性等。

关键居住系统包括环境控制和生命支持系统以及防辐射系统（前面已单独讲述）、热管理、供配电和微陨石保护。这些系统中的每一个都在不断改进中。然而，尚无一例是设计或测试用于长期任务且不可能有补给、不太可能选择任务中止、持续暴露在太空高辐射环境下的。

太空居住地和表面居住地之间的主要差别在于重力（月球表面 $1/6g$，火星表面 $3/8g$）和尘埃的存在。月球尘埃具有强摩擦力，对机械系统有害，在长期任务中若无适当隔离，它还可能是一个健康风险。对火星尘埃的描述没有月球尘埃那么多，但众所周知，火星尘埃是有毒的，因为高氯酸含量高。另外，火星上的稀薄大气和大风将增加尘埃在所有表面系统上的散布。对月球和火星来说，有效的尘埃缓解和控制技术及系统是非常关键的。

人类火星表面任务所需的居住地的评估如图 4-22 所示（本概述适用于居住地系统而非单独讲述过的环境控制和生命支持系统及防辐射系统，见图 4-21 和图 4-12）。技术挑战评级为中等，因为 NASA 对设计和建造 LEO 居住地有大量经验，如 ISS。能力差距评级为中等，因为延长和增加现有技术和系统的可靠性、确保居住地系统按照预想的那样在月球和火星表面的微重力环境下正常工作还需要极大改进。法规挑战评级为低等，因为不需修改法规。成本和时间进度挑战评级为中等，因为升级和验证居住地系统在深空和火星表面进行长期可靠操作的性能还需大量资源和时间。

4.2.6.1.8　舱外服

舱外服被认为是个人化的航天器，关键性能特征包括移动性、

图 4-22　载人火星表面任务居住地评估，不包括单独评估的环境控制和
生命支持系统及防辐射系统（分别见图 4-21 和 4-12）。

加压性能、环境保护（热、辐射、微陨石）、可移动生命支持（氧气
供应和二氧化碳处置）、穿脱方便、太空服紧急情况应对能力、尺寸
范围、操作可靠性、持久性、感应能力、数据管理、适应性、发音
水平、航天员完成指定任务所需的力和力矩。考虑到目前的舱外服
是在 30 年前研制的基础上不断改进的成果，因此，可能需要在性能
上有较大改善。舱外服必须能够在微重力环境下（太空操作中）或
部分重力环境下（在月球或火星表面）实现令人满意的功能。过去
50 年来，LEO 微重力环境已经研究得很透彻了，在舱外服操作性能
上也有大量经验，但自从阿波罗计划结束后，针对表面操作所做的
舱外服研究极少。火星表面舱外服将需要应对飞往火星途中长期深
空环境暴露效应，同时，火星操作所用的舱外服将比阿波罗在月球
上的舱外服操作广泛得多。关键问题包括火星表面步态的部分重力
效应、姿势和生物力学；延长太空服操作寿命；降低太空服质量；
减少太空服维护；减少尘埃对轴承、封口、封闭机械装置的影响。
在执行表面操作任务时，舱外服应能轻松与漫游机器人、居住地、
机器人助手进行集成。改进任务持续期、可靠性和集成至舱外活动
太空服的可移动生命支持系统的可维护性，同时减轻系统质量是十
分有益的[⑪]。

　　人类火星表面任务所需的舱外服评估如图 4-23 所示。技术挑

---

⑪　NRC，*NASA Space Technology Roadmaps and Priorities*，2012.

战评级为低等，因为舱外服在太空和在月球表面的经验已经很丰富。能力差距评级为中等，因为完成长期人类火星表面任务和飞往火星的过渡期间还需有一点进展。法规挑战评级为低等，因为不需进行法规修改。成本和时间进度挑战评级为中等，因为缩小能力差距需要大量资源和时间。

图 4-23　载人火星表面任务舱外服评估

4.2.6.1.9　航天员健康

　　长期暴露于太空环境中，维持航天员健康的能力对于人类火星任务和其他远距离目的地任务的成功至关重要。生理和心理问题都对延长任务期间的航天员是一个医学威胁。

　　NASA 和国际社会对长期暴露在微重力环境下的生理问题有了基本认识，他们通过计划方案来减少已确认问题（多数是骨质疏松、肌肉和心血管失调、感觉神经衰退）的冲击，屏蔽尚未确认的、可能存在的问题，发现新的问题，如航天员经历的眼损伤。不同个体对微重力环境的反应不同，但所有航天员都或多或少受到了影响。其中常见的是在太空任务中由骨吸收加速、骨形成减慢导致的骨质疏松，对此，身体应对措施（体育锻炼）和药物都研究过，但迄今为止骨质疏松在长期太空任务中仍然不是一个可控风险项[72]。目前进行中计划包括航天员在 ISS 生活 12 个月期间进行测试。但由于在

　　[72]　E. S. Orwoll, Adler, R. A., Amin, S., Binkley, N., Lewiecki, E. M., Petak, S. M., Shapses, S. A., Sinaki, M., Watts, N. B., and Sibonga, J. D., Skeletal health in long-duration astronauts: Nature, assessment, and management recommendations from the NASA bone summit, *J. Bone Miner. Res.* 28: 1243-1255, 2013.

ISS 可供测试的项目很少，且由于易感性和恢复能力的个体间差异巨大，需耗费很长时间来积累可供得出人类健康影响结论的数据。

在月球或火星上，长期暴露在部分重力环境下的问题还有待确定。如果在火星 3/8g 环境下没有出现不良影响，可能就需要用一点附加方式（比在 ISS 上长期居住所需的要多）来抵消人类在火星表面任务中的失重效应，包括飞往和离开火星的过渡时间。如果火星表面的部分重力环境允许航天员能从飞往火星途中所经受的失重效应中部分恢复，那在人类火星表面任务中管理失重效应可能要容易一点。

抛开失重效应，航天员生理健康还可能受到其他因素的威胁，如太空辐射、疾病、外伤。防辐射前面已经单独讨论了。高效能的诊断和治疗设备，包括设计用于在太空和地面操作的外科手术设施，能减少由外伤、疾病带来的威胁，但这是一个艰巨的挑战，因为首先，外伤类型和疾病类型是无法预测的，其次，航天器和表面居住设施内医疗设施的质量和体积都是受限的。

心理问题在长期探索任务中可能会影响航天员的行为和表现。对隔离和受限于极端环境下（核潜艇内的乘员、在南极科考站越冬的团队、航天员）的人员的研究显示，心理问题会严重降低航天员的表现和健康。升空任务中航天员心理问题的影响可能比这些研究中所描述的更加严重，因为在航天器发生紧急情况时安全逃生并返回地球的希望较小，由于延时导致的与朋友和家人的实时双方通信无效，任务持续时间较长，都会加剧在一个受限空间内无隐私地生活和工作、个人卫生受限的设施、失重心理影响相关的紧张情绪等[73]。

心理紧张会对个人和人际关系产生影响。个人影响包括在任务期间或任务结束后性格改变、焦虑、抑郁、失眠、低效、认知障碍、

---

[73]　Institute of Medicine, *Health Standards for Long Duration and Exploration Spaceflight: Ethics Principles, Responsibilities, and Decision Framework*, The National Academies Press, Washington, D. C., 2014.

精神错乱以及身心疾病。人际影响包括紧张加剧、冲突、与其他航天员或地面工作人员孤立，以及对隐私的更多需要。个人和人际影响都会随着任务过程而增加。心理问题可能通过寻求事先、事中或事后可采取的应对措施来缓解。值得研究的包括基于长期任务的地面模拟、不同时间长度的卧床实验、在 ISS 上实施的研究[74][75][76][77][78][79]。

　　载人火星表面任务所需的航天员健康系统评估如图 4 - 24 所示（本概述关于航天员健康系统并不是前面单独讨论过的辐射健康系统，见图 4 - 12）。技术挑战评级为中等，因为许多针对航天员健康的生理和心理威胁的解决方案还有待确认。能力差距评级为中等，因为有些问题的解决方案已经很好，但其他还需要进一步的研究。法规挑战评级为中等，因为对生理和心理问题的进一步研究可能需要建立新的标准，尤其是考虑到最近关于与载人航天相关的伦理问题的一个报告结论[81]。成本和时间进度挑战评级为中等，因为要缩小这一能力差距、克服技术和法规挑战还需要大量资源和时间。

---

　　[74]　G. G. De La Torre et al., Future perspectives on space psychology: Recommendations on psychosocial and neurobehavioural aspects of human spaceflight, *Acta Astronautica* 81 (2): 587 - 599, 2012.

　　[75]　N. Kanas, Psychological, psychiatric, and interpersonal aspects of long - duration space missions, *Journal of Spacecraft and Rockets* 27 (5): 457 - 463, 1990.

　　[76]　N. Kanas, From Earth's orbit to the outer planets and beyond: Psychological issues in space, Acta *Astronautica* 68 (5 - 6): 576 - 581, 2011.

　　[77]　N. Kanas et al., Psychology and culture during long - duration space missions, *Acta Astronautica* 64: 659 - 677, 2009; N. Kanas et al., Erratum to "Psychology and culture during long - duration space missions," *Acta Astronautica* 66 (1 - 2): 331, 2010.

　　[78]　L. A. Palinkas, Psychosocial issues in long - term space flight: Overview, *Gravitational and Space Biology Bulletin*, 14 (2): 25 - 33, 2001.

　　[79]　M. P. Paulus, A neuroscience approach to optimizing brain resources for human performance in extreme environments, *Neuroscience and Biobehavioral Reviews* 33 (7): 1080 - 1088, 2009.

　　[80]　Institute of Medicine, Chapter 5 in *Safe Passage: Astronaut Care for Exploration Missions*, The National Academies Press, Washington, D. C., 2001.

　　[81]　Institute of Medicine, *Health Standards for Long Duration and Exploration Spaceflight: Ethics Principles, Responsibilities, and Decision Framework*, The National Academies Press, Washington, D. C., 2014.

图 4 - 24　载人火星表面任务航天员健康系统评估，不包括单独评估的
　　　　　太空辐射问题（见图 4 - 12）。

4.2.6.1.10　就地资源利用（火星大气）

就地资源利用指的是利用在月球、火星、小行星上发现的可支持太空科学或探索任务的自然资源。值得关注的资源包括水、由太阳风带来的挥发物、矿物质和大气（对火星任务）。就地资源利用系统能改造这些资源，将其变为生命支持、推进剂、制造和建设所需的材料。若就地资源利用系统所产生的物质的质量超过就地资源利用本身，那么就地资源利用就有可能减少太空任务的发射质量和费用。

若没有就地资源利用能力，那么一次载人火星表面任务就可能需要从地球携带所有需要的推进剂、空气、食物、水、辐射防护等。与具有就地资源利用能力的情况比，从地球发射时的质量增加10%～15%，火星降落质量增加25%～30%。

人们设想先进的就地资源利用系统可以在火星上利用月球表层土或土壤来生产多种需要的材料。首先第一步，用于完成火星DRA5.0 任务的就地资源利用系统使用火星大气作为原材料，主要产品是氧气，可用于生命支持和作为升空推进系统的氧化剂（以液氧的形式）；可以将火星大气中的二氧化碳转化为氧气和一氧化碳，然后再把后者排回大气中；还可从火星大气中分离并搜集氮气和氩气，用于航天员呼吸的缓冲气体。另外，就地资源利用系统还可设计成可通过用火星上的氧气与从地球携带的氢气反应来产生水，可用于补充航天员和舱外活动操作中流逝的水[82]。

能利用火星大气产生可消耗物的就地资源利用系统的评估如图 4 - 25 所示。技术挑战评级为低等，因为要实现上述就地资源利用能力所需的技术已经在地球上得到了验证。能力差距评级为高等，因为在迄今完成的小规模实验和能够长期暴露在火星表面部分重力、尘埃、大气和辐射环境下的大规模操作系统之间的差距还很大。法规挑战评级为低等，因为不需进行法规修改。成本和时间进度挑战评级为中等，因为缩小这一差距还需要大量资源和时间。

图 4 - 25　设计用于使用火星大气生产消耗品的就地资源利用系统评估

4.2.6.2　附加能力

除上述高优先级能力外，许多其他能力的进展也将对人类火星表面任务或一些途径中可能遇到的其他设计参考任务举足轻重。这些附加的重要能力如下：

1) 自主系统；

2) 返回地球的大气层进入、下降与着陆系统；

3) 在太空操作中，包括大型结构的总装和推进剂储存和转移；

4) 能够利用月球表层土或火星土壤生产制造、建设或维修系统所需物质的就地资源利用系统；

5) 任务操作和通信；

6) 行星保护（使所探索的环境的生物污染最小化，若人类探索

---

⑧　NASA，"Human Exploration of Mars Design Reference Architecture 5.0，" 2009，http：//www.nasa.gov/pdf/373665main _ NASA - SP - 2009 - 566. pdf，p. 40.

任务中遭遇生命时保护地球免受生物污染）；

　　7）表面移动性；

　　8）表面操作。

　　这类能力并未包含在高优先级能力列表中，因为这些领域的进展并不那么迫切，或在途径中的早期任务并不需要这些进展，或与高优先级任务相比仅需较少资源就能迅速达成。例如，用于任务操作和通信，自主系统，返回地球的大气层进入、下降与着陆系统对于地月空间来说已经足够；月球定期返地的表面运输系统无须克服任何主要技术挑战就能获得；火星载人表面运输系统可以在 2030 年或 2040 年火星任务前及时完成，短期内无须攻克关键研究和技术难关；能够处理月球表层土壤的就地资源利用系统对于月球表面任务来说并不重要；能够处理火星土壤的就地资源利用系统对于第一代火星表面任务而言也不重要。

4.2.6.3　发展高优先级能力面临的挑战概述

　　上述"高优先级能力"一节中讨论的与高优先级技术能力相关的四个挑战领域如图 4 - 26 所示，不再赘述，相对不足的部分强调

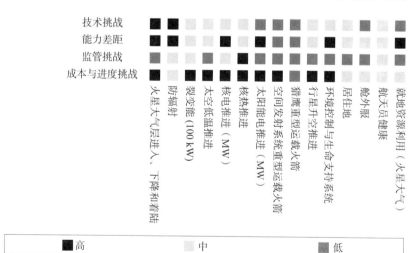

图 4 - 26　高优先级能力评估综述。每个区域的高中低定义见图 4 - 8。（见彩图）

了实现人类火星表面任务可预见目标的难度和技术发展累计规模，不考虑中间目的地。这一技术发展挑战直接引向本章中的下一主要章节，讨论过去数十年为达到这一充满意义的目标的载人航天项目的经济可承受性。

4.2.7　经济可承受性

实施人类 LEO 以外探索的途径可能相比技术而言更是一个经济问题。若有成本支撑，则所有飞行项目和相关发展的资源范围内的途径是经济可承受的。任何通向火星的建议途径都必须是美国纳税人（以及国际伙伴）能够承受的才能持续。

近代史表明，预算限制决定探索系统的研制进度，而将人类送上火星的技术和研制挑战被认为是可行的，技术挑战是令人畏惧的，需要付出极大的努力。

4.2.7.1　潜在的人类 LEO 以远飞行可用预算/资源

由于通货膨胀，NASA 在载人航天计划上总的年支出在 2013 年进行了调整，美元在过去 30 年间发生过波动，但总的趋势是平稳的，年预算均在 2013 财年的 80 亿美元左右（见图 4 - 27）[33]。最近的总统预算[34]要求显示，2014 财年给人类探索和操作任务部（HEOMD）划拨了 79 亿美元。预算要求提出 2015 财年继续划拨 79 亿美元，然后每年以 1% 递增至 2019 年，代表定值美元预算减少。本报告使用了 NASA 2014 财年的总统预算要求，NASA 的预算一直规划到了 2018 年，2018 年后就是分离点。未来 NASA 的载人航天计划发展将尝试利用空间技术任务部（STMD）的工作成果，该部在 2014 年度获得的资金约为 6 亿美元，2015 财年将增加至 7 亿美元。

NASA 的载人航天项目有四个主要领域：操作、研究、支持和发

---

[33]　图 4 - 26 所示 NASA 载人航天专项资金并不能完全说明拨付给间接支持载人航天计划的跨部门元素的资金。

[34]　NASA，"FY 2015 President's Budget Request Summary," http：//www. nasa. gov/news/budget/index. html.

NASA载人航天计划预算（2013财年，美元）

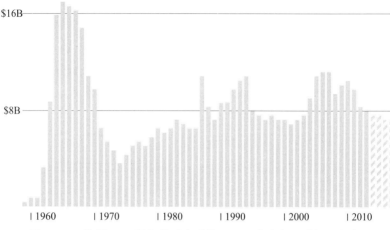

图 4 - 27　　按照 2013 财年美元水平的 NASA 载人航天计划历史资金

来源：NASA FY 2014 President's Budget Request Summary，http://www.nasa.gov/pdf/750614main_NASA_FY_2014_Budget_Estimates-508.pdf，retrieved Jan. 24，2014，and NASA Historical Data Books，SP - 4012，Volumes 2 to 7，http://history.nasa.gov/SP - 4012/cover.html.

展，如图 4 - 28 所示，2018 财年预算以百分点比划分。操作预算对应的 41% 主要用于 ISS，包括其运输费用；研究对应的 11%（包括空间技术任务部的探索技术发展项目），为未来先进技术发展和缩小知识差距打下基础。目前，研究经费分配到了许多与潜在任务相关的加强能力的技术竞争上，但是没有总的指导路线图，就不知道哪些是未来 LEO 以远载人航天特别需要的。关键领域如太空运输和大气层进入、下降和着陆都有很大的商业空间，因此获得较少的资金，但关于应该聚焦于哪个部分还有待决定。这种资源的扩张代表载人航天进展中的严峻挑战。区别投资是项目领导能够在高度受限情形下利用的少数工具；不幸的是，区别投资在尽最大努力维持现状的高度行政化的组织内极难实施。支持费用对应的 15% 用于维持所需的基础设施（如制造设施）和其他支持方式（如未来任务深空通信网络）。研发对应的 33% 的资金用于设计和测试下一代系统。目前在研的主系统是商业货

研究	$900M	支持	$1225M
探索技术开发	$252M	空间与飞行支持	$799M
先进探索系统	$219M	探索地面系统	$398M
载人研究计划	$180M		
国际空间站研究	$250M		
发展	**$2745M**	**操作**	**$3349M**
空间发射系统	$1345M	国际空间站系统运行和维护	$1329M
猎户座	$1028M	国际空间站运输	$2019M
商业载人开发	$371M		

图 4 - 28　NASA 2018 财年拟定载人航天预算分布概况

注：图中所示研究资金为金额下限。STMD 为部分研究和技术计划出资，侧重探索的探索技术开发计划，其预算已包括其中。相对于科学任务部和航空研究任务部，由于尚不明确 HEOMD 的资助资金，因此上图并未包含支持 NASA 三大任务部其他 STMD 计划的资金。来源：President's Budget Request for FY 2014.

运和载人系统，猎户座载人飞船，Block 1 空间发射系统和它们的相关地面系统。一旦完成，后三个系统将为某些 LEO 以远任务提供基本运输和基础设施。按照目前计划，猎户座载人舱将搭乘由 4 名航天员组成的航天员小组，任务持续时间限制在 21 天。未来继续进行 LEO 以远长期任务，长期太空系统将需要突破性进展。

　　计划项目超过现行预算水平为未来发展和飞行操作资金的可获得性提供了观察角度。对于这一研究，做了几个关键假设来增进对潜在未来场景的了解。2018 财年的载人航天预算关键项假设符合 2014 财年 NASA 总统预算的要求。对于 2018 年后的预算，本分析假设了一个平稳预算的较低下限（假设通货膨胀不增加），而载人航天预算通货膨胀增加的上限预算，预计 NASA 从 2013 年开始的通货膨胀指数大约为 2.5%[⑤]。图 4 - 29 是目前载人航天计划相关上下限计划记录（见框4 - 1）。预算不确定度在图中有所表现，黑色实线代表下限，预算持平，虚线代表上限，通货膨胀预算增加。计划包括 ISS 操作到先前的基准退役时间，为 2020 年，通过目前的工程技术，可能使 ISS 延期服役至 2028 年[⑥]。另外，空间发射系统有两项性能改进（后者发生在 21 世纪 30 年代），运载能力提升至 130 MT。下限下部和预算下限的深浅区域表明有新的 LEO 以远任务资金可用。

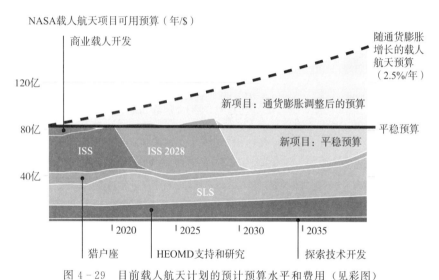

图 4 - 29　目前载人航天计划的预计预算水平和费用（见彩图）

　　⑤　NASA，"2013 NASA New Start Inflation Index for FY14," http：// www. nasa. gov/sites/default/files/files/2013 _ NNSI _ FY14（1）. xlsx, retrieved March 11, 2014.
　　⑥　2014 年 1 月，政府当局表示将国际空间站延寿至 2024 年。本报告编写时，国际合作伙伴和国会并未承诺将国际空间站运营至 2020 年以后。本章分析所考虑的边界情况为 2020 年和 2028 年。

框 4 - 1　沙状图

　　本报告中表示载人航天理论年费用和可用资金划拨的数据是时间的函数，常引用为"沙状图"，在目前载人航天计划（图 4 - 29）上划拨的可用预算和费用的沙状图可解释为：近期费用是基于 NASA 2014 财年总统预算要求的，该预算要求的时限到 2018 年。对于 2018 年后，操作、支持、研究项目费用都仍将维持在其 2018 年的资金水平（采用 NASA 新的起始指数，并随通货膨胀调整）。该规定的唯一例外是 ISS 费用，在终止前将一直维持在 2018 财年的资金水平，其后将有两年的预算不断减少，只覆盖终止相关费用。至2018 年，空间发射系统和商业乘员将已具备离开目前唯一有资金、未完成的主要研发项目——猎户座航天器的初始操作能力（IOC）。2018 年后，猎户座的费用也将减少，至 2022 年前后达到一个与预计的初始操作能力相对应的稳定状态。计划对空间发射系统进行的升级将使其能力超过在初始操作能力下的能力，费用也将计入规划的空间发射系统固定费用内。

　　规划途径费用的沙状图〔见图 4 - 31（a），图 4 - 32（a），图 4 - 33（a）〕来源于以下章节"途径费用范围研究方法"所述内容。

　　所有沙状图中的载人航天可用年预算规划都以两种情形呈现：2015 财年持平预算水平和随通货膨胀增加的预算。

　　利用受制于持平和通货膨胀调整增长进行预算不确定度规划，总的未来潜在载人航天系统新项目的研发和操作可用资金，途径是可以规划出来的。图 4 - 30 表明从 2015 年到 2065 年用于新研发和飞行操作除固定基础设施、ISS 操作、130 MT 空间发射系统和猎户座研发的累计可用资金。过去的研究为估计火星表面任务的研发和操作关键要素所需的费用提供了一个很大的范围，大部分都以万亿美元计[57][58]。图 4 - 30 中 4 个可引用的资金案例包括 2030 年到 2028 年

---

　　[57]　M. Reichert and W. Seboldt，"What Does the First Manned Mars Mission Cost? Scientific，Technical and Economic Issues of a Manned Mars Mission，" DLR － German Aerospace Research Establishment. Cologne，Germany，presented at the 48th International Astronautical Congress，October 6 - 10，1997，Turin，Italy，IAA - 97 - IAA. 3. 1. 06.

　　[58]　M. Humboldt，Jr.，and K. Cyr. "Lunar Mars Cost Review with NASA Administrator，NASA Exploration Initiative，" October 31，1989.

间有（绿松石色）或没有（紫色）ISS 操作延伸的预算持平规划（实线）和预算随通货膨胀以年规划 2.5％的增长率增加（虚线）。从这个图中可以得出两个结论：

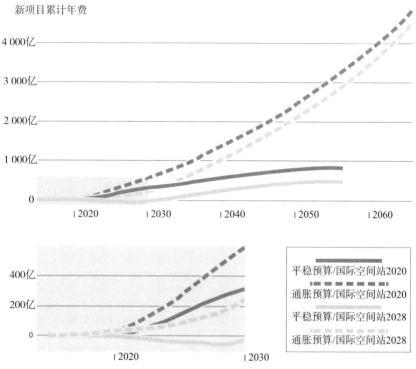

图 4 - 30　　LEO 以远载人航天新项目的预计十年累计可用资金，

插图详细描述 2030 年之前情况（见彩图）

1）预算不确定度的下限或自 2018 年起载人航天当年美元（不随通货膨胀调整）预算规划指引，累计总量近 1 万亿美元可用于研发、建造和操作新的关键要素，如进行地月之间的探险和探索所需的太空居住、新的太空推进系统、着陆器等。尽管固定支持和基础设施费用的具体影响还未知，需要更深入细致地评估，但考虑到未来一段时期由于预算持平，再加上目前 NASA 计划相关的必须预先准备的大型基础设施费用，这就意味着关键人类探索可用的资金是有限的。

2）对任意给定的到达火星表面任务途径的费用预估，图 4 - 30 表明当预算随通货膨胀增加时，着陆还是能够实现的。例如，在大约 2060 年前到达火星 4 万亿美元费用是难以实现的。还可从另一种角度看待通货膨胀，那就是在 2050 年前实现登陆火星的目标，这一计划在经济上还是可承受的，从技术上来说，以不到 2.2 万亿美元的费用抵达火星是可行的。

政府要求将人类送上火星的投入规模大致从数量上分析可等同于：

1）75～150 个"旗舰级"探索航天器费用（假设平均费用分别是 10 亿美元到 20 亿美元）；

2）在相应时期内大概相当于国家科学资金（NSF）预算的两倍；

3）大概相当于美国在 ISS 上投入的 2～4 倍，约为 1.5 万亿美元，包括发射费用。

不考虑不可预见的重大预算增长，操作效率的重大提升或技术游戏改变者，向着深空目的地进军的进展要以几十年为尺度来衡量，即使有更短时间跨度的政策目标也不可能改变这一现实。因此，在阿波罗 11 号登陆月球之前的 20 年，很难预料到从导弹制导技术到成功登月等许多领域的技术进步。其中许多技术进步都来自于 NASA 以外的单位的研究成果。20 世纪 40 年代，空想家设想飞往月球的旅行和后来真正实施的途径完全不同，因此，载人航天委员会主要基于 NASA 发展提出的参考架构，谨慎关注 LEO 以远载人航天探索任务的困难。

4.2.7.2　途径费用范围研究方法

既然载人航天可用资源、预算范围都已确定，就可通过首先确定的三条代表途径可能的费用范围，进行经济可承受度的评估。人类在未来几十年内登陆火星探索所需的研发、生产和操作费用是高度不确定的，因此，本报告中的所有费用评估都是理论上的。

目前，有资金投入的项目之外的新的研发和操作已经规划好了，通过结合历史类比（如航天飞机和阿波罗）和过去探索研究（如空间探索计划⑧和火星设计参考任务 3⑨）的方法，前者更受青睐，后者用于没有可用历史类比的情况。若无大量国际费用结余，这些方法导致与 NASA 在载人航天方面的传统业务方式一致的费用规划。在这些理论预估中，除特别明确提到（如商业乘员和货物项目）外，没有假定新业务方式。推动项目进展（TRL6）的技术进步所需的资金并未包含在内，因为假定技术将进步到通过技术孵化项目达到足够水平，如 NASA 的探索技术发展项目和探索研究及发展项目，都获得了 2018 年的资金支持（随通货膨胀调整）。理论费用规划源于新系统研发及其生产和操作。研发费用随过去研发过程中的潜在继承性而调整。例如，如果有飞往其他小行星（在自然轨道上）的深空居住设计参考任务，支持火星卫星设计参考任务的深空居住地的规划费用就会被削减。采用 β 分布曲线，在研制期间（名义上 8～10 年时间）规划研发费用就会增加。对于每一任务而言，有浮动费用、持续较长时期的系统的生产和操作费用，分为固定费用和浮动费用，在 2～3 年的采购周期内会有所增加。

　　当把各类设计参考任务、途径和经济可承受情形的任务频率和研发进度放在一起分析时，就有许多变量。在所有情况下，任务进度都基于没有严重研发和任务失败灾难的乐观假定。载人任务时间节点表假定在首飞中实现完全操作能力。按任务计划，人类首次到达火星表面的时间取决于可用预算或所受的任务频率约束。在每一途径中，每一新的设计参考任务都要求大量的研发时间和资金，并根据所考虑到的特定情形的财政预算指引进行调整。特定任务操作的资金介于研发

---

　　⑧　NASA，*Report of the 90 - day Study on Human Exploration of the Moon and Mars*，November 1989，available in NASA Historical Reference Collection，History Office，Washington，D. C.，http：//history. nasa. gov/90 _ day _ study. pdf.

　　⑨　NASA，"Reference Mission Version 3. 0 Addendum to the Human Exploration of Mars：The Reference Mission of the NASA Mars Exploration Study Team," NASA/SP - 6107 - ADD，1998，http：//ston. jsc. nasa. gov/collections/trs/ _ techrep/SP - 6107 - ADD. pdf.

出资峰值之间，还将根据预算方案尽可能多地增加任务。假设这些费用都计入研发费用以及技术孵化项目中，预先部署的货运任务（如预先定位在表面的前哨）的规划费用也考虑在内了，但先驱技术验证模型并未计算在内。人类火星任务受限于轨道力学，因此大约每两年才能进行一次，且高度依赖于任务类型。在实际数据中，每条特定途径中每一设计参考任务的费用都是根据时间划分阶段的，并以高于固定基础设施费用（灰色区域）的方式堆叠描出沙状图来显示首次人类登陆火星前的年费用规划。空间发射系统和猎户座载人和货运两项任务的边际费用包含在特定设计参考任务内，而鉴于其固定基础设施和升级费用用于支撑所有设计参考任务，因此仍在灰色区域。

资金需求规划的不确定性在所有成本模型中都十分明显，而想要对未来数十年都不会设计出来的系统进行成本规划就更为复杂。正如已指出的，在开始设计某些任务元素之时会有许多技术进步要求。对于每一任务要素，可能的费用范围是用来解释历史上演绎出的数字以及固定基础设施费用的变量增长率等各种层次的差额。差额说明对于系统需求的不完整认知可以使设计成熟度低得不能再低，描述当前技术如太阳推进以及 NASA 项目的历史费用增长的能力很差[①]。总的来说，50％的经费差额用于研发部分，25％的经费差额用于生产和操作。从平均到许多项目的情况来看，尽管这一水平与 NASA 的历史模式高度一致，还是有些项目超出历史平均值，造成严重费用超支。另外，有些飞往火星所需的技术的挑战程度大大超过 NASA 近几十年来所面临过的挑战。因此，本研究中所用的费用规划相当乐观。这样做的目的是就每一途径产生一个理论费用范围，如此这一范围就可与未来投资水平进行比较，用以评估飞行频率和人类登陆火星所需的时间跨度方面的经济可承受度和可持续度。当实际要做决定去追求特定目标时，NASA 和其他独立团体将会实施

---

① 　D. L. Emmons et al.，Affordability Assessments to Support Strategic Planning and Decisions at NASA，Proceedings of IEEE Aerospace Conference，2010.

能够用于预算策划的更详细的费用分析。

4.2.7.3　国际合作的成本含义

　　另一种要考虑的不确定性是国际合作的影响。由于种种原因人类登陆火星需要大量的国际合作，这是广为人知的不争事实。考虑到经济可承受性，尚不明确许多航天国家的航天目标是如何转化为预算投入的，也不清楚潜在硬件分配是如何有效和高效地分配到总的途径设计中的[⑫]。如果没有密切的国际合作和参与，ISS 今天也可能不会存在。然而，至今 ISS 的总费用仅有 17% 是来自美国之外的参与者。由于有多国参与，ISS 也是一个增加复杂度和低效性的典型例子。取决于国际参与者的不同投入比例，独立成本模型常会增加费用的国际复杂度因子。考虑到增加的复杂度和可能增加的费用因素，为满足国际参与者特定的特殊政治目标，和没有国际参与者参与的项目相比，国际参与者以载人航天要求的程度尽可能地保持费用中立。

　　如果数额够大，则国际资金的注入可以克服管理复杂增加的费用，但对 ISS 来说并不是这样的。为使火星途径处于美国的经济可承受范围内，可能需要足够大的国际资金注入来覆盖复杂度增加所产生的费用，以及有能力提供足够多的资金弥补载人航天项目预算规划和每一途径规划费用之间的差额的合作伙伴带来的额外费用。

　　当接口定义清楚且每一合作伙伴提供特定任务组成部分的职责都明确时，国际合作是非常有效的。但 LEO 以远的探索任务伙伴国能带来的援助的量及类型都还是未知的，且有技术能力和预算承诺的潜在国际合作伙伴也可能与美国通往火星途径的目标有不同观点。可能的国际援助范围在全球探索路线图中已有概述[⑬]。尽管从费用支持、创新和稳定性的角度来看，国际援助十分重要，NASA 还是倾向于独自承担主要财政负担，尤其是当美国强烈希望主导途径和技

---

⑫　Claude LaFleur, Costs of U.S. piloted programs, *The Space Review*, March 8, 2010.

⑬　ISECG, *The Global Exploration Roadmap*, 2013.

术的方向时。

4.2.7.4　进度驱动的经济可承受情形

为了更详细理解这三条火星代表途径中与时间表、经济可承受度、可持续任务率以及可能的将 ISS 延期服役至 2028 年的影响有关方面，首先要尽快弄清无约束的仅有 NASA 参与的登陆火星的项目可能是什么样的。这三条代表途径的研发时间和飞行率乐观，模型中主要途径研发之间的间隔是最小的。在美国载人航天历史上，最长的飞行间隔是从阿波罗到航天飞机项目的过渡。这一间隔最初预计是 4 年，但由于航天飞机研发过程中意外的延误而拉长至 6 年。阿波罗项目执行的 11 次载人任务发射平均飞行任务率是每 4 个月发射一次。航天飞机项目在 30 年间保持了平均每 3 个月发射一次的飞行任务率。航天飞机两次发射的时间间隔最小达 17 天，最大 32 个月（在挑战者号事故后）。前两次航天飞机飞行之间的时间间隔是 7 个月，比较而言，前两次空间发射系统发射间隔计划是 4 年。

有些情况下，特别是 ISS 即将在 2020 年退役，月球至火星以及加强探索途径，所设想的飞行率模型代表了合适的历史飞行率。然而，如上所述，对于包含在所有经济可承受性分析内的项目空白还是有些过于乐观。另外，人们假设每一在研系统在需要进行操作的时刻都是成功的，且没有任务失败（与之相关的问询和项目延期，如阿波罗 1 号和挑战者号及哥伦比亚号发生的情况）。还有一个被忽视的是项目所需的机器人先锋任务。例如空间发射系统在首次人类飞行（EM-2）之前仅会有一次不载人发射，可以设想，火星大气层进入、下降和着陆系统在地球和火星大气中不会有丰富的机器人实践经验，而这个系统将是人类航天员赖以生存的依靠。因此，以下所示的所有经济可承受性分析，以及对人类首次登陆火星的预估日期过于乐观。

作为一个有代表性的例子，对加强探索途径的每一个进阶设计参考任务，其成本明细如图 4-31（a）所示。图中，与单个设计参考任务的载荷、基础设施及支持设备的研发和操作相关的成本明细被打破了。所示的费用都代表着新系统和任务操作的中间点成本预测（基于历史费用增长差额）加上基准成本。图 4 - 31（a）显示总的载人航天当年的年预算，要求猎户座和空间发射系统的固定基础设施费用和研发费用用灰色表示，每一设计参考任务要求的途径研发和操作费用（包含空间发射系统和猎户座的边际成本）都用彩色表示。图中还显示 ISS 将延期服役至 2028 年。由于本研究中的成本规划是理论上的，因此图 4 - 31（a）成本纵轴数据和类似数据都以美元价值标出。即使如此，载人航天委员会还是相信，这一图中所概括的成本规划提供了一个在各种途径之间以及途径和预算规划之间做相关对比的可靠基础。

　　图 4 - 31（a）显示，采用加强探索途径在 2040 年之前人类登陆火星预算可能大幅增加。这个是由三种途径所有的时间进度得出的结论，不论 ISS 是否要延期服役到 2028 年，如图 4 - 31（b）所示。NASA 加强探索途径的总年费用和 ISS 延期服役至 2028 年［图 4 - 31（a）］都以紫色线表示，用以与其他途径时间进度驱动的情形比较。在这些时间进度驱动的情形下，火星表面登陆的预估日期主要由技术研发时间表和相关为达到设定日期目标而增加的资金投入所驱动。图 4 - 31（c）显示每一情形下由于受制于行星发射限制，月球表面任务每两年发生一次、地月间任务及小行星任务每一年发生一次、基于火星的任务每 26 个月发生一次的计划载人发射日期。在所有情况下，途径中最后的目的地将在 2030 年抵达，但是，如图 4 - 31（b）所示，所有三条途径的规划费用都比载人航天预算规划要高得多，认为是经济上不可承受的。要想全资投入这些项目，载人航天预算可能要以未来 15 年通货膨胀率的 2～4 倍增加，视具体途径及 ISS 的状态而定。

　　此处所示的时间进度被认为是乐观的，因为他们假设了一个全资投入且以成功为导向的项目，即使所需技术成功验证了，登陆火星也可能会推迟。

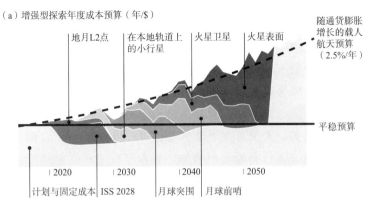

（a）增强型探索年度成本预算（年/$）

地月L2点
在本地轨道上的小行星
火星卫星
火星表面
随通货膨胀增长的载人航天预算（2.5%/年）
平稳预算
2020
2030
2040
2050
计划与固定成本
ISS 2028
月球突围
月球前哨

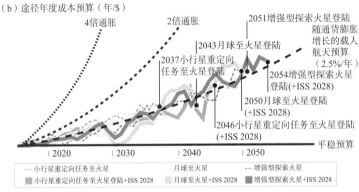

（b）途径年度成本预算（年/$）

4倍通胀
2倍通胀
2051增强型探索火星登陆
随通货膨胀增长的载人航天预算（2.5%/年）
2043月球至火星登陆
2037小行星重定向任务至火星登陆
2054增强型探索火星登陆(+ISS 2028)
2050月球至火星登陆(+ISS 2028)
2046小行星重定向任务至火星登陆(+ISS 2028)
平稳预算
2020
2030
2040
2050

--- 小行星重定向任务至火星　　　　月球至火星　　　　--- 增强型探索火星
■ 小行星重定向任务至火星登陆+ISS 2028　　■ 月球至火星+ISS 2028　　■ 增强型探索火星+ISS 2028

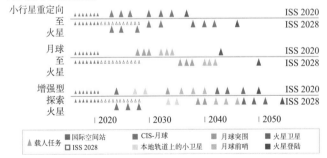

（c）载人飞行途径预算

小行星重定向至火星　　　　　ISS 2020　　ISS 2028
月球至火星　　　　ISS 2020　　ISS 2028
增强型探索火星　　　　ISS 2020　　ISS 2028
2020　2030　2040　2050

▲ 载人任务　■ 国际空间站　■ CIS-月球　■ 月球突围　■ 火星卫星
□ ISS 2028　■ 本地轨道上的小卫星　■ 月球前哨　■ 火星登陆

图 4-31　　（a）增强探索途径财务预算成本 10 年期概况。（b）包括或不包括 ISS 延寿至 2028 年的 3 种代表性途径的 10 年期财务预算成本概况比较。（c）包括或不包括 ISS 延寿至 2028 年的 3 种代表性途径中假设载人任务时间进度的财务预算（见彩图）

4.2.7.5　预算驱动的经济可承受情形

预算驱动的经济可承受情形是基于火星三种代表途径因通货膨胀而限于载人航天预算的假设。预算不确定性的下限或预算持平并未考虑在内，因为这种条件不能将任何途径持续下去以实现把人类送上火星的目标。要使途径费用情形受限，并随载人航天预算与通货膨胀一起增加，人类首次登陆火星的那一年必须位于右侧，设计参考任务之间的飞行间隔必须增加，载人飞行率将需要降至历史水平。图 4 - 32 （a）显示，在 ISS 延期服役至 2028 年后，加强探索途径的每一设计参考任务都可能被推迟至有充足的预算可用时才能继续，火星登陆可能要到大约 2054 年才能发生。然而，要实现这一情形，载人飞行的次数必须大幅减少且任务量要降至每 5 年进行两次载人飞行，如图 4 - 32 （c）所示。

图 4 - 32 （b）和图 4 - 32 （c）比较了三种受预算驱动的代表途径。关于时间表，正如预料，取决于 ISS 延期服役，小行星重定向任务至火星途径可能潜在地在 2037 年至 2046 年间将人类任务引向火星表面，月球至火星途径可以在 2043 年至 2050 年间实现着陆。所有这些着陆日期都有些乐观，因为有研发挑战和潜在失败导致的特定途径时间进度延期，不可避免地会发生推迟。这类问题将进一步被紧缩的预算和项目经理对预料外的问题和关切的有限反应能力所加剧。这些受限于预算的情形会导致不现实的和不可持续的任务率远低于任何历史先例。对于小行星重定向任务至火星途径，在 ISS 2028 年退役后至登陆火星期间仅有 5 次载人任务。对于月球至火星途径，月球突围和月球前哨设计参考任务也仅有 6 次飞往月球的载人任务，期间将有 7 年时间没有飞行计划。只有当有任务飞往火星附近区域时，空间发射系统的飞行率才会大幅增加。对途径中的每一种，空间发射系统在 2030 年前每年发射次数都将在 0～4 之间变化。反之，火星任务（火星卫星或火星表面）将需要在一次任务中发射多发空间发射系统。（两种情况下，有些发射需在载人发射前的发射机会中进行，将它们可能用到的资源和支持物预先放置好。）即

使当空间发射系统发射率处于可持续范围^㉞，在预算驱动情形下的任务率也远低于过去美国载人航天项目的任务率。

伴随着预算驱动情形的低操作进度而来的是严重的潜在程序和操作风险，将导致载人航天委员会不得不考虑将任务率放大至足以影响每一途径，主要基于技术专家联合委员会成员在飞行项目和相关工程方面的专业经验。这将在后续章节中进行讨论。

4.2.7.6　操作可行情形

对每一途径的时间进度和预算驱动的经济可承受性情形的剖析显示，与 ISS 的延期服役无关，采用历史任务率的途径是经济上不可承受的，而基于载人航天预算随通货膨胀增加的可承受的途径又是不可持续的。对于每一途径，本节的目的是在最小的可能预算下显示出乐观但潜在可持续的任务率。ISS 退役到首次火星任务期间，载人任务平均时间可能为 19～28 个月，取决于途径与 ISS 退役日期的组合。载人任务的有些间隔可能发生在每两次主任务操作期间，以允许硬件研发和任务设备的预先部署。另外，测试一些关键系统（如火星大气层进入、下降和着陆的机器人任务）可能需要在载人火星表面任务之前完成。

图 4 - 32（a）～（c）表示的是对于三条代表途径，要实现操作可行的任务率的所需预算。假设 ISS 延期服役至 2028 年，且载人航天预算每一年增加至多 5%（两倍于通货膨胀率），载人火星表面任务最早可能发生在 2040 至 2050 年期间。这些日期可能有些乐观，因为由研发和潜在失败导致的途径时间进度和设计修改的延迟不可避免会发生。若探索预算以每年 5% 增加，那么从经济可承受度的角度考虑，在 2020 年停用 ISS 的好处就没有设想中那么大，因为人类登陆火星可能会加快 2～4 年，视途径和相关风险而定。

㉞　According to NASA leadership in a recent presentation to the NASA Advisory Council's Human Exploration and Operations Committee that rate is once per year.

（a）操作上可行的增强型探索年度成本（年/$）

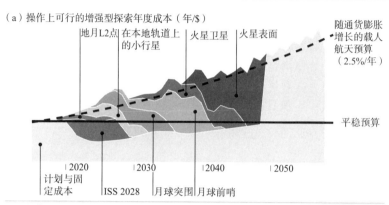

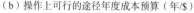

（b）操作上可行的途径年度成本预算（年/$）

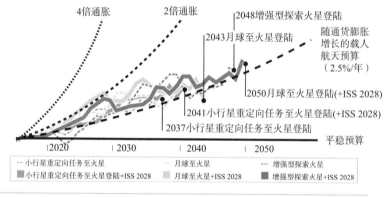

（b）操作上可行的载人飞行途径预算

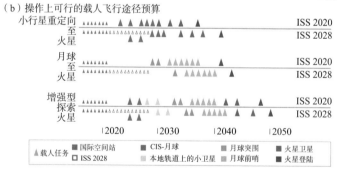

图 4 - 32　（a）增强探索途径 10 年期可操作成本概况。（b）包括或不包括 ISS 延寿至 2028 年的 3 种代表性途径的 10 年期可操作成本概况比较。（c）包括或不包括 ISS 延寿至 2028 年的 3 种代表性途径可操作载人任务时间进度假设（见彩图）

4.2.8　理想途径特性的途径评估

许多途径都是可以设想的，由于选择的有些目的地十分复杂、每一种都会积累许多设计参考任务，因而缺乏可行性。然而，详述能够引导载人航天项目的可取途径特性是有可能的。6 种可取特性包括：

1）可预见目标和中期目的地应具备深远的科学、文化、经济、激励或地缘政治效益，能够证明公共投资的合理性；

2）任务和目的地的安排顺序应能够使利益相关方，包括纳税人，看到进度和发展，对 NASA 完成这一途径充满信心；

3）该途径以符合逻辑的技术能力前瞻为特点；

4）该途径将那些对实现后续目标无益的、没有发展前途的任务组成部分的使用降至最低；

5）该途径是可承受的，并不至于招致不可接受的风险；

6）在可获得的预算条件下，该途径能够支持关键技术能力保持，确保操作人员熟练度和基础设施有效使用。

载人航天委员会不推荐任何特定的途径，但以上所述的途径将在下文中用于与可取特性进行比较评估。

4.2.8.1　途径目的地的重要性

任何途径，若严格执行并完成，可能以此标准评分很高，因为都以登陆火星表面结束，而这是在可预见的技术水平下对人类探索最具挑战性的目的地。火星，鉴于其遥远的有水的历史，对研究地外行星的演化和可能的生命起源也具有较高的科研价值。

月球至火星和加强探索途径以本标准来看，评分较高，但有争议，因为那些途径也包括月球和近地小行星（大体积）。尽管有些人忽视月球，认为它不具有吸引力，因为人类已经登陆月球，这和在哥伦布四次航海后已经被充分探索过的新世界是类似的，而后来对新世界的探索和开发对旧世界带来了深刻的文化、经济和地理政治冲击。哥伦布时代的新世界非常繁茂和欣欣向荣。很显然，两个形容词都不适用于月球。但新世界对旧世界最重要的冲击是，系统开采的以黄金为主要形式的矿产财富，本来主要由土著居民开采，后来由欧洲殖民者开采。那些矿产财富起初在哥伦布发现的新世界早期兴起时并不明显，但后来就进入了更深入探索的阶段。类似地，作为进一步月球探索的结果（此处是机器人探索），广为人知的是月球上的永久阴影区的环形山内的水中，很可能包含比同等质量的黄金要贵重得多的"矿产财富"。水可以是一种重要的资源，使得人类探索得以实现，在基于太空的经济中，它也是一种不需要在地球重力下进行昂贵运输的氧气、燃料、可饮用水的资源。

近地小行星的特征，尽管可能利用机器人进行探索更加具有效费比，考虑到行星防御，或者终极的是在基于太空的经济中进行开发利用，也被认为具有极大的重要性。

4.2.8.2 中间目的地排序的进展

如过去注意到的，LEO 外的载人航天将会在几十年后发生。考虑到目前的预算，建议选择最佳途径飞往火星，这是最快也是最便宜的方案，即已经讨论过的小行星重定向任务至火星途径。然而，即使 ISS 于 2020 年退役，假设所有技术挑战都顺利实现的话，受限于预算的时间进度，最早的可设想的人类出现在火星附近的时间是 21 世纪 30 年代末。在这期间，唯一的载人航天任务是飞往 ISS（至 2020 年止），不发生登陆任何自然天体的地月空间的飞行。如此，没有载人航天对 NASA 的资金投入的大幅增加，小行星重定向任务至火星途径就表现出长期技术发展的需求，而 NASA 的参与者看不到任何实际的人类探索任务发生。这个问题也即本研究的技术专家组确定的项目持续所面临的最严重问题。

小行星重定向任务没能成功激发美国国会和科学界的热情。对于如此远距离目标航行的支持与在途径中（火星卫星）向下一步迈进所需的广泛而昂贵的技术研发可能是不可持续的。

对比之下，月球至火星和加强探索途径可能允许国会和公众看见一个人类活动的更广阔的地平线，中间还有完全不同的中途里程

碑。这种途径可能是更加可持续的，即使它们可能比小行星重定向
任务至火星途径费用更高。

4.2.8.3　逻辑上的技术前向反馈

　　月球至火星和加强探索途径具有相对稳定的系统研发步伐。他
们缺少图 4 - 7 中所示的小行星重定向任务至火星途径的"断崖"，
在短期内，仅有少数系统需要在载人航天的地月空间中实践，但大
约有总数的一半要求从火星卫星到达火星表面的系统必须研发出来。
这种能力要求的大幅提高代表着非常高的研发风险。成功的技术研
发最好的激励因素是将该技术研发植入一个有明确时间节点的项目
中。这样做通常能防止技术研发最终落入可能不具有任何价值的
"自生自灭"的窠臼。如过去注意到的，核热推进发展了超过 20 年，
产生了多种变体。尽管技术上出现了重大进展，但缺少指向明确需
求的项目支撑，最终看来所有努力都没有得到任何成果。

4.2.8.4　尽可能减少对实现后续目标无益的、没有发展前途的
　　　　　　任务组成部分

　　小行星重定向任务至火星途径有 4 个对实现后续目标无益的、
没有发展前途的组成部分：小行星俘获航天器、3 个支持人类航天员
长期在火星卫星附近或表面生存的元素。加强探索途径也有 4 个对
实现后续目标无益的、没有发展前途的任务组成部分：3 个火星卫星
任务组成部分，一个（大量储存阶段）自然轨道小行星任务组成部
分。月球至火星途径仅有一个对实现后续目标无益的、没有发展前
途的任务组成部分，就是月球返地的一次性降落阶段。这一分析显
示人们能如何改进途径的经济可承受度。从加强探索途径中删除火
星卫星可以极大减少对实现后续目标无益的、没有发展前途的任务
组成部分的数目，而同时还允许对自然轨道的小行星进行探索。在
一个人类探索项目和消除火星卫星任务可能带来对其他途径特征的
影响（如项目研发风险）之间的衡量中，必须做出这样的折中。当
然，国家不太可能完全采用本报告所述的任何途径。"尽可能减少对

实现后续目标无益的、没有发展前途的任务组成部分"的目标是使系统逻辑的前向反馈最小化、最大限度地利用受限资源。只有在一条途径获得政府完全同意的情况下，人们才能最终确定一个给定的任务组成部分是否是对实现后续目标无益的、没有发展前途的。

4.2.8.5　经济可承受性与研发风险

表 4 - 4 概括了本报告中分析过的每一个途径和经济可承受性情形相结合的经济可承受性、研发风险以及操作速度。该表还表明，载人飞行的次数（包括首次登陆火星）和 ISS 情形下（即 ISS 在 2020 年或 2028 年退役）登陆火星的最早可能时间。

表 4 - 4　途径可承担性、发展风险和可操作性综述

	小行星重定向至火星		月球至火星		增强型探索	
	ISS 2020	ISS 2028	ISS 2020	ISS 2028	ISS 2020	ISS 2028
载人飞行次数	进度驱动: 9	9	进行驱动: 17	17	进行驱动: 20	20
	预算驱动: 7	9	预算驱动: 7	7	预算驱动: 11	14
	操作上可行的: 9	9	操作上可行: 9	8	操作上可行: 14	14
可能的最早火星登陆时间	ISS 2020	ISS 2028	ISS 2020	ISS 2028	ISS 2020	ISS 2028
	进行驱动: 2033	2033	进行驱动: 2035	2035	进行驱动: 2039	2039
	预算驱动: 2037	2046	预算驱动: 2043	2050	预算驱动: 2050	2054
	操作上可行的: 2037	2041	操作上可行: 2041	2043	操作上可行的: 2048	2050
操作速度满意度	进行驱动: 否		进行驱动: 是		进行驱动: 是	
	预算驱动: 否		预算驱动: 否		预算驱动: 否	
	操作上可行的: 临界		操作上可行的: 临界		操作上可行的: 临界	
可承担性[a]	进行驱动: 否		进行驱动: 否		进行驱动: 否	
	预算驱动: 是		预算驱动: 是		预算驱动: 是	
	操作上可行的: 临界		操作上可行的: 临界		操作上可行的: 临界	
发展风险	进行驱动: 极高		进行驱动: 非常高		进行驱动: 高	
	预算驱动: 极高		预算驱动: 非常高		预算驱动: 高	
	操作上可行的: 极高		操作上可行的: 非常高		操作上可行的: 高	

[a] "可承担性"一栏中"是"意为在执行该方案时，预算增长与通胀持平；"临界"意为该方案所需载人航天预算增幅两倍于通胀率（约为 5% 每年）；"否"意为所需载人航天预算增幅 4 倍于通胀率（约为 10% 每年）。

载人飞行的总次数和火星表面人类任务最早可能实现的时间在不同途径和经济可承受性情形组合下的变化范围非常大。小行星重定向任务至火星途径总的来说具有最少的载人飞行任务次数（不超过 9 次）。这也是吸引公众关注的最小次数，但这样也能实现最早登陆火星的目标。加强探索途径倾向于产生最多载人飞行次数，也包含最多的任务目的地。这可能增强公众兴趣，但它与其他途径相比倾向于推迟首次人类火星表面任务。

经济可承受性和操作速度由经济可承受性情形决定。由时间进度驱动的情形是经济上不可承受的，因为执行这些情形所需的费用远超任何 NASA 的载人航天预算可能的增长（这些情形可能要求未来 15 年中载人航天预算以通货膨胀率 4 倍的数量增加）。由预算驱动的情形经济上是最可承受的，但也有无法接受的低操作速度。操作上可行的情形从经济可承受性（可能要求载人航天预算以通货膨胀率的 2 倍增长）和操作速度上（任务率可能远低于历史先例但高于预算驱动情形）看都是边际的。

研发风险由途径选择决定。如前面章节讨论过的，途径（前述）关键任务组成部分投入上，小行星重定向任务至火星途径有三个目的地，前两个（小行星重定向任务和火星卫星任务）仅研发出火星表面任务（见图 4 - 7）所需的 11 个主要任务组成部分中的 5 个。另外，前两个目的地任务包括最少到达目的地的时间（小行星重定向任务约 10 天，火星卫星任务约 60 天），且两个任务都不能提供任何在部分重力环境下人类健康或系统性能的数据。在火星表面任务期间，航天员将在火星表面生活约 500 天。后续的火星表面任务需要极大的研发努力和能力上的大幅提升。因此，小行星重定向任务至火星途径具有超高研发风险。

月球至火星途径发展月球任务中 11 个主要任务组成部分中的 7 个，但比之地月空间外的任务也有更强的任务中止能力。与小行星重定向任务至火星途径相比，月球至火星途径以更平滑的火星表面任务所需的研发任务组成部分进展为特征。另外，在月球任务期间也研发出了一些过渡任务组成部分，这些组成部分能降低火星表面任务研发风险。它将是从月球任务到火星表面任务的一大步，月球至火星途径带有非常高的风险。

加强探索途径显示一个较长的能力累积的增长（见图 4－7），而避免同时出现多种主要任务组成部分的研发。过渡任务组成部分用于缩小技术差距。这一能力的累积增长暗示着，与其他小行星重定向任务至火星途径或月球至火星途径相比，加强探索途径具有较低的研发风险。但考虑到发展这 11 个主要任务组成部分、支持系统和相关能力所需的技术进步水平，加强探索途径还是有较高的研发风险。

4.2.8.6　运转速度

运转速度通过检验历史成功项目标准下的载人任务率和空间发射系统飞行率来评估。前两次空间发射系统飞行预计发生在 2017 年和 2021 年。表 4－5 显示从 2022 年到首次空间发射系统载人发射到火星卫星或火星表面任务期间，空间发射系统发射平均时间间隔。一旦火星任务在进行中，发射时机将由火星会合周期决定，大约平均每 26 个月会有发射窗口开放。

表 4－5　运转速度：空间发射系统发射和载人任务

途径	小行星重定向任务至火星		月球至火星		增强型探索	
ISS 退役年份	2020	2028	2020	2028	2020	2028
从 2022 年至首次火星卫星/火星表面任务发射之间的空间发射系统飞行平均时间时隔（月）						
进度驱动型方案	16	16	4	4	3	3
预算驱动型方案	24	32	9	12	9	8
操作可行方案	18	29	6	7	5	5
从 ISS 退役到首次火星卫星/火星表面任务之间的载人任务时间间隔（月）						
进度驱动型方案	17	12	11	7	11	7
预算驱动型方案	30	40	46	44	33	29
操作可行方案	16	18	28	23	22	19

在 ISS 退役前，载人发射率将由 ISS 决定。表 4－5 显示从 ISS 退役到首次到达火星卫星或火星表面的载人任务的平均时间间隔。和空间发射系统发射一样，一旦火星任务在进行中，发射时机就由

火星会合周期决定。一旦 ISS 退役，载人任务率将持平于或稍低于同时期的空间发射系统飞行率，因此载人任务率是评估操作速度的关键因素。操作速度越低，保持关键技术能力的难度、保持操作人员熟练度的难度、有效利用人员和基础设施的难度就越大。克服这些风险所需的行动将增加费用。随着历史发射率和建议发射率之间的差异增大，过去经验作为计划未来项目的基础关联度变弱。增加的费用及风险，某种程度上看，使得途径不可持续。相应地，假设非常低的空间发射系统飞行率或载人任务率与一个持续几十年的探索途径相容是不现实的。

　　每一途径的操作速度都取决于是否这一途径在受时间进度限制、预算限制或操作可行情形下、或是否在 ISS 退役后执行的。所有预算受限环境下的途径都表现出任务率远低于过去的成功的美国项目，低到必须被认为是一个严重的项目风险。时间进度受限情形的操作速度总的来说对所有途径都是非常优秀的，除了小行星重定向任务至火星外，因为技术研发"断崖"必然导致延迟。操作可行情形代表一种边际案例，因为载人任务率低于过去的美国经验，但它可能是能够实现的。

4.3　技术方案

　　本章描述了目前正在研发中的用于支持未来载人航天事业的新技术和能力。论述中总结了当前 NASA、美国工业界、联邦政府其他部门以及外国政府正在开展的重要探索技术项目。虽然本意不在于严格的调查或评估，但本节确实表明了 NASA 和其他相关机构中潜在相关项目的广度和投资的规模，这有助于解决载人航天中的难题。

　　支持未来载人航天的新能力将来源于众多的资源。其中最重要的是由 NASA 管理的直接用于其载人航天计划的技术项目。这些技术项目影响了 NASA 资助的研究成果，从而为工程工作提供信息。

同样，应该让任务需求来引导研究者在任务保障能力上的工作。那些重要的新能力也可能从那些追求类似目标的商业活动中获得。这包括传统的航天活动，例如运载火箭或卫星的研发，也包括刚出现的产业，例如太空旅游。其他政府部门，主要是美国国防部，也生成了能够用于载人航天项目的新技术。最后，还有很多正在进行的国际太空项目，也能够提供 NASA 感兴趣的能力，并且国际合作伙伴也会允许 NASA 利用这些能力。

4.3.1　NASA 技术项目

NASA 的先进探索新系统和新技术的研发是由载人探索与操作任务部和空间技术任务部的探索预算来资助的。载人探索与操作任务部的研发活动从以下三个主题领域开展：

1) 探索系统研发：猎户座飞船项目；空间发射系统火箭项目；探索地面系统项目。

2) 探索研究与开发：人类研究项目；先进探索系统。

3) 商业航天飞行：商业乘员项目。

空间技术任务部管理着探索技术研发项目——主要用于研发探索技术，以及其他几个支撑探索技术研发和应用的项目。

载人探索与操作任务部和空间技术任务部探索技术项目的目前状况如下所述。

4.3.2　载人航天探索与操作任务部

4.3.2.1　探索系统研发

空间发射系统重型火箭、猎户座飞船以及相关地面系统正在研发中，其目标是重建美国实施 LEO 以远的载人航天能力。这些系统的研发不针对任何专门的目的地。它们是 NASA 提高载人航天能力的部分工作，这些能力能够支撑通往多个目的地的飞行任务，有望在未来启动飞往一个或者多个特定目的地的航天项目。

空间发射系统运载火箭首次飞行（EM‑1）定于 2017 年，第二

次飞行（EM－2）定于 2021 年[⑤]。这些火箭将具备 70 MT 的 LEO
载荷能力，其升级版的 LEO 载荷能力超过了 130 MT。关于该运载
火箭项目的其他信息可见前文"重型运载火箭"。

　　猎户座飞船的主要部件包括发射中止系统、乘员舱和服务舱。
猎户座能够搭载 4 名航天员，它将是从地球上发射并返回的主要载
人飞船。它具备执行交会对接和舱外活动的能力。猎户座飞船的最
大任务时长取决于服务舱的能力，服务舱提供航天员维持生命所需
的消耗品。首次无人试飞计划在 2014 年，将使用波音公司的德尔它
4 重型火箭。第二次飞行计划在 2017 年，作为首次空间发射系统试
飞的组成部分。猎户座飞船的首次载人飞行计划在 2021 年由空间发
射系统 EM－2 完成。猎户座飞船首次飞行的服务舱将由 NASA 提
供，第二次飞行则由 ESA 提供，这是 ESA 作为 ISS 的成员方对美
国承担的成本分摊责任。ESA 服务舱的设计将在自动转移飞船的基
础上完成，后者已经多次飞往 ISS。

　　探索地面系统项目正在建设新的发射场基础设施，或者翻新原
有发射场以支持空间发射系统和猎户座飞行系统的集成、发射和回
收处理等作业。NASA 的肯尼迪航天中心已经成立了单独的办公室
来管理探索地面系统项目和 21 世纪地面系统项目。后者是为了提升
NASA 支持其自身之外的政府或企业发射客户的能力。

4.3.2.2　探索研究与开发

　　NASA 的探索研究与开发项目是由人类研究项目和先进探索系
统项目构成的。

　　人类研究项目的目的是研究、了解、预防和减轻长期太空任务
对人类健康造成的风险。特别关注的领域包括太空辐射中的暴露、
太空中的应急医疗护理、局限和隔离影响相关的社会心理问题以及
微重力对于人体的影响。该项目大量地利用 ISS 针对微重力环境中

　　[⑤]　上述日期后续有可能变动，因为尽管此版本已为报告终版，但上述日期数据为
NASA 2014 年 1 月公布。

的航天员健康问题开展实验、分析数据。《太空辐射 NASA 研究声明》引入了外部科学界来对探索任务中航天员面临的空间辐射危险提供更好的理解并降低风险。研究声明以及相关的 NASA 研究与美国深空探索目标紧密一致。

先进探索系统项目正在开发新的能力和操作概念，目的是改进 LEO 以远载人航天任务的安全性、降低其风险和成本。该项目的范围包括先驱任务的航天员机动能力、居住系统、运输装置系统和操作机器人技术。其活动包括在地面上和 ISS 里实验期间验证和评估原型系统。该项目还与科学任务部开展了合作，目的是为机器人先驱任务开发仪器和概念。机器人先驱任务将为载人航天探索任务收集潜在目的地的数据。

4.3.2.3　商业航天飞行

考虑到 2011 年航天飞机项目的终止，NASA 在 2006 年启动了与工业界的合作，以促进能够实现地面和 ISS 之间货物与乘员往返的商业系统研发。商业货物发射系统的研发已经完成，空间探索技术公司和轨道科学公司成功完成飞向 ISS 的验证和操作飞行可以证明这一点。空间探索技术公司和轨道科学公司得到了为 ISS 提供 20 次货物运输的合同，在 NASA 载人探索与操作任务部的预算中，货物运输商业合同的拨款已经从探索部转到了操作部。到 2014 年 4 月，空间探索技术公司已经利用猎鹰 9 号运载火箭和龙飞船完成了 3 次 ISS 补给任务，轨道科学公司在 2014 年 1 月利用其安塔瑞斯运载火箭和天鹅座飞船完成了其对 ISS 的首次补给任务。NASA 将继续支持波音公司、空间探索技术公司和内华达山脉公司三家商业伙伴发展商业乘员运输能力（实现乘员在 ISS 与地面之间的往返）。NASA 已经与这三家公司签订了总额高达 11 亿美元的两年期财务协议。后续协议有望实现 2017 年之后的 ISS 乘员往返飞行。商业乘员运输项目对 NASA 的主要影响是减轻了 NASA 目前对俄罗斯在航天员运输方面的完全依赖。现在还不能确定这种方式能否降低成本，但可以肯定的是，通过商业货物运输项目和商业乘员运输项目，美国已经建立并扩展了支撑载人航天的工业基础。这很可能在未来给 NASA 提供额外的能力，也可能形成不必完全依赖 NASA 的太空经济，就像不再依靠 NASA 的商业通信卫星和成像卫星产业。不过需要指出的是，这种主要利用载人航天的太空商业经济当前仍然是很不确定的。

4.3.2.4　空间技术任务部

探索技术研发项目正在研发地球轨道以远载人探索的相关支持技术，重点是需要长期开发的先进技术。该项目的范围包括太阳能电推进，环控与生命支持系统，就地资源利用，进入、下降与着陆系统，太空低温流体储存与转移以及改善航天员安全和效率的机器人系统。

探索技术研发项目消耗了空间技术任务部约 1/3 的预算。空间技术任务部也资助了其他三个项目：

　　1）空间技术横向研发项目；

　　2）中小企业创新研究/中小企业技术转移项目；

　　3）合作伙伴研发与战略集成项目。

这些项目都在支持载人探索与操作任务部、科学任务部以及宇航研究任务部。

空间技术横向研发项目开发的技术能够广泛适用于未来 NASA 科学探索任务的需求以及其他联邦机构和行业需求。该项目多个部分调查了大范围技术的成熟度等级，从概念研究到飞行验证。其关注领域包括先进的制造技术、纳米技术和合成生物学。另外，该项目进行技术演示任务以验证所选的已经成功通过地面测试的技术。低密度超声速减速器、激光通信、深空原子钟和太阳帆目前正在开展技术示范项目。

中小企业创新研究/中小企业技术转移项目是为了增加中小企业在 NASA 研究和技术开发中的参与度，促进 NASA 研究成果的商业化应用。2012 年对该项目征集了大范围的主题，包括降低机身噪声和阻力，研发和利用运载火箭、空间推进系统和太空居住设施，以及用于天体物理学和地球科学的先进太空望远镜。

合作伙伴研发与战略集成项目负责在 NASA 内部协调技术研发活动，领导 NASA 的技术转移和商业化活动。

4.3.2.5　NASA 基础设施

阿波罗计划开始的时候，美国只有一个相当基本的太空计划。结果，除了开发所需的技术外，用于测试、组装、发射等的基础配套设施必须从头开始创建。这方面的一些基础设施，如肯尼迪航天中心的火箭装配车间和综合发射台（A 和 B）在阿波罗计划完成后被改变用途。即便如此，NASA 仍有大量的老化基础设施。NASA 监察长办公室、政府审计办公室和国家研究委员会都报告过 NASA 令人担忧的状况[96]。NASA 监察长办公室确定 NASA 大约 80％的设施都已超过 40 年，这些设施每年的维修费用总计超过 2 400 万美元，并且持续的维护不足，还在增加已经大量积累的维护延期时间[97]。这些折旧成本对开发新的支撑 LEO 以远载人探索的基础设施造成了潜在威胁。例如，一些用于开发和测试裂变表面能源系统和核电推进系统的基础设施必将给计划、许可、拨款和建设提出挑战。

4.3.3　商业项目

很多公司正在开发先进的运载火箭、太空舱和太空居住设施以服务传统客户，如商业卫星行业、NASA 和美国国防部。也有一些新举措通过提供地球轨道和亚轨道飞行能力来开发新的市场，如太空旅游或者为私人开发的空间站提供运输服务（如果建造成功）。一些航空航天公司，如具备大量太空飞行经验的波音公司和轨道科学公司正在开发新的运输系统。其他比较新的企业，如毕格罗宇航公

---

⑥　A. D. McNaull，House Space Subcommittee discusses aging NASA infrastructure，FYI：The AIP Bulletin of Science Policy News，Number 145，October 4，2013.

⑦　NASA Office of Inspector General，"NASA's Efforts to Reduce Unneeded Infrastructure and Facilities，" February 12，2013，http：//oig. nasa. gov/audits/reports/FY13/IG‐13‐008. pdf.

司、蓝色起源公司、空间探索技术公司、维珍银河公司和 XCOR 宇航公司也正在开发其他系统。在某些情况下，新系统的发展得到了 NASA 的帮助（例如商业货物和乘员运输系统），其他项目的研发则完全依赖于私人资金。但是所有这些公司都以使商业载人航天盈利为目标投入了巨资。市场证据表明，至少其中的一些举措具备可持续发展条件。事实上，许多公司在开发新系统方面取得了良好进展，如上述的轨道科学公司的安塔瑞斯运载火箭和空间探索技术公司的猎鹰 9 号运载火箭，它们已经进入了商业货运服务市场，毕格罗宇航公司开发的空间居住系统将在 2015 年停靠 ISS 进行为期两年的评估。

瞄着 LEO 以远的太空，已经有一些新企业成立，他们的目标是将私人资助的载人飞行任务发展到月球或火星，或者将非载人任务发展到小行星。但是这些雄心勃勃的努力都没有显示出投入大量资金或进行运输工具研发的迹象。这并不奇怪，因为 LEO 以远的探索任务将是极其昂贵的，需要克服大量的技术风险，而产生积极投资回报的时间也将远远超出企业经营计划的正常时间范围。

正在研发中的最大商业运载火箭是空间探索技术公司的猎鹰重型火箭，它能够把机器人送到火星。但是，如果美国不着重支持该火箭的在轨组装、补给和推进剂加注能力发展，那么猎鹰重型火箭支持 LEO 以远载人航天的能力则非常有限。但美国似乎不太可能对猎鹰重型火箭给予支持，因为国会已授权研发空间发射系统运载火箭，并且 NASA 已经启动用于执行 LEO 以远载人航天任务的运载火箭的研制工作。而现役或在研开发中的较小型运载火箭不太适合执行上述任务，且市场对于这种运载能力的需求也非常有限。

4.3.4　国防部

美国政府中 NASA 之外的其他部门的新技术和新能力研发计划将有助于未来的载人航天计划。最明显的是，美国国防部正在大量投资以提高能力并降低其航天有关活动的成本，尤其是在发射成本方面。美国空军近日宣布,将允许新的运载火箭供应商,例如空间探索技术公司,获取发射国家安全有效载荷的许可。另一方面,国防部对 NASA 一直推动的空间发射系统态度冷漠。美国国防部的研究机构,如美国国防高级研究计划局(DARPA)、空军研究实验室和海军研究实验室,也在推进空间技术各种技术成熟度的工艺水平,从例如先进材料和发电技术的基本构件,到例如自动交会对接系统的复杂的系统空间验证。具体例子包括国防高级研究计划局的快速利用飞船试验台,其作用是促进研发高功率和小质量的太阳能电池组;国防高级研究计划局的轨道快车任务,用于验证自动交会对接以及两个航天器之间的非低温流体转移;空军研究实验室的先进热防护系统研究。

那些主要集中在地面应用的研究也有助于未来的载人航天任务。例如,某些用于提高战场上士兵能效和安全性的医学与行为科学成果可能有助于保护长期飞行任务中航天员的健康。在军事应用方面机器人技术的成果将有助于 NASA 先进机器人技术的研发。此外,陆军的人类通用负载承重器中开发的技术可以用于 NASA 开发先进的航天服,以减少航天员在出舱活动时要承受的力和力矩。

4.3.5　国际活动

现在有越来越多的国家开展实质性的载人探索项目,包括正在进行的系统或技术开发项目,这些项目可能对 NASA 未来载人航天活动做出直接贡献。最值得注意的是俄罗斯、ESA、日本和中国正在进行的项目。此外,加拿大在 ISS 项目中是一个积极的合作伙伴,而印度有长远的载人航天探索计划。总之,已有 38 个国家的航天员在太空中飞行过。正如第 2 章中提到的,载人航天探索提高了国际地位和民族自豪感,这似乎是新兴航天国家进入这一领域并扩大其活动的主要动机⑱。

目前，俄罗斯的载人航天计划的重点和美国一样，为支持 ISS。俄罗斯拥有长期的太空政策，就像在媒体上讨论过的，他们具备 LEO 以远载人航天项目所需的技术和系统研发能力，特别是在核推进、电力系统以及载人探索方面。但是其核能研发设施可能需要一个大规模的翻修，才能支持新的重要研发工作。就像美国一样，俄罗斯几乎所有的空间核能系统研发工作都是几十年前的事了。

ESA 的载人航天计划重点是支持 ISS。ESA 正在执行 ISS 货运飞行任务，同时也在探索发展载人飞船的可行选项，并且承诺开发猎户座飞船的服务舱。该服务舱将采用已经执行了多次 ISS 补给任务的 ESA 自动转移飞船技术。

在中国，航天员被视为中国文化和科技显赫地位的象征。中国的载人航天计划重点是 LEO 任务。中国计划发展模块化空间站和载人月球探索项目，这些任务正在开发的技术和系统细节不公开。NASA 与中国的双边合作被美国法律所禁止，所以美国和中国的航天计划各自独立开展。这一项由国会意愿所推动的政策，使得美国无法与一个可能有能力真正为国际合作任务做出巨大贡献的国家开展合作。现在应重新审视这项政策是否符合美国的长远利益。

印度和日本也在各自考虑开发利用其国内火箭发射的载人飞船⑲。

国际太空探索协调组的 2013 全球探索路线图包括了一个载人探索火星的单一参考任务方案。该方案"反映了执行越来越复杂的多目的地任务所需的关键能力渐进演变的重要性……该路线图演示了初始能力如何保障月球附近的多个任务，回应了个别的以及共同的

---

⑱　Mindell et al.，"The Future of Human Spaceflight: Objectives and Policy Implications in a Global Context," American Academy of Arts and Sciences, Cambridge, Mass., 2009.

⑲　Mindell et al.，"The Future of Human Spaceflight: Objectives and Policy Implications in a Global Context," American Academy of Arts and Sciences, Cambridge, Mass., 2009.

目标，同时有助于构建可持续载人航天探索所需的伙伴关系。"[100] 国际太空探索协调组编制全球探索路线图[101]的 12 个空间机构和国家将继续支持 LEO 以远的载人探索。

4.3.6　机器人系统

4.3.6.1　机器人科学与探索

由科学目标驱动的机器人空间探索大大扩展了人类关于太阳系的知识，包括其起源和演变。机器人任务，包括探测器、着陆器和火星车，已经发现了火星上过去温暖而潮湿环境的大量证据。此类证据包括湖泊系统、盐碱滩和火山[102]。火星过去可能存在生命，是人类一直有兴趣通过机器人和载人任务来探索和认识这颗红色星球的科学驱动原因。

人类和/或机器人探索关注的其他目标包括小行星、月球以及火星的两颗卫星，火卫一与火卫二。通过分析由阿波罗计划和由苏联发射的机器人任务带回来的月球物质，以及随后的机器人月球轨道飞行任务显示，月球形成于地球早期一个火星大小的小行星冲撞地球的时候[103]。从原始星体到冲撞破坏后的铁镍残余物，对小行星的地面观测和机器人探索任务显示其有非常多的进化状态。火卫一和火卫二是特别有趣的小星体，因为这两个星体看上去是由非常简单的

---

⑩　ISECG, *The Global Exploration Roadmap*, 2013.

⑩　Ibid.

⑩　J. P. Grotzinger et al., A habitable fluvio-lacustrine environment at Yellowknife Bay, Gale Crater, Mars, Science 343, doi: 10.1126/science.1242777.

⑩　D. J. Stevenson, "Origin of the moon—The collision hypothesis, *Annual Review of Earth and Planetary Sciences* 15 (1): 271-315, 1987.

材料组成的[104]，与人类推断出来的火星平均物质组成完全不同[105]。鉴于火星、月球、小行星以及火星的卫星所蕴含的极高科学价值，将有更多的机器人任务关注月球及其他星体。

机器人科学任务提供了目的地的环境、地形、表面参数和其他信息，这对于载人飞行任务的安全性和有效性是必要的。例如，由火星科学实验室任务在飞往火星途中和在火星表面上收集的辐射数据（通过好奇号完成）为 NASA 提供了关于火星自然界及其辐射程度更加精确的信息，这些都是航天员在载人探索火星表面时会遇到的问题。

机器人能力的进化改进将使得机器人维护飞船成为可能，以及在载人登陆之前可以由机器人先驱任务在着陆现场进行地面操作。目前，ISS 上的实验正在验证机器人系统补给推进剂和维修航天器的能力。地面操作包括对着陆附近地点潜在危险地形和环境的探索。在火星表面由机器人操作的就地资源利用系统可以基于大气中的二氧化碳生成人类所需的氧气，还可以利用从地球带来的氢将二氧化碳转化为水。在飞船乘员抵达表面后，机器人系统可以让航天员从琐碎的任务中脱离出来，如内务管理工作。此外，机器人系统可以和人类合作努力完成地表勘探，例如那些能够穿越危险地形的机器人，可以用来为人类探寻峡谷地层和火山口边缘岩壁上的安全路径，或者当地形对于人类探索太困难的时候用于进行侦察和采样任务。

4.3.6.2　机器人改变游戏前景

本章其他地方提到过，在 20 世纪 40 年代后期一些有远见的人正确地推测出人类最终将前往月球，但他们设想的方法（通过单个

---

[104]　H. Y. McSween, Jr., *Meteorites and their Parent Planets* (2nd ed.), Oxford University Press, 1999.

[105]　A. Fraeman et al., Spectral absorptions on Phobos and Deimos in the visible/near infrared wavelengths and their compositional constraints, Icarus 229: 196 - 205, doi: 10.1016/j.icarus.2013.11.021.

巨型火箭完成旅途往返）与实际使用的方法不一样。部分原因在于，一个实际项目在有限的资源环境下开发了更加实用的方法，另一部分原因是早期的那些设想者难以预见后来的巨大技术进步，特别是数字计算机的出现。

虽然在过去 50 多年来化学推进的基本技术已经难以改进，但计算机的能力仍然在以指数级的速度提升，目前还看不到尽头。传感器的技术能力也出现了爆发性增长。现在廉价的消耗性电子设备比阿波罗计划时期有更多的计算能力、传感器分辨率和可编程性。

计算能力、传感器质量和机电一体化技术（将机械、电气和控制技术结合起来的技术）指数级增长的一个具体表现形式是在机器人领域。工业机器人已经是再普通不过的事了。自动驾驶汽车在不久前还是高度理论性的话题、极其前沿的实验，现在已经开始商业开发了。在西方社会，正在严肃地考虑将机器人作为人口危机的解决方式，在那里照护老人将需要更加精干的能够与人类进行复杂交流的高度自治系统。

有批评称载人航天太过昂贵，对此最普遍的回答是：在探索方案中，人类的前后推理和解决问题的能力是必不可少的。然而，对我们太阳系的认知更多的是由相对简单的机器人而不是人类完成的。同样，海洋学研究因为船基海洋学过高的成本一直在衰退。直到近期，通过使用可以收集更大规模数据而且比传统的海洋探险成本更低的自治系统而经历着一场革命。甚至在保守的军事领域，曾经认为人类的存在是必须的，但无人机、无人潜水器（侦测并摧毁水雷）和其他机器人系统被越来越多地代替人执行危险任务。在未来的几十年，机器人能力的改进会给空间探索带来新的机遇，开辟新的途径，这些途径在技术上可行，并且是可以承担得起的，不会再引起难以接受的发展风险。

4.4　小组技术分析和承受能力评估的关键成果

下述关键成果出自技术小组的技术分析和承受能力评估，其将在本章中详细阐明。

1）载人探索的可行目的地。在可预见的未来，载人探索的可行目的地只有月球、小行星、火星以及火星的卫星。人类登陆火星表面的任务是可行的，即使这需要克服前所未有的技术风险、财务风险以及项目难题。火星是人类的可预见目标。

2）人类探索的速度及成本。人类在 LEO 以远的探索进程将以十年为单位衡量，其成本可达数千亿美元，还冒着巨大的人类生命风险。

3）载人航天预算规划。凭借目前载人航天不变的预算水平，或者仅能够弥补通货膨胀影响的预算规划，火星探索之路并不可行。

a）载人航天连续不变的预算对 NASA 来说，不足以执行任何火星探索途径，并且将载人航天限制在 LEO，直到 ISS 项目结束；

b）仅凭借与通货膨胀速度持平的 NASA 载人航天预算增长，技术及操作的风险也使得火星探索之路不可行；

c）当前规划的载人飞行频率明显低于过去载人航天项目飞行频率[16]；

d）确保 NASA 的载人航天预算每年增加 5%，才能利用潜在可行的任务频率，通过大幅降低技术、成本及进度风险实现探索途径。

4）潜在的成本缩减。上述呈现的十年期评估基于传统 NASA

---

⑯　本报告编制后期，NASA 领导层告知 NASA 顾问委员会载人探索与操作委员会，对于一个可行的空间发射系统计划，"重复性节奏不可或缺"，空间发射系统每年都要发射。该声明与载人探索与操作委员会的调查结果相一致，"假设的空间发射系统长期发射列表"向委员会显示，空间发射系统在目前计划于 2021 年执行的 EM2 任务之后未确定有效载荷，建议军事、商业和/或科学任务抓住这一发射空档，但目前尚未宣布任务承诺。空间发射系统重型运载能力暗示与有效载荷相适应的载荷费用将成为空间发射系统发射频率增至每年一次的巨大障碍。

采办。成本大幅加速缩减也是可能的，成本缩减源于以下方面：

　　a）对广泛适用的商业产品及业务的更多应用；

　　b）显著的国际成本分摊（即远超 ISS 的成本分摊水平）；

　　c）在高优先级能力上未预见到的重大技术进步。

　　5）最高优先级能力。使人类探索火星表面成为可能所需的最高优先级能力与下述方面有关：

　　a）火星大气层进入、下降和着陆；

　　b）防辐射；

　　c）太空推进及能源技术。

　　6）目标的连续性。美国载人航天探索目标的频繁变化浪费了资源并且阻碍了进展。

　　7）持续进展。在目前预算方案中，仅有很少的几项活动能够确保美国载人探索计划在未来十年能够按照本报告陈述的途径继续前进，而这仅有的几项很难进行。可选措施包括以下几项：

　　a）强制剥离 NASA 的非必要设施和人员，以给未来导向的项目释放资源[10]；

　　b）将 ISS 用于支持未来 LEO 以远的探索，包括利用 ISS 作为技术及人类健康的实验平台；（然而，出于技术原因以及 LEO 中禁止使用核裂变系统[18]，ISS 不能用于支持 5）中的任何最高优先级能力的开发。）

　　c）对最高优先级能力进行大量研究以及技术投入；

　　d）保持稳定的行星及空间科学项目，以获取并维持公众对深空探索的关注，促进与载人航天探索和月球/火星表面探索相关的技术能力，以及更好地了解太空及星体表面环境；

---

　　[10]　采取这一举措所面临的政治障碍暗示这可能需要一个特殊程序，类似于 NASA 2004 年的"不动产评估"，但应采用一个独立的两党评估委员会和后续的国会直接投票表决。

　　[18]　United Nations Principles Relevant to the Use of Nuclear Power Sources in Outer Space，UN A/RES/47/68，1992，available at http：//www. un. org/documents/ga/res/47/a47r068. htm.

e）人员投入：发展一批具有飞行项目实践经验的人员队伍；

f）继续利用商业产品及技术以强化工业基础并提高 NASA 的效率；

g）加强国际合作关系和伙伴关系，目标是减少重复工作、利用世界范围的专业技术以及显著降低美国整个项目的成本。

载人航天是一项非常具有挑战性的工作，充满了令人生怯的技术、政治以及项目难题，对于那些推进人类存在边界的探索者来说还要承担高度的健康风险。尽管要面临周期性的财政困难并且缺少广泛而深入的公众支持，美国对这项努力的投资规模是巨大的，并已持续了几十年。经常引用的载人航天理由对部分人来说是不言而喻的，对其他人来说却是不足置信的，并且不太可能有更具说服力的新理由。

美国已经完成了最宏大的空间工程项目（即 ISS），十几个国家合作行动以维持 ISS 并开发其能力。多个国家进行了大量的投资，自然希望能够分摊花费并且维持其能力。项目和预算的因素使得 ISS 得以完成，彼时恰逢保障其组建的主要运输工具（即航天飞机）退役，而国会授权研发新的运载火箭，即空间发射系统。此外，美国国家领导人号召开展 LEO 以远的探索，那里有更远的目的地在召唤。空间发射系统仅仅能够满足重返月球所需的一部分技术要求，更不用说载人探索近地小行星或者火星附近和表面了。国家领导层继续支持 LEO 的操作，但看上去并不想大规模提高对载人航天的投资水平。因此，载人航天项目面临着进退两难的境地。维持 ISS 和研发空间发射系统几乎没给下一步 LEO 以远的计划留下预算机动空间。然而，上述的可承受性分析表明在目前规划的载人航天预算范围内，即使成本、技术研发以及项目稳定性都符合乐观假设，要想到达下一个显著的载人航天里程碑还需要几十年。

实现 LEO 以远探索进展的最重要因素可能是国家（和国际）就未来开展的探索途径达成强有力的共识，并且遵守不受行政机构和国会干涉的准则。没有这样的共识和准则，未来的空间发射系统极有可能被浪费，LEO 载人航天将成为例行公事（虽然仍冒着生命风险），而且人类存在的边疆将不会得到开拓，至少不会被美国开拓。但是如果达成这样的共识并且严格遵循本报告所描述的探索途径和原则，美国将会在空间探索领域保持其领导者的历史地位，并且能够开展可持续的 LEO 以远的载人航天项目，这会是载人航天半个多世纪以来的第一次。

附录 A 任务书

根据 2010 年《美国国家航空航天局授权法案》第 204 章节的相关规定，美国国家研究委员会（NRC）将特设一个委员会，负责研究审核美国载人航天计划的长期目标、核心能力以及方向，并提出建议，确保计划的可持续性。

委员会具有下述责任：

1）考虑 1958 年《美国国家航空航天法案》，2005、2008 及 2010 年《美国国家航空航天局授权法案》，2010 年《美国国家太空政策》，以及现有的美国总统签署的太空政策指令中规定的载人航天计划的目标。

2）广泛并有针对性地征求公众和利益相关方的意见，以便更好理解载人航天计划的动机、目标，以及未来发展方向，即开展美国载人航天计划令人信服的及可持续性的理据基础，同时向公众及其他利益相关方展示其价值。

3）在政府、工业、经济及公益事业需求等国家目标中，在当前及未来的国际合作方在航天计划中的优先权及计划等大背景下，描述美国国家航空航天局载人航天活动的预期价值及价值定位。

4）确定一系列优先级较高、较持久的，描述国内和国际背景下载人探索理据和价值的问题。这些问题应该为长期的载人航天活动提供方向，应包括载人航天需要解决的科学、工程、经济、文化及社会科学方面的问题，以及改善人类整体生活条件方面的问题。

5）考虑先前所做的检验载人航天探索方面的研究，以及美国国家航空航天局跟国际合作伙伴所做的工作，了解可行性的探索方式（包括关键技术追求以及预期目标），并在"技术推动"和"需求拉动"之间找到合适的平衡点。此外，需要考虑的问题还包括美国国家航空航天局载人探索框架小组及载人航天架构团队所做的分析结果，审核美国载人航天计划（奥古斯丁委员会）、美国国家研究委员会之前的报告，以及委员会所确认的相关报告。

6）检验2010年《美国国家航空航天局授权法案》中规定的国家目标与基础建设能力、机器人活动、技术以及任务之间的关系，并评价它们与持久性问题之间的关系。

7）为美国载人航天探索提供调查结果、理论依据、最优推荐方案，以及决策规则，以促进和指导未来规划。推荐方案将描述高层战略途径，确保美国能够持续追求载人航天所支持的国家目标，解决持久性问题，并向全国传达2014—2023财年期间对整个国家的价值。同时，还应考虑计划在2015—2030年的发展方向。

附录 B 舆论数据概述

研究机构/赞助商姓名缩写

ANES	美国国家选举研究
AP	美联社
AP/IPSOS	美联社/益普索
Gallup	盖洛普咨询公司
GSS	美国民意研究中心综合社会调查
HI	哈里斯互动
LSAY	美国青少年纵向研究所
NSF Surveys of Public Attitudes	美国国家科学基金会公众对科学技术的理解和态度调查
ORC	宏观舆论研究中心
Pew	皮尤民众与媒介研究中心
WSJ	华尔街日报

调查问题

针对第 3 章涉及的调查问题，本章节按照话题和出现的顺序列举如下。

兴趣及关注民众

图 3 - 1

1981 — 2000：美国国家科学基金会公众对科学技术的理解和态度调查

2003 — 2007：科学消息研究

2008 — 2009：美国国家选举研究

对太空感兴趣的程度

新闻中讨论了很多问题，但是很难涉猎各个领域。我将简单列举一个问题清单，对于每个问题，我希望您告诉我：非常感兴趣，比较感兴趣，或完全没兴趣。

［太空探索］

了解太空的程度

对于每个问题，我希望您告诉我：非常了解，比较了解，或完全不了解。

［太空探索］

对太空的关注度

公众对太空的关注度分为：1）对太空探索具有浓厚的兴趣；2）对太空探索非常熟悉；3）仅限于浏览国家新闻。浏览国家新闻的定义是至少完成下述事情中的一件：每周几次或每天阅读报纸或在线浏览；经常阅读新闻杂志、科学杂志、健康杂志；每周至少三天以上观看网络或者有线电视新闻；每周至少三天以上阅读在线新闻。20 世纪 80 年代浏览新闻不包括在线浏览报纸或者网络消息。

美国国家科学基金会在 1981 — 1999 年通过北伊利诺伊大学的公众舆论实验室，在 2001 年和 2003 年通过宏观舆论研究中心，采用电话访问的方式，开展了公众对科学技术的理解和态度的调查。自 2005 年，美国民意研究中心通过面对面访谈的方式开始搜集数据，并作为美国民意研究中心综合社会调查的一部分。2007 — 2008

年科学消息研究和 2008 年的美国国家选举研究机构，通过知识网络，采用全国在线概率抽样的方式开展了相关调查。

其他感兴趣的问题

GSS 2012，面对面访谈，样本容量 $n=1\,974$

新闻中讨论了很多问题，但很难了解各个领域的知识。我将为您提供一份问题清单，对于每个问题，我希望您告诉我：非常感兴趣，比较感兴趣，或完全没兴趣。

［关于太空探索的问题］

支出支持

Pew 10/13，电话采访，Abt SRBI，样本容量 $n=1\,504$

现在我想问您关于政府的几个问题。您对［美国国家航空航天局］的总体评价是非常支持、基本支持、基本反对、还是非常反对？

Gallup 8/06，代表太空基金电话采访，样本容量 $n=1\,000$

美国国家航空航天局今年的预算请求是联邦预算的 1%，相当于普通市民每人每年花费 58 美元。您认为国家太空探索基金应维持在当前水平、略微增加、显著增加、略微降低、显著降低，还是停止拨款？

Gss，1972 — 1978、1980、1982 — 1991、1993 年每年进行一次，1994 — 2012 年两年进行一次。面对面访谈，近年采用电话访谈，样本容量会有变化

在国内我们将面临很多问题，解决每个问题都不容易，成本也很高。我将举出几个此类问题，对于每个问题，我希望您也举出几个此类问题。同时，对于每个问题，我希望您能告诉我，您认为我们在该问题上花费太高、太少或基本合适。首先［太空探索计划］……我们是否在［太空探索计划］上花费太高、太少或基本合适？

Pew 1/04，电话采访，样本容量 $n=1\,503$

当阅读关于美国总统乔治·沃克·布什和国会今年（2014）应优先解决的问题时，请您告诉我所读到的这个项目是紧急、重要但不紧急、不太重要，还是应该放弃？"扩张美国太空计划"是紧急、重要但不紧急、不太重要，还是应该放弃？

阿波罗计划

Gallup 5/61，电话访问，样本容量$n=1\ 545$

经估算载人登月将花掉美国 400 亿美元，折合人均 225 美元。您是否希望花掉这笔钱来实现该目的？

HI 7/67，电话访问，样本容量 $n=1\ 250$

未来几年每年可能会花掉美国 40 亿美元，旨在完成载人登月，以及探索其他星球及外太空。您认为太空计划是否值得花费这笔钱？

Gallup 2/67，电话访问，样本容量$n=2\ 344$

您认为在苏联之前完成载人登月重要与否？

CBS/NYT 7/79，CBS/NYT 6/94，CBS/NYT 7/09；电话访问；1979，样本容量 $n=1\ 192$；1994，样本容量 $n=978$；2009，样本容量 $n=944$

美国花费了大量的时间、精力和金钱来完成载人登月。现在我们回首过去，您认为这些努力是否值得？

国际空间站和航天飞机

NSF 关于公众对科学技术的理解和态度调查，1988，1992，1997，1999。ORC Macro 进行的电话访问；1988，样本容量 $n=2\ 041$；1992，样本容量 $n=2\ 001$；1997，样本容量 $n=2\ 000$；1999，样本容量 $n=1\ 882$

美国太空计划应建造一个能够容纳科学和制造试验的大型空间站。您是强烈同意、同意、反对，还是强烈反对？

CBS/NYT 1/87 ，1/88，10/88；电话访问；1987，样本容量 $n=1\ 590$；1988，样本容量 $n=1\ 663$；1988，样本容量 $n=1\ 530$

考虑到空间探索的相关成本和风险，您认为航天飞机是否值得继续进行？

CBS 12/93，8/99，7/05；**电话访问**；1993，**样本容量** $n=892$；1999，**样本容量** $n=1\ 165$；2005，**样本容量** $n=1\ 222$

考虑到空间探索的相关成本和风险，您认为航天飞机是否值得继续进行？

NBS/AP 10/81，11/82，NBC/WSJ 10/85，NBC/WSJ 6/86，Pew 6/11；**电脑辅助电话访问**；1981，**样本容量** $n=1\ 598$；1982，**样本容量** $n=1\ 583$；1985，**样本容量** $n=1\ 573$；1986，**样本容量** $n=1\ 599$；2011，**样本容量** $n=1\ 502$

您是否认为航天飞机计划对整个国家来讲是一笔不错的投资？

（1981 — 1986 年，问题如下：您认为航天飞机计划是一笔不错的投资吗……）

CBS/NYT 7/79，CBS/NYT 6/94，CBS 8/99，CBS 7/09；**电话访问**；1979，**样本容量** $n=1\ 192$；1994，**样本容量** $n=978$；1999，**样本容量** $n=1\ 165$；2009，**样本容量** $n=944$

美国花费了大量的时间、精力和金钱来完成载人登月。现在我们回首过去，您认为这些努力是否值得？

火星

CBS/NYT 6/94，CBS 7/97，CBS 8/99，CBS/NYT 1/04，CBS 7/09；**电话访问**；1994，**样本容量** $n=978$；1997，**样本容量** $n=1\ 042$；1999，**样本容量** $n=1\ 165$；2004，**样本容量** $n=1\ 022$；2009，**样本容量** $n=944$

您会支持还是反对美国派遣航天员探索火星？

Gallup 7/69，7/99，6/05；**电话访问**；1969，**样本容量** $n=1\ 555$；1999，**样本容量** $n=1\ 061$；2005，**样本容量** $n=1\ 009$

关于派遣航天员登陆火星，已经有过很多讨论。但是，对于此类尝试，您支持还是反对美国拨款投资此类项目？

AP/IPSOS 1/04；电话访问；样本容量 $n=1\ 000$

观点 1：您可能听说过，美国正在考虑扩大太空计划，在月球上建立永久太空站，并计划派遣航天员登陆火星。考虑到潜在的成本及利益，您是支持还是反对按照这种方式来扩展太空计划？

观点2：您可能听说过，布什政府正在考虑扩大太空计划，在月球上建立永久太空站，并计划派遣航天员登陆火星。考虑到潜在的成本及利益，您支持还是反对按照这种方式来扩展太空计划？

载人与无人飞行计划的比较

Gallup/CNN/USA 2/03；电话访问；样本容量 $n=1\ 000$

有人认为美国的太空计划应该专注于无人飞行任务，如旅行者2号从太空发回信息。还有人认为美国应该专注于维持载人航天计划，如航天飞机。您支持哪种观点？

AP/IPSOS 1/04；电话访问；样本容量 $n=1\ 000$

有人建议派遣机器人比派航天员去探索月球和火星会更划算。您是建议派遣机器人还是航天员去探索月球和火星？

鉴于去年2月份发生的航天飞机事故，7名航天员遇难，您认为美国是否应该继续派人探索太空？

美国国家航空航天局角色、国际合作及商务公司

Pew 6/11；电话访问；样本容量 $n=1\ 502$

您认为，美国有没有必要继续充当太空探索的国际领导者角色？

Time/Yanke lovich 1/88；电话访问；样本容量 $n=957$

您认为美国有没有必要引领太空探索活动？——非常重要、比较重要或根本不重要？

AP/IPSOS 1/04；电话访问；样本容量 $n=1\ 000$

您认为美国有没有必要引领太空探索活动？——非常重要、比较重要或根本不重要？

CNN/ORC 7/11；电话访问；样本容量 $n=1\ 009$

您认为美国在太空探索领域领先俄罗斯是否重要？——非常重要、比较重要或不太重要？

Gallup 6/61；面对面访谈；样本容量 $n=1\,625$

您认为美国在太空探索领域领先苏联是否重要？——非常重要、比较重要或不太重要？

Gallup 3/06；电话访问；样本容量 $n=1\,001$

目前，许多亚欧国家都有自己的太空计划或太空活动及探索宣传计划。随着越来越多的国家开始启动太空计划，您是否担心美国将失去在太空领域的领导地位？

Gallup 4/08；电话访问；样本容量 $n=1\,000$

中美两国都宣布实施载人登月计划。中国计划于 2017 年派航天员登月，而美国宣布计划于 2018 年派航天员登月。您是否担心中国取代美国，将成为太空探索的新领导人？

Time/Yanke lovich 1/88；电话访问；样本容量 $n=957$

您认为美俄两国合作探索太空——如登陆火星，是好主意还是坏主意？

HI 7/97；电话访问；样本容量 $n=1\,002$

（下述问题您是持支持还是反对态度？）——美国、俄罗斯及其他国家工作人员共同参与的太空飞行计划？

CBS 7/97；电话访问；样本容量 $n=1\,042$

一般来讲，您认为美国是否应该跟俄罗斯合作开展太空飞行任务？

Gallup 4/08；电话访问；样本容量 $n=1\,000$

您可能已经了解到美国航天飞机于 2010 年退役，星座计划首次启动时间预计为 2015 年。2010 年航天飞机最后一次既定飞行任务和星座计划首次启动两者间隔时间为 5 年。在五年时间内，美国需要通过俄罗斯联邦航天局访问国际空间站，俄罗斯联邦航天局会将国际空间站的会员们运至国际空间站。您是否担忧美国在这 5 年间无法直接访问空间站？

Yanke lovich 12/97；波音公司进行的电话访问；样本容量 $n=1\,510$

有人认为太空计划应由私人公司投资并安排载人任务，也有人认为应由联邦政府投资管理。您更偏向于哪种观点？

CNN/ORC 7/11：电话访问，样本容量 $n=1\ 009$

通常，您认为美国在未来是应该更加依赖政府还是私人公司来进行国家载人航天飞行任务？

太空探索的理据

CBS/NYT 6/94：电话访问；样本容量 $n=978$

您认为进行太空探索的最佳理由是什么？（开放式问题）

Gallup 6/04：太空基金进行的电话访问；样本容量 $n=1\ 000$

您认为美国继续探索太空的主要原因是什么：探索太空是人类本性，维持美国太空探索国际领袖地位，为地球提供好处，确保国家安全，激励我们以及我们的子孙后代，或者其他原因？

Pew 6/11：电话访问；样本容量 $n=1\ 502$

请从更加宽泛的角度考虑太空计划，美国太空计划做出了多少贡献：如全体美国公民可以应用的科技进步，国家自豪感和爱国主义精神，激发人们对科学技术的兴趣？

Gallup 6/04：电话访问；样本容量 $n=1\ 000$

您是否同意或不同意下述说法？"我们日常生活质量受益于我国太空计划所贡献的知识和技术。"

Gallup 5/05：电话访问；样本容量 $n=1\ 001$

您在多大程度上同意或不同意下述说法：

美国太空计划有助于为美国提供在国际市场上与其他国家竞争所需要的尖端科技。

美国的太空计划有助于激励学生在科技领域追求事业进步，进而造福国家经济。

Gallup 4/08：电话访问；样本容量 $n=1\ 000$

您在多大程度上同意或不同意太空探索所带来的科技及其他进步值得人类冒险进行航天飞行？

您在多大程度上认为美国的太空计划激励年轻人考虑接受科学、技术、数学或工程领域的教育？

支持太空探索的相关因素

LSAY，1987，1988，1989，2008，2011；**自填问卷法**；1987：**样本容量** $n = 4\,491$；1988：**样本容量** $n = 3\,708$；1989：**样本容量** $n = 3\,191$；2008：**样本容量** $n = 2\,568$；2011：**样本容量** $n = 3\,154$

新闻中讨论了很多问题，很难全面了解各个领域的知识。关于下述的每个问题领域，请说明您对该问题有多少兴趣，以及了解多少？

［太空探索］

附录 C 利益相关方调查方法

美国载人航天飞行公众和利益相关方意见小组进行了多个关键利益相关方群体调查，以便获得利益相关方输入数据。芝加哥大学的全国民意研究中心进行了调查。本附录讲述调查采用的方法。

抽样框

在与各类专家和利益相关方进行非正式探索性初步讨论、意见小组跟委员会协商后专门制定了一个利益相关方清单，满足本项目需要（详见表 C-1）。为了构建调查抽样框，意见小组在每个利益相关方群体中确定了领导职位，然后确定这些职位的任职人选。以工业群体为例，抽样框包括美国航空航天工业协会、商业太空飞行联合会、美国航空航天学会等公司的首席执行官和总裁。以太空科学家为例，抽样框包括国家科学院、国家医学院、国家工程学院中对太空感兴趣的会员，以及美国宇宙航行学会、美国天文学会等专业协会的官员和董事会。

因为委员会负责推荐未来几十年的可持续性计划，年轻一代人的想法尤为重要。为了制定年轻太空科学家的抽样框，意见小组收集了最近三年来美国航空航天学会杰出青年奖和优秀研究生奖、国家科学基金会博士后奖学金以及美国国家航空航天局航空研究生奖学金计划获奖者名单。

每个利益相关方群体抽样框的清单说明详见表 C-1。

表 C - 1 旨在生成利益相关方调查抽样框的清单

利益相关方	描述
经济/工业	美国航空航天工业协会 商业太空飞行联合会 美国航空航天学会 航空航天州协会 众议院科学、太空和技术委员会空间小组委员会中可以证明最近三年行业背景的个人 参议院商业、科学和运输委员会科学和太空小组委员会中可以证明最近三年行业背景的个人
太空科学家和工程师	来自相关领域的国家科学院会员 来自相关领域的国家工程学院会员 对太空相关领域研究感兴趣的国家医学院会员 美国航空航天局咨询委员会 航空航天安全咨询委员会 美国宇宙航行学会 美国地球物理学会 美国天文学会 美国引力和空间研究协会 众议院科学、太空和技术委员会空间小组委员会中可以证明最近三年行业背景的空间科学家 参议院商业、科学和运输委员会科学和太空小组委员会中可以证明最近三年行业背景的空间科学家
青年太空科学家和工程师	最近三年美国航空航天学会杰出青年奖和优秀研究生奖获奖者 最近三年相关领域国家科学基金会博士后奖学金获奖者 最近三年美国国家航空航天局航空研究生奖学金计划获奖者
其他科学家和工程师	来自非空间相关领域的国家科学院会员 来自非空间相关领域的国家工程学院会员 对空间相关领域研究不感兴趣的国家医学院会员 美国国家科学委员会 美国科学促进会 科学杂志编辑委员会 众议院科学、太空和技术委员会空间小组委员会中可以证明最近三年行业背景的非空间科学家 参议院商业、科学和运输委员会科学和太空小组委员会中可以证明最近三年行业背景的非空间科学家
高等教育	来自研究型大学和博士学位/研究型大学相关领域研究生部的主任及领导（卡耐基准则 15、16、17）

续表

利益相关方	描述
安全/国防/外交政策	美国国防部国防政策委员会 国家科学院空军研究委员会 国家科学院军事科学技术委员会 国家科学院海军研究委员会 国防部联邦资助研发中心 　众议院科学、太空和技术委员会空间小组委员会中可以证明最近三年国防背景的个人 　参议院商业、科学和运输委员会科学和太空小组委员会中可以证明最近三年国防背景的个人
宇宙作家和科普作家	天文馆董事 　以"天文学/太空"作为自己的一项研究领域的全国科学作家协会会员 　从@NASASocial Twitter 列表中可以查到其 NASA 社交媒体账号的个人 　众议院科学、太空和技术委员会空间小组委员会中可以证明最近三年是太空作家或科普作家的个人 　参议院商业、科学和运输委员会科学和太空小组委员会中可以证明最近三年是太空作家或科普作家的个人
太空倡导者	探索火星 火星学会 国家太空学会 行星学会 太空基金会 太空前沿基金会 太空一代 太空探索与开发学生组织 百年星舰 太空探索 　众议院科学、太空和技术委员会空间小组委员会中可以证明最近三年太空倡导背景的个人 　参议院商业、科学和运输委员会科学和太空小组委员会中可以证明最近三年太空倡导背景的个人

利用上述方法，总体抽样框包含了 10 000 以上的个体，在每个群体里，对总计 2 054 个样本进行了系统随机抽样。抽样前，对重复的群体进行了删除。最终样品中，在一个以上群体中出现过的个体

被做了标记。为便于分析，每个抽样群体的会员，不会重复收到完成调查的请求。因为"美国国家航空航天局利益相关方"是一个没有明确定义的群体，并且我们采用了抽样框这种合理方便、简单易行的方法来挑选利益相关方，所以本次调查结果无法涵盖所有的利益相关方。此外，我们没有尝试对数据进行加权处理，来弥补不同群体样本容量的差异或组成上的重叠问题。因此，总结每个群体的反馈不能代表所有美国国家航空航天局利益相关方的意见。无论如何，每个抽样框的抽样都是概率抽样，我们认为，跟非概率抽样相比，这种方法为利益相关方意见提供了一个更加广泛和更加多样化的视角。

调查问卷

利益相关方调查目标是为委员会提供利益相关方关于载人航天观点的输入数据，特别是：

1）载人航天的常规理据以及新理据；

2）权衡和替代选择背景下载人航天的重要性；

3）中断美国国家航空航天局载人航天计划的后果；

4）在不久的将来（例如未来 20 年）有价值并且切实可行的计划的特征和目标。

意见小组跟委员会协商后制定了调查工具。目标是旨在制定标准化问题，既适合自填问卷（采用纸质问卷或网络问卷形式），也适合专业访谈人进行的访问问卷（采用电话方式）。最终问卷详见附录 C。为了降低问卷的顺序效果（受访者潜意识里会倾向于支持自填问卷前面的答案选项，以及电话访问问卷问题清单后面的答案选项），会准备两个版本的调查问卷，即问卷第 3、4、5 及 11 项的顺序颠倒。随机分配受访者接受 A 版本或者 B 版本问卷，跟访问问卷一致。（附录 D 是邮寄问卷 A 版本。）

数据收集

意见小组选择芝加哥大学的全国民意研究中心来收集数据。数据收集工作于 2013 年 9 月 17 日开始，并于 2013 年 11 月 6 日结束。

为了提高应答率，本次调查以三种访问问卷的方式进行——邮寄、网络和电话——所有方式都会被案件管理系统监控，案件管理系统会跟踪各种模式所有抽样利益相关方的状态和结果。这样能够确保样本成员没有重复接受问卷调查。同时，它还能控制未完成调查的样本成员接收到的电邮数量，以便减少不必要的负担。

首先，纸质问卷会邮寄给所有样本成员，同时邮寄的还有美国国家研究委员会主席签署的说明信，以及邮资已付的信封，供受访人完成问卷后返回问卷使用。

经过多次联系后，发现唯一的联系方式是邮寄地址的，进行后续邮寄。此外，当电话访问员联系受访者时，少数样本成员可能会要求采用邮寄问卷的方式进行，在这种情况下，也会采用重复邮寄的方式进行。当数据收集工作接近尾声时，会采用联邦快递的方式将提示函寄给工业和青年太空科学家群体中还未做出答复的剩余样本成员，以便提高这些群体的参与度。这些信函包括网络调查链接、个人 PIN 码，以及样本成员可以用来完成电话访问调查的免费电话号码。

采用接收控制和数据录入系统来输入已经接收到的，经过百分百数据录入确认的邮件答复。

邮寄问卷访问和电子邮件问卷访问完成以后，所有没有答复但提供电话号码的样本成员均采用电话访问形式。电话访问员将从位于伊利诺洲芝加哥市全国民意调查中心的电话中心职员中进行挑选和培训。采访前，所有访问员应通过认证测试，证明他们熟悉项目目的及调查访问问卷。同时，还应执行采用免费电话号码接收呼入电话这种机制。

此外，还会将这种调查方式的网络链接发送给提供电子邮件地址的所有样本成员。样本成员可以通过样本编辑时随机分配的个人 PIN 码访问网络接受调查。此外，网络调查链接可能会包含在初期纸质邮件中，也可能会通过定期有计划的电子邮件或者请求的方式提供。

电话访问开始时间是 2013 年 10 月 1 日，定期对没有完成调查的受访者进行后续电话访问，拒绝接受访问的受访者除外。在整个数据采集过程中，全国民意调查中心的电话中心监督员会对访问员进行全程监控。

在数据采集过程中，研究员会持续监控复杂迹象的结果，每天也会监控调查进度，按调查方式和群体类别统计已完成调查的人数，以及已经完成调查的总人数。在整个过程中，仔细监控调查方式发生变化的案件是非常关键的。如果经过确认样本成员在美国以外的其他国家定居，行为能力下降或欠缺行为能力/不能完成调查，均被视为不符合条件。

其中有 6 个调查问题要求采用开放式应答，研究人员采用编码的方式进行，答案被编码归入意见小组制定的类别。两个编码员分别将早期收集的 100 个案件数据进行编码，并计算编码员间信度。产生的卡巴统计量详见表 C-2。这些案件将从 8 个利益相关方群体中按比例进行挑选。全国民意调查中心调查经理和编码监督员听取意见小组初始编码的相关汇报。然后，待数据收集完成后，对全部开放式回答进行编码，符合首批开放式回答期间制定的指导方针。

表 C-2　基于前 100 个已编码案件所计算的编码员间信度

问题编号	卡巴统计量
Q1A	0.82
Q1B	0.73
Q2A	0.87
Q2B	0.75
Q6	0.73
Q18	0.88

数据采集结束时，1 104 个个体，即 54% 的初始样本完成了调查。美国民意调查研究协会（AAPOR）按照公式 3 计算的应答率是

55.4%（表C-3）。为了降低不同群体应答率的差异，调查接近尾声时，还会安排联邦快递将问卷邮寄至应答率最低群体中未应答样本成员。在某种程度上，最终应答率的差别也会体现出不同群体提供的联系信息的差别，包括联系样本成员时是否会受到门卫的阻拦，这种情况在工业群体中非常突出。

表 C-3　已完成案件数及应答率

社会阶层名称	原始样本	已完成案件数	简单应答率（%）	美国民意调查研究协会按照公式3计算的应答率（%）
经济/工业	384	104	27	28.6
太空科学家和工程师	395	261	66	67.1
青年太空科学家和工程师	195	90	46	49.7
其他科学家和工程师	396	201	51	51.3
高等教育	399	294	74	74.1
安全/国防/外交政策	110	71	65	66.4
宇宙作家和科普作家	99	53	54	56.4
太空倡导者	96	46	48	51.7
总计	2 054	1 104	54	55.4

附录 D 利益相关方调查邮寄问卷（A 版本）

利益相关方调查邮寄问卷 A 版本扫描件如下所示。

美国国家科学院国家研究委员会
载人航天研究

美国国家科学院国家研究委员会按照美国国会的请求进行了本次调查活动，旨在审核美国的载人航天计划。本次研究目的是收集利益相关方和科学界成员的数据。您所提供的数据将有助于委员会为美国国家航空航天局规划的长远目标和方向制定推荐方案。

在选择继续以前，请知悉您的参与是自愿的。您可以选择跳过任何问题，或随时结束调查。我们会采取一切可行性措施来保护您的个人隐私，并且您的答案仅用于统计研究，本次研究所做的任何分析或报告不会暴露您的个人信息。完成本次调查活动所需时间不足 20 分钟。

芝加哥大学的全国民意调查中心代表美国国家研究委员会进行本次研究活动。如果您有任何关于参与者权利的问题，请拨打全国民意调查中心机构审查委员会免费电话 866 - 309 - 0542。如果您有任何其他问题，也可以发送邮件至本次研究活动的邮箱：HumanSpaceflightStudy@norc.org。

载人航天研究

第一个问题是关于通常的太空探索，第二个问题是关于载人太空探索。

1. 您赞成或反对通常的太空探索活动的主要原因是什么？

赞成：

_____

_____

_____

_____

_____

_____

反对：

_____

_____

_____

_____

_____

_____

2. 您赞成或反对载人太空探索活动的主要原因是什么？

赞成：

_____

_____

_____

_____

_____

_____

反对：

_____

_____

_____

_____

_____

_____

2

续表

3. 进行太空探索的常见理由如下文所述。关于笼统意义上的太空探索，以及具体意义上的载人航天所给出的每个理由，请注明您认为是：非常重要、有点重要、不太重要、一点也不重要。

	通常的太空探索活动				载人航天活动			
	非常 重要	有点 重要	不太 重要	一点也 不重要	非常 重要	有点 重要	不太 重要	一点也 不重要
扩展知识和科学认识	1□	2□	3□	4□	1□	2□	3□	4□
推动技术进步	1□	2□	3□	4□	1□	2□	3□	4□
拓展人类在地球以外的经济活动	1□	2□	3□	4□	1□	2□	3□	4□
为未来的太空定居铺路	1□	2□	3□	4□	1□	2□	3□	4□
为商业太空旅行铺路	1□	2□	3□	4□	1□	2□	3□	4□
创造国际合作机会	1□	2□	3□	4□	1□	2□	3□	4□
维护国家安全	1□	2□	3□	4□	1□	2□	3□	4□
提高美国的国际声望	1□	2□	3□	4□	1□	2□	3□	4□
激励年轻人追求科学、技术、数学和工程领域的事业	1□	2□	3□	4□	1□	2□	3□	4□
满足人类希望探索新领域的基本欲望	1□	2□	3□	4□	1□	2□	3□	4□

续表

如果第 3 个问题中有两项或两项以上，您选择了非常重要，请回答第 4 个问题，否则请回答第 5 个问题。 　　4. 请在您认为通常的太空探索活动最重要的原因旁边的方框内输入"1"，并在您认为通常的太空探索活动第二个最重要的原因旁边的方框内输入"2"。 1□扩展知识和科学认识 2□推动技术进步 3□拓展人类在地球以外的经济活动 4□为未来的太空定居铺路 5□为商业太空旅行铺路 6□创造国际合作机会 7□维护国家安全 8□提高美国的国际声望 9□激励年轻人追求科学、技术、数学和　　工程领域的事业 10□满足人类希望探索新领域的基本欲望	如果第 3 个问题中有两项或两项以上，您选择了非常重要，请回答第 5 个问题，否则请回答第 6 个问题。 　　5. 请在您认为载人航天活动最重要的原因旁边的方框内输入"1"，并在您认为载人航天活动第二个最重要的原因旁边的方框内输入"2"。 1□扩展知识和科学认识 2□推动技术进步 3□拓展人类在地球以外的经济活动 4□为未来的太空定居铺路 5□为商业太空旅行铺路 6□创造国际合作机会 7□维护国家安全 8□提高美国的国际声望 9□激励年轻人追求科学、技术、数学和　　工程领域的事业 10□满足人类希望探索新领域的基本欲望

续表

6. 您认为如果国家航空航天局载人航天计划终止，会对我们带来什么损失？	8. 您认为应由国家航空航天局还是私人公司引领未来 20 年的任何下述活动？		
		国家航空航天局	私人公司	两者都不
	科学研究目的的太空探索	1□	2□	3□
	拓展人类在地球以外的经济活动	1□	2□	3□
	私人太空旅行	1□	2□	3□
	建立外星球人类定居点	1□	2□	3□

9. 您认为下述哪种观点最符合您对国家航空航天局在近地轨道以外进行载人航天探索任务的观点？

1□国家航空航天局不应该在近地轨道以外进行载人航天探索任务

2□国家航空航天局应该主要或者仅仅采用单独执行的方式在近地轨道以外进行载人航天探索任务

3□国家航空航天局应该主要或者仅仅采用跟当前国际合作方（例如，国际空间站合作方）共同合作的方式，在近地轨道以外进行载人航天探索任务

4□国家航空航天局应该主要或者仅仅采用跟当前合作方和新兴的太空国家共同合作的方式，在近地轨道以外进行载人航天探索任务

7. 您认为国家航空航天局是否应该主要或者仅仅注重载人航天活动，主要或者仅仅注重无人航天活动，或者是两者兼而有之？

1□主要或者仅仅注重载人航天活动

2□主要或者仅仅注重无人航天活动

3□两者兼而有之

5

续表

10. 从长远来看，考虑未来 20 多年来有哪些目标适合作为有价值且切实可行的美国载人航天计划？支持或反对美国国家航空航天局的下述计划的程度如何？请记住这些都是长期计划，并且费用也是预估费用。

	强烈 支持	一定程度 上支持	一定程度 上反对	强烈 反对
成本最低的（百亿）				
截至 2020 年，继续前往国际空间站的近地轨道飞行	1☐	2☐	3☐	4☐
将国际空间站的使用寿命延长至 2028 年	1☐	2☐	3☐	4☐
将人类送入在原有轨道运行的近地小行星	1☐	2☐	3☐	4☐
成本较高的（千亿）				
重返月球，通过短期访问进行更多探索	1☐	2☐	3☐	4☐
在月球上建立人类定居点	1☐	2☐	3☐	4☐
开展火星轨道任务，远程操控机器人登陆火星表面	1☐	2☐	3☐	4☐
载人登陆火星				
成本最高的（万亿）	1☐	2☐	3☐	4☐
在火星上建立人类基地	1☐	2☐	3☐	4☐

11. 未来 20 多年进行下述活动对美国国家航空航天局来说意义如何？

	非常 重要	一定程度 上重要	不是 太重要	一点也 不重要
保持并将国际空间站作为科研实验室使用	1☐	2☐	3☐	4☐
提供充足投资，确保载人航天计划取得成功	1☐	2☐	3☐	4☐
提供充足投资，确保无人航天计划取得成功	1☐	2☐	3☐	4☐
载人航天仅限于执行地球轨道任务，无人航天可以执行太阳系及更远太空的探索任务	1☐	2☐	3☐	4☐
保持载人航天世界领导地位	1☐	2☐	3☐	4☐
提高气象及通信卫星等轨道技术	1☐	2☐	3☐	4☐
火星载人登陆计划	1☐	2☐	3☐	4☐
扩大与其他国家在航天领域的合作	1☐	2☐	3☐	4☐

6

续表

现在，我们想要问关于您自己的一些问题。	18. 下述哪一项跟您目前的工作最匹配？
	1□高等教育工作者
12. 目前，您在多大程度上参与了跟太空相关的工作？	2□非教学岗科学家
1□很大程度上	3□工程师
2□一定程度上	4□管理类或专业类
3□没有参与→进入第 14 个问题	5□其他，请具体说明
13. 您在多大程度上参与了跟载人航天相关的工作？	
1□很大程度上	19. 请在下面空白处写上您对太空探索的其他想法。
2□一定程度上	
3□没有参与	
14. 您的最高学历是什么？	
1□高中或大专学历	
2□大学本科学历	
3□硕士研究生学历	
4□职业学位	
5□博士学位	
15. 您在哪一年出生？	
16. 您是男性还是女性？	
1□男性	
2□女性	
17. 您目前是否在职？	
1□是	感谢您抽空完成问卷调查！
2□否→进入第 19 个问题	请将问卷装入邮费已付信封中并回寄我方。

7

附录 E 受访者群体对利益相关方调查的应答频率分布

利益相关方群体：

1=经济/工业
2=太空科学家和工程师
3=青年太空科学家和工程师

4=其他科学家和工程师
5=高等教育
6=安全/国防/外交政策

7=宇宙作家和科普作家
8=太空倡导者

您认为进行通常意义上的太空探索的主要原因是什么

利益相关方群体

	1	%	2	%	3	%	4	%	5	%	6	%	7	%	8	%	总计	%
知识和科学认识	64	64	157	81.8	68	78.2	185	77.7	222	78.2	57	82.6	39	75	32	72.7	814	77.5
技术进步	45	45	61	31.8	39	44.8	63	26.5	103	36.3	20	29	17	32.7	24	54.6	369	35.1
人类在地球以外的经济活动	16	16	15	7.81	17	19.5	16	6.72	38	13.4	8	11.6	5	9.62	4	9.09	116	11
未来太空定居	11	11	13	6.77	16	18.4	9	3.78	23	8.1	4	5.8	6	11.5	6	13.6	86	8.18
商业太空旅行	0	0	0	0	1	1.15	1	0.42	0	0	0	0	0	0	0	0	2	0.19
国际合作	6	6	12	6.25	3	3.45	2	0.84	5	1.76	1	1.45	2	3.85	1	2.27	30	2.85
国家安全	7	7	12	6.25	2	2.3	14	5.88	6	2.11	3	4.35	3	5.77	2	4.55	49	4.66

续表

利益相关方群体

	1	%	2	%	3	%	4	%	5	%	6	%	7	%	8	%	总计	%
美国的威望	15	15	17	8.85	3	3.45	14	5.88	13	4.58	5	7.25	3	5.77	4	9.09	72	6.85
科学、技术、数学和工程事业	8	8	13	6.77	7	8.05	8	3.36	10	3.52	7	10.1	3	5.77	1	2.27	56	5.33
人类希望探索新领域的基本欲望	36	36	63	32.8	31	35.6	63	26.5	92	32.4	20	29	16	30.8	25	56.8	337	32.1
寻找生命迹象	3	3	7	3.65	11	12.6	6	2.52	14	4.93	5	7.25	3	5.77	3	6.82	52	4.95
防止来自太空的威胁	1	1	5	2.6	4	4.6	6	2.52	9	3.17	3	4.35	0	0	3	6.82	31	2.95
其他	12	12	22	11.5	7	8.05	14	5.88	20	7.04	5	7.25	1	1.92	7	15.9	86	8.18
载人航天没有令人信服的理由	0	0	1	0.52	0	0	0	0	0	0	0	0	0	0	1	2.27	2	0.19

对进行通常意义上的太空探索反对的主要原因是什么?

利益相关方群体

	1	%	2	%	3	%	4	%	5	%	6	%	7	%	8	%	总计	%
绝对成本	37	38.5	72	42.1	45	52.3	93	41	141	52.4	31	45.6	24	47.1	7	17.5	442	44.5
相对成本	36	37.5	64	37.4	34	39.5	97	42.7	88	32.7	29	42.7	13	25.5	14	35	369	37.2
目标或利益缺乏透明度	8	8.33	10	5.85	8	9.3	5	2.2	9	3.35	5	7.35	3	5.88	3	7.5	50	5.04
风险	6	6.25	5	2.92	10	11.6	15	6.61	15	5.58	1	1.47	3	5.88	1	2.5	56	5.64
私营企业会做得更好	3	3.13	2	1.17	0	0	0	0	0	0	0	0	1	1.96	0	0	6	0.6
其他	7	7.29	9	5.26	7	8.14	15	6.61	15	5.58	7	10.3	4	7.84	8	20	71	7.15
载人航天没有令人信服的理由	15	15.6	28	16.4	9	10.5	30	13.2	36	13.4	8	11.8	13	25.5	12	30	149	15

您认为进行载人太空探索的主要原因是什么?

利益相关方群体

	1	%	2	%	3	%	4	%	5	%	6	%	7	%	8	%	总计	%
知识和科学认识	30	32.3	53	28.8	27	31	67	29.4	65	24.1	23	34.3	14	26.4	11	24.4	283	28
技术进步	20	21.5	24	13	17	19.5	19	8.33	38	14.1	9	13.4	2	3.77	10	22.2	137	13.5

续表

利益相关方群体

	1	%	2	%	3	%	4	%	5	%	6	%	7	%	8	%	总计	%
人类在地球以外的经济活动	5	5.38	8	4.35	9	10.3	6	2.63	8	2.96	4	5.97	5	9.43	5	11.1	50	4.94
未来太空定居	13	14	36	19.6	26	29.9	25	11	45	16.7	15	22.4	10	18.9	17	37.8	183	18.1
商业太空旅行	0	0	2	1.09	0	0	1	0.44	0	0	0	0	0	0	0	0	3	0.3
国际合作	3	3.23	8	4.35	2	2.3	2	0.88	4	1.48	3	4.48	0	0	0	0	20	1.98
国家安全	2	2.15	5	2.72	1	1.15	4	1.75	1	0.37	1	1.49	1	1.89	1	2.22	16	1.58
美国的威望	11	11.8	27	14.7	5	5.75	11	4.82	15	5.56	7	10.5	1	1.89	3	6.67	78	7.71
科学、技术，数学和工程事业	11	11.8	16	8.7	2	2.3	4	1.75	10	3.7	8	11.9	1	1.89	7	15.6	58	5.73
人类希望探索新领域的基本欲望	25	26.9	63	34.2	31	35.6	54	23.7	84	31.1	24	35.8	14	26.4	16	35.6	305	30.1
寻找生命迹象	1	1.08	1	0.54	3	3.45	1	0.44	5	1.85	1	1.49	1	1.89	2	4.44	15	1.48
防止来自太空的威胁	1	1.08	0	0	0	0	0	0	1	0.37	1	1.49	0	0	0	0	3	0.3

续表

利益相关方群体

	1	%	2	%	3	%	4	%	5	%	6	%	7	%	8	%	总计	%
载人探索比无人探索能获得更多成果	30	32.3	46	25	41	47.1	52	22.8	100	37	22	32.8	25	47.2	14	31.1	327	32.3
公众支持	9	9.68	17	9.24	7	8.05	20	8.77	33	12.2	5	7.46	2	3.77	3	6.67	94	9.29
其他	12	12.9	15	8.15	7	8.05	16	7.02	10	3.7	1	1.49	4	7.55	2	4.44	66	6.52
载人航天没有令人信服的理由	1	1.08	13	7.07	0	0	26	11.4	18	6.67	2	2.99	1	1.89	1	2.22	61	6.03

您认为反对进行载人太空探索的主要原因是什么?

利益相关方群体

	1	%	2	%	3	%	4	%	5	%	6	%	7	%	8	%	总计	%
绝对成本	33	35.5	76	42	39	45.9	93	38.9	139	52.1	39	56.5	18	34	10	25.6	441	43.5
相对成本	20	21.5	36	19.9	11	12.9	54	22.6	31	11.6	11	15.9	6	11.3	4	10.3	170	16.8
目标或利益缺乏透明度	5	5.38	17	9.39	3	3.53	9	3.77	8	3	4	5.8	1	1.89	0	0	45	4.43
风险	29	31.2	47	26	56	65.9	89	37.2	113	42.3	25	36.2	26	49.1	10	25.6	391	38.5

续表

利益相关方群体

	1	%	2	%	3	%	4	%	5	%	6	%	7	%	8	%	总计	%
私营企业会做得更好	2	2.15	1	0.55	0	0	0	0	0	0	0	0	0	0	0	0	3	0.3
机器人会做得更好	21	22.6	62	34.3	23	27.1	58	24.3	79	29.6	27	39.1	11	20.8	9	23.1	287	28.3
其他	18	19.4	38	21	17	20	26	10.9	37	13.9	13	18.8	6	11.3	11	28.2	165	16.3
载人航天没有令人信服的理由	11	11.8	7	3.87	2	2.35	12	5.02	12	4.49	6	8.7	6	11.3	8	20.5	64	6.31

进行太空探索的常见理由见如下所述。关于下述的进行通常意义上的太空探索的每个理由，请注明您认为是非常重要、在一定程度上重要、不太重要或一点也不重要。

扩展知识和科学认识

利益相关方群体

	1	%	2	%	3	%	4	%	5	%	6	%	7	%	8	%	总计	%
非常重要	87	83.7	172	86.9	73	81.1	203	76.9	259	88.1	58	81.7	50	94.3	40	87	931	84.3
在一定程度上重要	15	14.4	23	11.6	16	17.8	50	18.9	26	8.84	12	16.9	3	5.66	4	8.7	145	13.1
不太重要	1	0.96	0	0	0	0	3	1.14	6	2.04	0	0	0	0	1	2.17	11	1
一点也不重要	0	0	1	0.51	0	0	3	1.14	2	0.68	0	0.68	0	0	0	0	6	0.54

续表

利益相关方群体

	1	%	2	%	3	%	4	%	5	%	6	%	7	%	8	%	总计	%
不知道	0	0	0	0	0	0	0	0	0	0	0	0	0	0	0	0	0	0
拒绝回答	1	0.96	2	1.01	1	1.11	5	1.89	1	0.34	1	1.41	0	0	1	2.17	11	1

推动技术进步

利益相关方群体

	1	%	2	%	3	%	4	%	5	%	6	%	7	%	8	%	总计	%
非常重要	78	75	116	58.6	70	77.8	149	56.4	211	71.8	37	52.1	45	84.9	35	76.1	731	66.2
在一定程度上重要	23	22.1	59	29.8	15	16.7	88	33.3	61	20.8	27	38	7	13.2	9	19.6	284	25.7
不太重要	0	0	14	7.07	4	4.44	15	5.68	16	5.44	5	7.04	0	0	0	0	54	4.89
一点也不重要	1	0.96	4	2.02	0	0	4	1.52	2	0.68	0	0	0	0	1	2.17	11	1
不知道	0	0	0	0	0	0	0	0	0	0	0	0	0	0	0	0	0	0
拒绝回答	2	1.92	5	2.53	1	1.11	8	3.03	4	1.36	2	2.82	1	1.89	1	2.17	24	2.17

拓展人类在地球以外的经济活动

利益相关方群体

	1	%	2	%	3	%	4	%	5	%	6	%	7	%	8	%	总计	%
非常重要	27	26	38	19.2	21	23.3	34	12.9	57	19.4	10	14.1	24	45.3	24	52.2	233	21.1

续表

利益相关方群体

	1	%	2	%	3	%	4	%	5	%	6	%	7	%	8	%	总计	%
在一定程度上重要	41	39.4	54	27.3	35	38.9	84	31.8	101	34.4	23	32.4	15	28.3	15	32.6	362	32.8
不太重要	22	21.2	58	29.3	24	26.7	72	27.3	78	26.5	25	35.2	11	20.8	4	8.7	290	26.3
一点也不重要	12	11.5	43	21.7	7	7.78	61	23.1	51	17.4	11	15.5	3	5.66	1	2.17	185	16.8
不知道	0	0	1	0.51	1	1.11	3	1.14	2	0.68	0	0	0	0	0	0	7	0.63
拒绝回答	2	1.92	4	2.02	2	2.22	10	3.79	5	1.7	2	2.82	0	0	2	4.35	27	2.45

为未来的大定居铺路

利益相关方群体

	1	%	2	%	3	%	4	%	5	%	6	%	7	%	8	%	总计	%
非常重要	38	36.5	39	19.7	29	32.2	19	7.2	60	20.4	10	14.1	21	39.6	26	56.5	239	21.7
在一定程度上重要	29	27.9	47	23.7	35	38.9	69	26.1	99	33.7	23	32.4	20	37.7	14	30.4	332	30.1
不太重要	18	17.3	58	29.3	18	20	80	30.3	74	25.2	23	32.4	7	13.2	4	8.7	279	25.3
一点也不重要	16	15.4	48	24.2	7	7.78	84	31.8	55	18.7	13	18.3	4	7.55	0	0	222	20.1
不知道	0	0	0	0	0	0	2	0.76	1	0.34	0	0	0	0	0	0	3	0.27
拒绝回答	3	2.88	6	3.03	1	1.11	10	3.79	5	1.7	2	2.82	1	1.89	2	4.35	29	2.63

为商业太空旅行铺路

利益相关方群体

	1	%	2	%	3	%	4	%	5	%	6	%	7	%	8	%	总计	%
非常重要	24	23.1	28	14.1	24	26.7	19	7.2	50	17	6	8.45	22	41.5	16	34.8	186	16.9
在一定程度上重要	39	37.5	53	26.8	33	36.7	71	26.9	97	33	28	39.4	19	35.9	20	43.5	355	32.2
不太重要	22	21.2	70	35.4	23	25.6	97	36.7	98	33.3	22	31	5	9.43	7	15.2	339	30.7
一点也不重要	18	17.3	40	20.2	9	10	64	24.2	42	14.3	13	18.3	7	13.2	2	4.35	192	17.4
不知道	0	0	0	0	0	0	2	0.76	2	0.68	0	0	0	0	0	0	4	0.36
拒绝回答	1	0.96	7	3.54	1	1.11	11	4.17	5	1.7	2	2.82	0	0	1	2.17	28	2.54

创造国际合作机会

利益相关方群体

	1	%	2	%	3	%	4	%	5	%	6	%	7	%	8	%	总计	%
非常重要	27	26	71	35.9	30	33.3	69	26.1	99	33.7	20	28.2	34	64.2	20	43.5	365	33.1
在一定程度上重要	47	45.2	89	45	40	44.4	124	47	135	45.9	23	32.4	15	28.3	16	34.8	482	43.7
不太重要	23	22.1	30	15.2	16	17.8	49	18.6	52	17.7	23	32.4	4	7.55	8	17.4	203	18.4
一点也不重要	6	5.77	7	3.54	3	3.33	14	5.3	6	2.04	3	4.23	0	0	1	2.17	38	3.44
不知道	0	0	0	0	0	0	0	0	0	0	0	0	0	0	0	0	0	0
拒绝回答	1	0.96	1	0.51	1	1.11	8	3.03	2	0.68	2	2.82	0	0	1	2.17	16	1.45

维护国家安全

	利益相关方群体																总计	%
	1	%	2	%	3	%	4	%	5	%	6	%	7	%	8	%	总计	%
非常重要	53	51	79	39.9	28	31.1	92	34.9	126	42.9	30	42.3	27	50.9	17	37	448	40.6
在一定程度上重要	34	32.7	66	33.3	30	33.3	99	37.5	94	32	26	36.6	15	28.3	17	37	377	34.2
不太重要	9	8.65	30	15.2	24	26.7	51	19.3	52	17.7	10	14.1	8	15.1	7	15.2	186	16.9
一点也不重要	3	2.88	19	9.6	5	5.56	12	4.55	19	6.46	4	5.63	3	5.66	3	6.52	65	5.89
不知道	0	0	0	0	0	0	4	1.52	1	0.34	0	0	0	0	0	0	5	0.45
拒绝回答	5	4.81	4	2.02	3	3.33	6	2.27	2	0.68	1	1.41	0	0	2	4.35	23	2.08

提高美国的国际声望

	利益相关方群体																总计	%
	1	%	2	%	3	%	4	%	5	%	6	%	7	%	8	%	总计	%
非常重要	40	38.5	70	35.4	20	22.2	60	22.7	92	31.3	19	26.8	19	35.9	10	21.7	325	29.4
在一定程度上重要	43	41.4	86	43.4	37	41.1	116	43.9	116	39.5	30	42.3	20	37.7	22	47.8	464	42
不太重要	18	17.3	28	14.1	22	24.4	61	23.1	64	21.8	18	25.4	9	17	8	17.4	225	20.4
一点也不重要	2	1.92	7	3.54	10	11.1	19	7.2	20	6.8	2	2.82	5	9.43	4	8.7	68	6.16
不知道	0	0	0	0	0	0	1	0.38	0	0	0	0	0	0	0	0	1	0.09
拒绝回答	1	0.96	7	3.54	1	1.11	7	2.65	2	0.68	2	2.82	0	0	2	4.35	21	1.9

激励年轻人追求科学、技术、数学和工程领域的事业

	利益相关方群体																	
	1	%	2	%	3	%	4	%	5	%	6	%	7	%	8	%	总计	%
非常重要	65	62.5	127	64.1	62	68.9	133	50.4	199	67.7	38	53.5	42	79.3	29	63	685	62.1
在一定程度上重要	32	30.8	61	30.8	21	23.3	90	34.1	79	26.9	25	35.2	7	13.2	15	32.6	326	29.5
不太重要	5	4.81	4	2.02	5	5.56	28	10.6	12	4.08	6	8.45	4	7.55	1	2.17	64	5.8
一点也不重要	0	0	3	1.52	1	1.11	7	2.65	1	0.34	1	1.41	0	0	0	0	13	1.18
不知道	0	0	0	0	0	0	0	0	0	0	0	0	0	0	0	0	0	0
拒绝回答	2	1.92	3	1.52	1	1.11	6	2.27	3	1.02	1	1.41	0	0	1	2.17	16	1.45

满足人类希望探索新领域的基本欲望

	利益相关方群体																	
	1	%	2	%	3	%	4	%	5	%	6	%	7	%	8	%	总计	%
非常重要	56	53.9	140	70.7	50	55.6	134	50.8	188	64	32	45.1	41	77.4	32	69.6	662	60
在一定程度上重要	27	26	42	21.2	30	33.3	93	35.2	88	29.9	27	38	12	22.6	11	23.9	327	29.6
不太重要	17	16.4	10	5.05	6	6.67	22	8.33	15	5.1	10	14.1	0	0	0	0	78	7.07
一点也不重要	3	2.88	4	2.02	2	2.22	7	2.65	2	0.68	2	2.82	0	0	2	4.35	22	1.99
不知道	0	0	0	0	0	0	1	0.38	0	0	0	0	0	0	0	0	1	0.09
拒绝回答	1	0.96	2	1.01	2	2.22	7	2.65	1	0.34	0	0	0	0	1	2.17	14	1.27

进行太空探索的常见理由如下所述。关于下述的进行载人航天的每个理由，请注明您认为是非常重要、在一定程度上重要、不大重要或一点也不重要的理由。

扩展知识和科学认识

利益相关方群体																		
	1	%	2	%	3	%	4	%	5	%	6	%	7	%	8	%	总计	%
非常重要	54	51.9	51	25.8	51	56.7	69	26.1	112	38.1	25	35.2	36	67.9	26	56.5	419	38
在一定程度上重要	28	26.9	62	31.3	22	24.4	84	31.8	94	32	24	33.8	10	18.9	14	30.4	332	30.1
不大重要	12	11.5	46	23.2	11	12.2	62	23.5	49	16.7	14	19.7	4	7.55	2	4.35	196	17.8
一点也不重要	4	3.85	29	14.7	2	2.22	31	11.7	22	7.48	5	7.04	1	1.89	1	2.17	94	8.51
不知道	0	0	0	0	1	1.11	1	0.38	0	0	0	0	0	0	0	0	2	0.18
拒绝回答	6	5.77	10	5.05	3	3.33	17	6.44	17	5.78	3	4.23	2	3.77	3	6.52	61	5.53

推动技术进步

Q3B2（「载人飞行」的重要性:）推动技术进步>

利益相关方群体																		
	1	%	2	%	3	%	4	%	5	%	6	%	7	%	8	%	总计	%
非常重要	58	55.8	58	29.3	53	58.9	66	25	117	39.8	27	38	38	71.7	31	67.4	442	40
在一定程度上重要	25	24	73	36.9	22	24.4	94	35.6	96	32.7	26	36.6	9	17	8	17.4	347	31.4
不大重要	9	8.65	33	16.7	9	10	58	22	44	15	13	18.3	4	7.55	2	4.35	170	15.4
一点也不重要	4	3.85	19	9.6	3	3.33	23	8.71	15	5.1	2	2.82	0	0	1	2.17	65	5.89
不知道	0	0	0	0	0	0	0	0	0	0	0	0	0	0	0	0	0	0

续表

Q3B2（载人飞行的重要性：推动技术进步）	利益相关方群体																	
---	1	%	2	%	3	%	4	%	5	%	6	%	7	%	8	%	总计	%
拒绝回答	8	7.69	15	7.58	3	3.33	23	8.71	22	7.48	3	4.23	2	3.77	4	8.7	80	7.25

拓展人类在地球以外的经济活动

	利益相关方群体																	
---	1	%	2	%	3	%	4	%	5	%	6	%	7	%	8	%	总计	%
非常重要	32	30.8	30	15.2	20	22.2	21	7.95	40	13.6	11	15.5	22	41.5	26	56.5	200	18.1
在一定程度上重要	25	24	51	25.8	31	34.4	58	22	84	28.6	20	28.2	15	28.3	9	19.6	289	26.2
不太重要	29	27.9	43	21.7	26	28.9	83	31.4	85	28.9	20	28.2	10	18.9	6	13	296	26.8
一点也不重要	12	11.5	59	29.8	9	10	79	29.9	63	21.4	16	22.5	4	7.55	2	4.35	240	21.7
不知道	0	0	1	0.51	1	1.11	3	1.14	3	1.02	0	0	0	0	0	0	8	0.72
拒绝回答	6	5.77	14	7.07	3	3.33	20	7.58	19	6.46	4	5.63	2	3.77	3	6.52	71	6.43

为未来的太空定居铺路

	利益相关方群体																	
---	1	%	2	%	3	%	4	%	5	%	6	%	7	%	8	%	总计	%
非常重要	41	39.4	54	27.3	48	53.3	30	11.4	93	31.6	22	31	29	54.7	28	60.9	341	30.9

续表

利益相关方群体

	1	%	2	%	3	%	4	%	5	%	6	%	7	%	8	%	总计	%
在一定程度上重要	28	26.9	40	20.2	18	20	55	20.8	72	24.5	20	28.2	12	22.6	11	23.9	252	22.8
不太重要	15	14.4	47	23.7	14	15.6	73	27.7	56	19.1	18	25.4	7	13.2	1	2.17	227	20.6
一点也不重要	12	11.5	44	22.2	7	7.78	86	32.6	53	18	10	14.1	3	5.66	1	2.17	212	19.2
不知道	0	0	0	0	0	0	1	0.38	1	0.34	0	0	0	0	0	0	2	0.18
拒绝回答	8	7.69	13	6.57	3	3.33	19	7.2	19	6.46	1	1.41	2	3.77	5	10.9	70	6.34

为商业太空旅行铺路

利益相关方群体

	1	%	2	%	3	%	4	%	5	%	6	%	7	%	8	%	总计	%
非常重要	31	29.8	28	14.1	39	43.3	24	9.09	59	20.1	12	16.9	20	37.7	25	54.4	235	21.3
在一定程度上重要	34	32.7	54	27.3	26	28.9	60	22.7	80	27.2	23	32.4	22	41.5	11	23.9	307	27.8
不太重要	20	19.2	55	27.8	15	16.7	76	28.8	82	27.9	22	31	4	7.55	5	10.9	273	24.7
一点也不重要	13	12.5	45	22.7	7	7.78	81	30.7	45	15.3	11	15.5	5	9.43	1	2.17	205	18.6
不知道	0	0	0	0	0	0	1	0.38	3	1.02	0	0	0	0	0	0	4	0.36
拒绝回答	6	5.77	16	8.08	3	3.33	22	8.33	25	8.5	3	4.23	2	3.77	4	8.7	80	7.25

创造国际合作机会

	利益相关方群体																		
	1	%	2	%	3	%	4	%	5	%	6	%	7	%	8	%	总计	%
非常重要	30	28.9	47	23.7	33	36.7	47	17.8	68	23.1	16	22.5	28	52.8	18	39.1	285	25.8
在一定程度上重要	43	41.4	76	38.4	32	35.6	102	38.6	134	45.6	26	36.6	15	28.3	20	43.5	439	39.8
不太重要	18	17.3	40	20.2	18	20	69	26.1	57	19.4	19	26.8	8	15.1	2	4.35	229	20.7
一点也不重要	6	5.77	24	12.1	4	4.44	27	10.2	18	6.12	6	8.45	0	0	2	4.35	84	7.61
不知道	0	0	0	0	0	0	0	0	0	0	0	0	0	0	0	0	0	0
拒绝回答	7	6.73	11	5.56	3	3.33	19	7.2	17	5.78	4	5.63	2	3.77	4	8.7	67	6.07

维护国家安全

	利益相关方群体																		
	1	%	2	%	3	%	4	%	5	%	6	%	7	%	8	%	总计	%
非常重要	31	29.8	28	14.1	14	15.6	27	10.2	49	16.7	16	22.5	18	34	8	17.4	190	17.2
在一定程度上重要	36	34.6	48	24.2	22	24.4	64	24.2	69	23.5	16	22.5	15	28.3	17	37	281	25.5
不太重要	17	16.4	46	23.2	31	34.4	94	35.6	95	32.3	27	38	12	22.6	12	26.1	328	29.7
一点也不重要	10	9.62	63	31.8	18	20	54	20.5	64	21.8	11	15.5	6	11.3	7	15.2	230	20.8
不知道	0	0	1	0.51	0	0	4	1.52	0	0	0	0	0	0	0	0	5	0.45
拒绝回答	10	9.62	12	6.06	5	5.56	21	7.95	17	5.78	1	1.41	2	3.77	2	4.35	70	6.34

提高美国的国际声望

	利益相关方群体																总计	%
	1	%	2	%	3	%	4	%	5	%	6	%	7	%	8	%	总计	%
非常重要	40	38.5	66	33.3	29	32.2	35	13.3	78	26.5	15	21.1	17	32.1	19	41.3	293	26.5
在一定程度上重要	42	40.4	64	32.3	27	30	91	34.5	102	34.7	32	45.1	21	39.6	13	28.3	386	35
不大重要	13	12.5	35	17.7	21	23.3	80	30.3	71	24.2	18	25.4	7	13.2	5	10.9	247	22.4
一点也不重要	3	2.88	19	9.6	10	11.1	34	12.9	25	8.5	4	5.63	6	11.3	5	10.9	105	9.51
不知道	0	0	0	0	0	0	1	0.38	0	0	0	0	0	0	0	0	1	0.09
拒绝回答	6	5.77	14	7.07	3	3.33	23	8.71	18	6.12	2	2.82	2	3.77	4	8.7	72	6.52

激励年轻人追求科学、技术、数学和工程领域的事业

	利益相关方群体																总计	%
	1	%	2	%	3	%	4	%	5	%	6	%	7	%	8	%	总计	%
非常重要	64	61.5	78	39.4	59	65.6	76	28.8	147	50	33	46.5	36	67.9	33	71.7	516	46.7
在一定程度上重要	29	27.9	73	36.9	22	24.4	97	36.7	95	32.3	20	28.2	11	20.8	9	19.6	353	32
不大重要	4	3.85	23	11.6	4	4.44	53	20.1	29	9.86	9	12.7	4	7.55	1	2.17	126	11.4
一点也不重要	1	0.96	14	7.07	2	2.22	19	7.2	5	1.7	6	8.45	0	0	0	0	45	4.08
不知道	0	0	0	0	0	0	0	0	0	0	0	0	0	0	0	0	0	0
拒绝回答	6	5.77	10	5.05	3	3.33	19	7.2	18	6.12	3	4.23	2	3.77	3	6.52	64	5.8

满足人类希望探索新领域的基本欲望

	利益相关方群体																	总计	%
	1	%	2	%	3	%	4	%	5	%	6	%	7	%	8	%		
非常重要	58	55.8	84	42.4	59	65.6	72	27.3	130	44.2	31	43.7	36	67.9	36	78.3	496	44.9
在一定程度上重要	25	24	56	28.3	21	23.3	98	37.1	96	32.7	18	25.4	13	24.5	5	10.9	330	29.9
不太重要	11	10.6	29	14.7	3	3.33	48	18.2	39	13.3	14	19.7	2	3.77	0	0	143	13
一点也不重要	4	3.85	18	9.09	4	4.44	27	10.2	12	4.08	6	8.45	0	0	2	4.35	72	6.52
不知道	0	0	0	0	0	0	0	0	0	0	0	0	0	0	0	0	0	0
拒绝回答	6	5.77	11	5.56	3	3.33	19	7.2	17	5.78	2	2.82	2	3.77	3	6.52	63	5.71

您认为进行通常意义上的大空探索活动最重要的原因是什么?

	利益相关方群体																	总计	%
	1	%	2	%	3	%	4	%	5	%	6	%	7	%	8	%		
扩展知识和科学认识	32	34.4	117	65.4	44	55	123	59.1	163	60.6	32	59.3	33	66	22	48.9	558	57.7
推动技术进步	21	22.6	12	6.7	11	13.8	20	9.62	30	11.2	5	9.26	4	8	3	6.67	105	10.9
拓展人类在地球以外的经济活动	5	5.38	1	0.56	5	6.25	1	0.48	7	2.6	1	1.85	1	2	3	6.67	24	2.48

续表

利益相关方群体	1	%	2	%	3	%	4	%	5	%	6	%	7	%	8	%	总计	%
为未来的太空定居铺路	5	5.38	5	2.79	6	7.5	3	1.44	5	1.86	0	0	1	2	5	11.1	30	3.1
为商业太空旅行铺路	0	0	0	0	0	0	1	0.48	0	0	0	0	0	0	0	0	1	0.1
创造国际合作机会	0	0	1	0.56	0	0	2	0.96	1	0.37	0	0	2	4	0	0	6	0.62
维护国家安全	8	8.6	10	5.59	1	1.25	15	7.21	6	2.23	6	11.1	2	4	1	2.22	49	5.07
提高美国的国际声望	0	0	0	0	0	0	0	0	0	0	1	1.85	0	0	1	2.22	2	0.21
激励年轻人追求科学、技术、数学和工程领域的事业	7	7.53	14	7.82	7	8.75	13	6.25	23	8.55	4	7.41	5	10	4	8.89	77	7.96
满足人类希望探索新领域的基本欲望	15	16.1	19	10.6	6	7.5	25	12	33	12.3	4	7.41	2	4	4	8.89	106	11
不知道	0	0	0	0	0	0	0	0	0	0	0	0	0	0	0	0	0	0
拒绝回答	0	0	0	0	0	0	5	2.4	1	0.37	1	1.85	0	0	2	4.44	9	0.93

您认为进行通常意义上的太空探索活动第二个最重要的原因是什么？

利益相关方群体

	1	%	2	%	3	%	4	%	5	%	6	%	7	%	8	%	总计	%
扩展知识和科学认识	21	24.4	16	10.3	10	13.7	24	13.7	51	21.5	8	18.2	5	10.2	8	18.6	142	16.7
推动技术进步	23	26.7	39	25.2	28	38.4	51	29.1	65	27.4	11	25	12	24.5	9	20.9	236	27.7
拓展人类在地球以外的经济活动	1	1.16	3	1.94	3	4.11	4	2.29	7	2.95	1	2.27	4	8.16	5	11.6	28	3.29
为未来的太空定居铺路	5	5.81	1	0.65	5	6.85	4	2.29	4	1.69	2	4.55	2	4.08	2	4.65	25	2.94
为商业太空旅行铺路	2	2.33	0	0	0	0	0	0	2	0.84	0	0	1	2.04	2	4.65	7	0.82
创造国际合作机会	2	2.33	5	3.23	0	0	7	4	4	1.69	2	4.55	5	10.2	2	4.65	26	3.06
维护国家安全	2	2.33	11	7.1	4	5.48	16	9.14	14	5.91	8	18.2	2	4.08	2	4.65	59	6.93
提高美国的国际声望	6	6.98	8	5.16	0	0	1	0.57	1	0.42	0	0	1	2.04	1	2.33	18	2.12
激励年轻人追求科学、技术、数学和工程领域的事业	15	17.4	35	22.6	13	17.8	36	20.6	45	19	7	15.9	11	22.5	6	14	163	19.2

续表

利益相关方群体

	1	%	2	%	3	%	4	%	5	%	6	%	7	%	8	%	总计	%
满足人类希望探索新领域的基本欲望	8	9.3	36	23.2	10	13.7	24	13.7	43	18.1	5	11.4	6	12.2	3	6.98	133	15.6
不知道	0	0	0	0	0	0	0	0	0	0	0	0	0	0	0	0	0	0
拒绝回答	1	1.16	1	0.65	0	0	8	4.57	1	0.42	0	0	0	0	3	6.98	14	1.65

您认为进行载人航天活动最重要的原因是什么?

利益相关方群体

	1	%	2	%	3	%	4	%	5	%	6	%	7	%	8	%	总计	%
扩展知识和科学认识	5	6.33	18	17	14	18.7	22	20.2	28	15.6	7	15.9	10	23.3	5	12.2	107	16.1
推动技术进步	15	19	8	7.55	10	13.3	13	11.9	15	8.38	5	11.4	3	6.98	5	12.2	72	10.8
拓展人类在地球以外的经济活动	8	10.1	2	1.89	1	1.33	2	1.83	2	1.12	2	4.55	0	0	3	7.32	20	3
为未来的太空定居铺路	10	12.7	10	9.43	19	25.3	12	11	24	13.4	4	9.09	9	20.9	7	17.1	95	14.3
为商业太空旅行铺路	3	3.8	5	4.72	3	4	3	2.75	5	2.79	2	4.55	0	0	2	4.88	23	3.45

续表

利益相关方群体

	1	%	2	%	3	%	4	%	5	%	6	%	7	%	8	%	总计	%
创造国际合作机会	2	2.53	8	7.55	1	1.33	8	7.34	4	2.23	4	9.09	2	4.65	0	0	28	4.2
维护国家安全	2	2.53	3	2.83	1	1.33	7	6.42	6	3.35	0	0	0	0	1	2.44	20	3
提高美国的国际声望	5	6.33	8	7.55	1	1.33	1	0.92	8	4.47	3	6.82	1	2.33	2	4.88	28	42
激励年轻人追求科学、技术、数学和工程领域的事业	12	15.2	15	14.2	16	21.3	20	18.4	35	19.6	6	13.6	7	16.3	8	19.5	118	17.7
满足人类希望探索新领域的基本欲望	16	20.3	28	26.4	9	12	18	16.5	50	27.9	11	25	11	25.6	6	14.6	146	21.9
不知道	0	0	0	0	0	0	0	0	0	0	0	0	0	0	0	0	0	0
拒绝回答	1	1.27	1	0.94	0	0	3	2.75	2	1.12	0	0	0	0	2	4.88	9	1.35

您认为进行载人航天活动第二个最重要的原因是什么?

利益相关方群体

	1	%	2	%	3	%	4	%	5	%	6	%	7	%	8	%	总计	%
扩展知识和科学认识	8	11.4	1	1.16	8	11.6	14	18	15	10.1	2	5.88	4	9.52	3	7.69	55	9.87

续表

利益相关方群体

	1	%	2	%	3	%	4	%	5	%	6	%	7	%	8	%	总计	%
推动技术进步	9	12.9	16	18.6	9	13	12	15.4	27	18.2	11	32.4	11	26.2	8	20.5	102	18.3
拓展人类在地球以外的经济活动	3	4.29	3	3.49	5	7.25	3	3.85	13	8.78	2	5.88	4	9.52	3	7.69	36	6.46
为未来的太空定居铺路	10	14.3	13	15.1	5	7.25	5	6.41	11	7.43	4	11.8	4	9.52	5	12.8	54	9.69
为商业太空旅行铺路	6	8.57	2	2.33	1	1.45	1	1.28	9	6.08	1	2.94	2	4.76	3	7.69	25	4.49
创造国际合作机会	3	4.29	6	6.98	2	2.9	5	6.41	10	6.76	1	2.94	3	7.14	4	10.3	33	5.92
维护国家安全	3	4.29	3	3.49	3	4.35	1	1.28	3	2.03	2	5.88	0	0	0	0	15	2.69
提高美国的国际声望	3	4.29	8	9.3	5	7.25	4	5.13	12	8.11	2	5.88	0	0	1	2.56	34	6.1
激励年轻人追求科学、技术、数学和工程领域的事业	12	17.1	18	20.9	16	23.2	19	24.4	34	23	8	23.5	11	26.2	6	15.4	121	21.7
满足人类希望探索新领域的基本欲望	11	15.7	15	17.4	15	21.7	11	14.1	12	8.11	1	2.94	3	7.14	4	10.3	72	12.9

续表

利益相关方群体

	1	%	2	%	3	%	4	%	5	%	6	%	7	%	8	%	总计	%
不知道	0	0	0	0	0	0	0	0	1	0.68	0	0	0	0	0	0	1	0.18
拒绝回答	2	2.86	1	1.16	0	0	3	3.85	1	0.68	0	0	0	0	2	5.13	9	1.62

您认为如果国家航空航天局载人航天计划终止，会对我们带来什么损失？

利益相关方群体

	1	%	2	%	3	%	4	%	5	%	6	%	7	%	8	%	总计	%
知识和科学认识	11	11.7	30	15.8	36	41.9	49	21	51	18.8	7	10	13	25	5	11.6	200	19.5
技术进步	16	17	22	11.6	25	29.1	28	12	43	15.8	9	12.9	10	19.2	11	25.6	163	15.9
人类在地球以外的经济活动	5	5.32	5	2.63	5	5.81	6	2.58	3	1.1	2	2.86	3	5.77	3	6.98	32	3.12
未来太空定居	6	6.38	10	5.26	5	5.81	11	4.72	9	3.31	6	8.57	8	15.4	10	23.3	65	6.34
商业太空旅行	3	3.19	2	1.05	1	1.16	2	0.86	0	0	0	0	2	3.85	1	2.33	11	0.29
国际合作	2	2.13	3	1.58	7	8.14	4	1.72	7	2.57	2	2.86	0	0	3	6.98	27	2.63
国家安全	6	6.38	6	3.16	4	4.65	9	3.86	10	3.68	2	2.86	3	5.77	1	2.33	41	4
美国的威望	34	36.2	55	29	24	27.9	43	18.5	68	25	20	28.6	14	26.9	18	41.9	270	26.3

续表

利益相关方群体

	1	%	2	%	3	%	4	%	5	%	6	%	7	%	8	%	总计	%
科学、技术、数学和工程事业	9	9.57	10	5.26	14	16.3	17	7.3	32	11.8	7	10	5	9.62	7	16.3	99	9.65
人类希望探索新领域的基本欲望	14	14.9	30	15.8	26	30.2	26	11.2	48	17.7	12	17.1	9	17.3	10	23.3	175	17.1
寻找生命迹象	0	0	0	0	2	2.33	0	0	2	0.74	0	0	0	0	0	0	4	0.39
防止来自太空的威胁	0	0	0	0	0	0	1	0.43	1	0.37	0	0	0	0	0	0	2	0.19
载人探索比无人探索能获得更多成果	2	2.13	8	4.21	4	4.65	2	0.86	11	4.04	4	5.71	0	0	3	6.98	34	3.31
公众支持	8	8.51	23	12.1	6	6.98	18	7.73	42	15.4	6	8.57	5	9.62	5	11.6	112	10.9
我们目前已经进行的投资	13	13.8	21	11.1	9	10.5	15	6.44	26	9.56	4	5.71	9	17.3	7	16.3	100	9.75
其他	19	20.2	30	15.8	23	26.7	30	12.9	26	9.56	7	10	7	13.5	5	11.6	142	13.8
载人航天没有令人信服的理由	6	6.38	30	15.8	1	1.16	67	28.8	32	11.8	14	20	3	5.77	3	6.98	154	15

您认为国家航空航天局是否应该主要或者仅仅注重载人航天活动，主要或者仅仅注重无人航天活动，或者是两者兼而有之？

	利益相关方群体																		
	1	%	2	%	3	%	4	%	5	%	6	%	7	%	8	%	总计	%
主要或者仅仅注重载人航天活动	2	1.92	2	1.01	0	0	0	0	1	0.34	0	0	0	0	1	2.17	6	0.54
主要或者仅仅注重无人航天活动	20	19.2	78	39.4	14	15.6	123	46.6	108	36.7	25	35.2	9	17	1	2.17	376	34.1
二者兼而有之	80	76.9	115	58.1	75	83.3	134	50.8	182	61.9	46	64.8	44	83	41	89.1	703	63.7
不知道	0	0	0	0	0	0	1	0.38	0	0	0	0	0	0	0	0	1	0.09
拒绝回答	2	1.92	3	1.52	1	1.11	6	2.27	3	1.02	0	0	0	0	3	6.52	18	1.63

您认为应由国家航空航天局还是私人公司来引领未来 20 年的任何下述活动？以科学研究为目的的太空探索

	利益相关方群体																		
	1	%	2	%	3	%	4	%	5	%	6	%	7	%	8	%	总计	%
国家航空航天局	98	94.2	194	98	85	94.4	246	93.2	282	95.9	68	95.8	50	94.3	40	87	1048	94.9
私人公司	2	1.92	3	1.52	3	3.33	5	1.89	6	2.04	1	1.41	2	3.77	1	2.17	22	1.99
两者都不	2	1.92	0	0	1	1.11	3	1.14	3	1.02	2	2.82	1	1.89	1	2.17	13	1.18
不知道	0	0	0	0	0	0	1	0.38	0	0	0	0	0	0	0	0	1	0.09

续表

利益相关方群体

	1	%	2	%	3	%	4	%	5	%	6	%	7	%	8	%	总计	%
拒绝回答	2	1.92	1	0.51	1	1.11	9	3.41	3	1.02	0	0	0	0	4	8.7	20	1.81

拓展人类在地球以外的经济活动

利益相关方群体

	1	%	2	%	3	%	4	%	5	%	6	%	7	%	8	%	总计	%
国家航空航天局	24	23.1	30	15.2	13	14.4	37	14	48	16.3	10	14.1	9	17	11	23.9	180	16.3
私人公司	66	63.5	145	73.2	68	75.6	155	58.7	204	69.4	51	71.8	37	69.8	31	67.4	746	67.6
两者都不	12	11.5	22	11.1	8	8.89	59	22.4	38	12.9	10	14.1	6	11.3	1	2.17	153	13.9
不知道	0	0	0	0	0	0	3	1.14	0	0	0	0	0	0	0	0	3	0.27
拒绝回答	2	1.92	1	0.51	1	1.11	10	3.79	4	1.36	0	0	1	1.89	3	6.52	22	1.99

私人太空旅行

利益相关方群体

	1	%	2	%	3	%	4	%	5	%	6	%	7	%	8	%	总计	%
国家航空航天局	3	2.88	1	0.51	1	1.11	3	1.14	6	2.04	0	0	1	1.89	1	2.17	16	1.45
私人公司	93	89.4	168	84.9	86	95.6	196	74.2	257	87.4	61	85.9	49	92.5	41	89.1	937	84.9
两者都不	5	4.81	26	13.1	2	2.22	58	22	26	8.84	10	14.1	3	5.66	1	2.17	129	11.7

续表

利益相关方群体

	1	%	2	%	3	%	4	%	5	%	6	%	7	%	8	%	总计	%
不知道	0	0	0	0	0	0	0	0	1	0.34	0	0	0	0	0	0	1	0.09
拒绝回答	3	2.88	3	1.52	1	1.11	7	2.65	4	1.36	0	0	0	0	3	6.52	21	1.9

建立外星球人类定居点

利益相关方群体

	1	%	2	%	3	%	4	%	5	%	6	%	7	%	8	%	总计	%
国家航空天局	64	61.5	89	45	58	64.4	82	31.1	139	47.3	34	47.9	34	64.2	32	69.6	527	47.7
私人公司	15	14.4	40	20.2	15	16.7	45	17.1	72	24.5	13	18.3	12	22.6	9	19.6	216	19.6
两者都不	23	22.1	66	33.3	14	15.6	126	47.7	75	25.5	24	33.8	6	11.3	1	2.17	329	29.8
不知道	0	0	0	0	1	1.11	1	0.38	3	1.02	0	0	0	0	0	0	5	0.45
拒绝回答	2	1.92	3	1.52	2	2.22	10	3.79	5	1.7	0	0	1	1.89	4	8.7	27	2.45

您认为下述哪种观点最符合您对国家航空航天局在近地轨道以外进行载人航天探索任务的观点？

利益相关方群体

	1	%	2	%	3	%	4	%	5	%	6	%	7	%	8	%	总计	%
国家航空航天局不应该在近地轨道以外进行载人航天探索任务	9	8.65	42	21.2	5	5.56	66	25	50	17	13	18.3	4	7.55	0	0	187	16.9
国家航空航天局应该主要采用或者单独执行的方式，在近地轨道以外进行载人航天探索任务	18	17.3	11	5.56	5	5.56	20	7.58	18	6.12	5	7.04	3	5.66	5	10.9	85	7.7
国家航空航天局应该主要采用或者仅采用和当前国际合作方式（例如，国际空间站）共同合作的方式，在近地轨道以外进行载人航天探索任务	28	26.9	13	6.57	16	17.8	31	11.7	34	11.6	7	9.86	5	9.43	7	15.2	141	12.8

续表

利益相关方群体																	
1	%	2	%	3	%	4	%	5	%	6	%	7	%	8	%	总计	%
国家航空航天局主要采用或者仅仅采用和当前合作方式和新兴的太空国家共同合作的方式，在近地轨道以外进行载人航天探索任务																	
46	44.2	127	64.1	62	68.9	132	50	186	63.3	45	63.4	40	75.5	31	67.4	656	59.4
不知道																	
0	0	1	0.51	1	1.11	1	0.38	1	0.34	1	1.41	0	0	0	0	4	0.36
拒绝回答																	
3	2.88	4	2.02	1	1.11	14	5.3	5	1.7	0	0	1	1.89	3	6.52	31	2.81

从长远来看，考虑未来20多年来有哪些目标适合作为有价值且切实可行的美国载人航天计划？您支持或反对美国国家航空航天局的下述计划？请记住这些都是多年计划，并且费用也是预估费用。截至2020年，继续前往国际空间站的近地轨道飞行。

利益相关方群体																	
1	%	2	%	3	%	4	%	5	%	6	%	7	%	8	%	总计	%
强烈支持																	
58	55.8	70	35.4	53	58.9	98	37.1	124	42.2	33	46.5	38	71.7	26	56.5	496	44.9

续表

利益相关方群体

	1	%	2	%	3	%	4	%	5	%	6	%	7	%	8	%	总计	%
一定程度上支持	28	26.9	70	35.4	28	31.1	102	38.6	104	35.4	25	35.2	10	18.9	11	23.9	373	33.8
一定程度上反对	8	7.69	29	14.7	6	6.67	41	15.5	38	12.9	10	14.1	4	7.55	3	6.52	135	12.2
强烈反对	7	6.73	19	9.6	1	1.11	13	4.92	16	5.44	3	4.23	1	1.89	2	4.35	59	5.34
不知道	0	0	0	0	1	1.11	0	0	2	0.68	0	0	0	0	0	0	3	0.27
拒绝回答	3	2.88	10	5.05	1	1.11	10	3.79	10	3.4	0	0	0	0	4	8.7	38	3.44

将国际空间站的使用寿命延长至 2028 年

利益相关方群体

	1	%	2	%	3	%	4	%	5	%	6	%	7	%	8	%	总计	%
强烈支持	53	51	53	26.8	47	52.2	83	31.4	101	34.4	27	38	34	64.2	22	47.8	412	37.3
一定程度上支持	30	28.9	53	26.8	25	27.8	76	28.8	102	34.7	25	35.2	11	20.8	13	28.3	332	30.1
一定程度上反对	11	10.6	39	19.7	11	12.2	56	21.2	47	16	10	14.1	6	11.3	5	10.9	184	16.7
强烈反对	7	6.73	45	22.7	5	5.56	35	13.3	36	12.2	8	11.3	1	1.89	2	4.35	135	12.2
不知道	0	0	1	0.51	1	1.11	0	0	2	0.68	0	0	0	0	0	0	4	0.36

续表

	1	%	2	%	3	%	4	%	5	%	6	%	7	%	8	%	总计	%
利益相关方群体																		
拒绝回答	3	2.88	7	3.54	1	1.11	14	5.3	6	2.04	1	1.41	1	1.89	4	8.7	37	3.35

将人类送入在原有轨道运行的近地小行星

	1	%	2	%	3	%	4	%	5	%	6	%	7	%	8	%	总计	%
利益相关方群体																		
强烈支持	22	21.2	28	14.1	35	38.9	28	10.6	71	24.2	8	11.3	12	22.6	7	15.2	209	18.9
一定程度上支持	30	28.9	56	28.3	30	33.3	64	24.2	105	35.7	22	31	20	37.7	18	39.1	341	30.9
一定程度上反对	32	30.8	47	23.7	13	14.4	77	29.2	51	17.4	23	32.4	13	24.5	9	19.6	257	23.3
强烈反对	17	16.4	58	29.3	10	11.1	76	28.8	54	18.4	17	23.9	6	11.3	7	15.2	243	22
不知道	0	0	0	0	0	0	3	1.14	3	1.02	0	0	0	0	0	0	6	0.54
拒绝回答	3	2.88	9	4.55	2	2.22	16	6.06	10	3.4	1	1.41	2	3.77	5	10.9	48	4.35

重返月球，通过短期访问进行更多探索

	1	%	2	%	3	%	4	%	5	%	6	%	7	%	8	%	总计	%
利益相关方群体																		
强烈支持	26	25	30	15.2	26	28.9	41	15.5	61	20.8	15	21.1	28	52.8	13	28.3	239	21.7

续表

利益相关方群体

	1	%	2	%	3	%	4	%	5	%	6	%	7	%	8	%	总计	%
一定程度上支持	41	39.4	70	35.4	36	40	79	29.9	109	37.1	23	32.4	16	30.2	14	30.4	380	34.4
一定程度上反对	22	21.2	45	22.7	19	21.1	72	27.3	73	24.8	18	25.4	7	13.2	10	21.7	263	23.8
强烈反对	11	10.6	45	22.7	7	7.78	58	22	40	13.6	15	21.1	2	3.77	4	8.7	179	16.2
不知道	0	0	0	0	1	1.11	1	0.38	3	1.02	0	0	0	0	0	0	5	0.45
拒绝回答	4	3.85	8	4.04	1	1.11	13	4.92	8	2.72	0	0	0	0	5	10.9	38	3.44

在月球上建立人类定居点

利益相关方群体

	1	%	2	%	3	%	4	%	5	%	6	%	7	%	8	%	总计	%
强烈支持	36	34.6	33	16.7	31	34.4	28	10.6	64	21.8	13	18.3	24	45.3	20	43.5	247	22.4
一定程度上支持	26	25	48	24.2	33	36.7	50	18.9	89	30.3	19	26.8	16	30.2	12	26.1	290	26.3
一定程度上反对	22	21.2	48	24.2	15	16.7	73	27.7	74	25.2	18	25.4	9	17	4	8.7	255	23.1
强烈反对	16	15.4	63	31.8	8	8.89	101	38.3	58	19.7	21	29.6	4	7.55	3	6.52	271	24.6
不知道	0	0	0	0	1	1.11	1	0.38	3	1.02	0	0	0	0	0	0	5	0.45

续表

利益相关方群体																			
1	%	2	%	3	%	4	%	5	%	6	%	7	%	8	%	总计	%
拒绝回答																			
4	3.85	6	3.03	2	2.22	11	4.17	6	2.04	0	0	0	0	7	15.2	36	3.26

开展火星轨道任务、远程操控机器人登陆火星表面

利益相关方群体																		
	1	%	2	%	3	%	4	%	5	%	6	%	7	%	8	%	总计	%
强烈支持	35	33.7	52	26.3	29	32.2	69	26.1	100	34	21	29.6	26	49.1	15	32.6	345	31.3
一定程度上支持	48	46.2	70	35.4	35	38.9	88	33.3	96	32.7	24	33.8	17	32.1	17	37	385	34.9
一定程度上反对	14	13.5	31	15.7	15	16.7	51	19.3	50	17	12	16.9	9	17	6	13	185	16.8
强烈反对	4	3.85	35	17.7	9	10	45	17.1	42	14.3	14	19.7	1	1.89	3	6.52	152	13.8
不知道	0	0	0	0	0	0	0	0	3	1.02	0	0	0	0	0	0	3	0.27
拒绝回答	3	2.88	10	5.05	2	2.22	11	4.17	3	1.02	0	0	0	0	5	10.9	34	3.08

载人登陆火星

利益相关方群体																		
	1	%	2	%	3	%	4	%	5	%	6	%	7	%	8	%	总计	%
强烈支持	36	34.6	40	20.2	30	33.3	29	11	68	23.1	19	26.8	27	50.9	29	63	272	24.6

续表

利益相关方群体

	1	%	2	%	3	%	4	%	5	%	6	%	7	%	8	%	总计	%
一定程度上支持	29	27.9	46	23.2	36	40	42	15.9	74	25.2	18	25.4	11	20.8	6	13	258	23.4
一定程度上反对	21	20.2	37	18.7	12	13.3	60	22.7	62	21.1	13	18.3	8	15.1	2	4.35	212	19.2
强烈反对	15	14.4	69	34.9	10	11.1	123	46.6	82	27.9	21	29.6	7	13.2	4	8.7	328	29.7
不知道	0	0	0	0	0	0	0	0	2	0.68	0	0	0	0	0	0	2	0.18
拒绝回答	3	2.88	6	3.03	2	2.22	10	3.79	6	2.04	0	0	0	0	5	10.9	32	2.9

在火星上建立人类基地

利益相关方群体

	1	%	2	%	3	%	4	%	5	%	6	%	7	%	8	%	总计	%
强烈支持	21	20.2	19	9.6	17	18.9	14	5.3	25	8.5	5	7.04	20	37.7	18	39.1	137	12.4
一定程度上支持	24	23.1	34	17.2	23	25.6	22	8.33	58	19.7	17	23.9	10	18.9	11	23.9	195	17.7
一定程度上反对	23	22.1	33	16.7	25	27.8	55	20.8	76	25.9	16	22.5	13	24.5	7	15.2	245	22.2
强烈反对	33	31.7	104	52.5	23	25.6	162	61.4	127	43.2	32	45.1	9	17	4	8.7	489	44.3
不知道	0	0	0	0	0	0	0	0	3	1.02	0	0	0	0	0	0	3	0.27

续表

利益相关方群体

	1	%	2	%	3	%	4	%	5	%	6	%	7	%	8	%	总计	%
拒绝回答	3	2.88	8	4.04	2	2.22	11	4.17	5	1.7	1	1.41	1	1.89	6	13	35	3.17

未来20多年进行下述活动对美国国家航空航天局来说意义如何？
保持并将国际空间站作为科研实验室使用

利益相关方群体

	1	%	2	%	3	%	4	%	5	%	6	%	7	%	8	%	总计	%
非常重要	47	45.2	51	25.8	48	53.3	87	33	101	34.4	26	36.6	35	66	17	37	406	36.8
一定程度上重要	34	32.7	52	26.3	24	26.7	73	27.7	92	31.3	23	32.4	9	17	18	39.1	322	29.2
不是太重要	12	11.5	50	25.3	13	14.4	48	18.2	67	22.8	18	25.4	5	9.43	2	4.35	213	19.3
一点也不重要	4	3.85	28	14.1	2	2.22	25	9.47	21	7.14	2	2.82	2	3.77	3	6.52	84	7.61
不知道	0	0	0	0	0	0			0		0		0		0		0	0
拒绝回答	7	6.73	17	8.59	3	3.33	31	11.7	13	4.42	2	2.82	2	3.77	6	13	79	7.16

提供充足投资，确保载人航天计划取得成功

利益相关方群体

	1	%	2	%	3	%	4	%	5	%	6	%	7	%	8	%	总计	%
非常重要	48	46.2	52	26.3	46	51.1	50	18.9	90	30.6	25	35.2	24	45.3	31	67.4	362	32.8

续表

利益相关方群体

	1	%	2	%	3	%	4	%	5	%	6	%	7	%	8	%	总计	%
一定程度上重要	30	28.9	50	25.3	26	28.9	61	23.1	92	31.3	18	25.4	21	39.6	7	15.2	300	27.2
不是太重要	15	14.4	39	19.7	11	12.2	64	24.2	64	21.8	16	22.5	3	5.66	0	0	208	18.8
一点也不重要	3	2.88	38	19.2	3	3.33	55	20.8	33	11.2	10	14.1	4	7.55	2	4.35	147	13.3
不知道	0	0	0	0	1	1.11	1	0.38	0	0	0	0	0	0	0	0	2	0.18
拒绝回答	8	7.69	19	9.6	3	3.33	33	12.5	15	5.1	2	2.82	1	1.89	6	13	85	7.7

提供充足投资，确保无人航天计划取得成功

利益相关方群体

	1	%	2	%	3	%	4	%	5	%	6	%	7	%	8	%	总计	%
非常重要	50	48.1	143	72.2	58	64.4	151	57.2	218	74.2	36	50.7	41	77.4	23	50	713	64.6
一定程度上重要	43	41.4	33	16.7	27	30	74	28	54	18.4	30	42.3	9	17	12	26.1	276	25
不是太重要	3	2.88	4	2.02	2	2.22	6	2.27	8	2.72	3	4.23	1	1.89	3	6.52	29	2.63
一点也不重要	0	0	0	0	0	0	3	1.14	1	0.34	0	0	1	1.89	1	2.17	6	0.54
不知道	0	0	0	0	0	0	1	0.38	0	0	0	0	0	0	0	0	1	0.09
拒绝回答	8	7.69	18	9.09	3	3.33	29	11	13	4.42	2	2.82	1	1.89	7	15.2	79	7.16

载人航天仅限于执行地球轨道任务，无人的可以执行太阳系及更大空间的探索任务

利益相关方群体

	1	%	2	%	3	%	4	%	5	%	6	%	7	%	8	%	总计	%
非常重要	18	17.3	60	30.3	17	18.9	87	33	99	33.7	16	22.5	17	32.1	4	8.7	318	28.8
一定程度上重要	30	28.9	59	29.8	29	32.2	82	31.1	101	34.4	28	39.4	17	32.1	7	15.2	347	31.4
不是太重要	24	23.1	31	15.7	31	34.4	34	12.9	54	18.4	12	16.9	10	18.9	8	17.4	200	18.1
一点也不重要	24	23.1	22	11.1	8	8.89	21	7.95	17	5.78	11	15.5	7	13.2	21	45.7	128	11.6
不知道	0	0	0	0	1	1.11	1	0.38	1	0.34	0	0	1	1.89	0	0	4	0.36
拒绝回答	8	7.69	26	13.1	4	4.44	39	14.8	22	7.48	4	5.63	1	1.89	6	13	107	9.69

保持载人航天世界领导地位

利益相关方群体

	1	%	2	%	3	%	4	%	5	%	6	%	7	%	8	%	总计	%
非常重要	61	58.7	57	28.8	45	50	63	23.9	107	36.4	28	39.4	27	50.9	19	41.3	401	36.3
一定程度上重要	23	22.1	60	30.3	28	31.1	82	31.1	92	31.3	23	32.4	17	32.1	14	30.4	334	30.3
不是太重要	8	7.69	41	20.7	11	12.2	58	22	58	19.7	14	19.7	4	7.55	4	8.7	195	17.7
一点也不重要	3	2.88	19	9.6	2	2.22	27	10.2	20	6.8	4	5.63	4	7.55	4	8.7	83	7.52
不知道	0	0	0	0	1	1.11	0	0	0	0	0	0	0	0	0	0	1	0.09
拒绝回答	9	8.65	21	10.6	3	3.33	34	12.9	17	5.78	2	2.82	1	1.89	5	10.9	90	8.15

提高气象及通信卫星等轨道技术

利益相关方群体

	1	%	2	%	3	%	4	%	5	%	6	%	7	%	8	%	总计	%
非常重要	48	46.2	123	62.1	55	61.1	179	67.8	220	74.8	41	57.8	41	77.4	12	26.1	711	64.4
一定程度上重要	38	36.5	38	19.2	22	24.4	41	15.5	45	15.3	20	28.2	8	15.1	15	32.6	223	20.2
不是太重要	8	7.69	14	7.07	7	7.78	10	3.79	12	4.08	5	7.04	2	3.77	10	21.7	66	5.98
一点也不重要	3	2.88	5	2.53	2	2.22	1	0.38	3	1.02	2	2.82	0	0	3	6.52	19	1.72
不知道	0	0	0	0	0	0	0	0	0	0	0	0	0	0	0	0	0	0
拒绝回答	7	6.73	18	9.09	4	4.44	33	12.5	14	4.76	3	4.23	2	3.77	6	13	85	7.7

火星载人登陆计划

利益相关方群体

	1	%	2	%	3	%	4	%	5	%	6	%	7	%	8	%	总计	%
非常重要	36	34.6	31	15.7	29	32.2	25	9.47	52	17.7	20	28.2	23	43.4	20	43.5	231	20.9
一定程度上重要	22	21.2	48	24.2	36	40	46	17.4	84	28.6	18	25.4	14	26.4	13	28.3	277	25.1
不是太重要	23	22.1	41	20.7	12	13.3	70	26.5	57	19.4	12	16.9	7	13.2	3	6.52	222	20.1
一点也不重要	14	13.5	60	30.3	10	11.1	92	34.9	83	28.2	17	23.9	8	15.1	2	4.35	285	25.8
不知道	0	0	0	0	0	0	0	0	1	0.34	0	0	0	0	0	0	1	0.09
拒绝回答	9	8.65	18	9.09	3	3.33	31	11.7	17	5.78	4	5.63	1	1.89	8	17.4	88	7.97

扩大跟其他国家在航天领域的合作

| | 利益相关方群体 | | | | | | | | | | | | | | | | | | |
	1	%	2	%	3	%	4	%	5	%	6	%	7	%	8	%	总计	%
非常重要	32	30.8	78	39.4	43	47.8	88	33.3	150	51	29	40.9	35	66	21	45.7	470	42.6
一定程度上重要	48	46.2	76	38.4	33	36.7	112	42.4	102	34.7	29	40.9	16	30.2	12	26.1	422	38.2
不是太重要	12	11.5	20	10.1	10	11.1	24	9.09	24	8.16	7	9.86	1	1.89	5	10.9	103	9.33
一点也不重要	4	3.85	6	3.03	0	0	8	3.03	2	0.68	2	2.82	0	0	1	2.17	21	1.9
不知道	0	0	0	0	0	0	0	0	0	0	0	0	0	0	0	0	0	0
拒绝回答	8	7.69	18	9.09	4	4.44	32	12.1	16	5.44	4	5.63	1	1.89	7	15.2	88	7.97

目前，您在多大程度上参与了与太空相关的工作？

| | 利益相关方群体 | | | | | | | | | | | | | | | | | | |
	1	%	2	%	3	%	4	%	5	%	6	%	7	%	8	%	总计	%
很大程度上	46	44.2	89	45	24	26.7	0	0	23	7.82	15	21.1	15	28.3	28	60.9	233	21.1
一定程度上	29	27.9	106	53.5	32	35.6	0	0	99	33.7	23	32.4	29	54.7	11	23.9	325	29.4
没有参与	27	26	0	0	33	36.7	260	98.5	171	58.2	33	46.5	9	17	4	8.7	532	48.2
不知道	0	0	0	0	0	0	0	0	0	0	0	0	0	0	0	0	0	0
拒绝回答	2	1.92	3	1.52	1	1.11	4	1.52	1	0.34	0	0	0	0	3	6.52	14	1.27

您在多大程度上参与了与载人航天相关的工作？

								利益相关方群体									
	1	%	2	%	3	%	4	%	5	%	6	%	7	%	8	%	总计	%
很大程度上	30	40	25	12.8	0	0	0	0	2	1.64	3	7.89	4	9.09	15	38.5	75	13.4
一定程度上	29	38.7	51	26.2	12	21.4	0	0	22	18	14	36.8	11	25	16	41	150	26.9
没有参与	16	21.3	119	61	44	78.6	0	0	98	80.3	21	55.3	29	65.9	8	20.5	333	59.7
不知道	0	0	0	0	0	0	0	0	0	0	0	0	0	0	0	0	0	0
拒绝回答	0	0	0	0	0	0	0	0	0	0	0	0	0	0	0	0	0	0

您的最高学历是什么？

								利益相关方群体									
	1	%	2	%	3	%	4	%	5	%	6	%	7	%	8	%	总计	%
高中或大专学历	2	1.92	0	0	3	3.33	0	0	0	0	0	0	2	3.77	5	10.9	12	1.09
大学本科学历	28	26.9	12	6.06	25	27.8	3	1.14	0	0	1	1.41	10	18.9	18	39.1	95	8.61
硕士研究生学历	44	42.3	16	8.08	12	13.3	25	9.47	1	0.34	15	21.1	26	49.1	9	19.6	147	13.3
职业学位	10	9.62	8	4.04	2	2.22	12	4.55	3	1.02	8	11.3	1	1.89	3	6.52	46	4.17
博士学位	18	17.3	160	80.8	47	52.2	219	83	289	98.3	47	66.2	14	26.4	9	19.6	791	71.7
不知道	0	0	0	0	0	0	0	0	0	0	0	0	0	0	0	0	0	0

续表

	利益相关方群体																	总计	%
	1	%	2	%	3	%	4	%	5	%	6	%	7	%	8	%	总计	%
拒绝回答	2	1.92	2	1.01	1	1.11	5	1.89	1	0.34	0	0	0	0	2	4.35	13	1.18

您在哪一年出生？

	利益相关方群体																	总计	%
	1	%	2	%	3	%	4	%	5	%	6	%	7	%	8	%	总计	%
1915	0	0	1	0.51	0	0	0	0	0	0	0	0	0	0	0	0	1	0.09
1917	0	0	0	0	0	0	3	1.14	0	0	0	0	0	0	0	0	3	0.27
1918	0	0	0	0	0	0	2	0.76	0	0	0	0	0	0	0	0	2	0.18
1919	0	0	0	0	0	0	1	0.38	0	0	0	0	0	0	0	0	1	0.09
1920	0	0	0	0	0	0	3	1.14	0	0	0	0	0	0	0	0	3	0.27
1921	0	0	0	0	0	0	2	0.76	0	0	0	0	0	0	0	0	2	0.18
1922	0	0	0	0	0	0	4	1.52	0	0	0	0	0	0	0	0	4	0.36
1923	0	0	1	0.51	0	0	4	1.52	0	0	0	0	0	0	0	0	5	0.45
1924	0	0	1	0.51	0	0	5	1.89	0	0	0	0	0	0	0	0	6	0.54
1925	0	0	1	0.51	0	0	2	0.76	0	0	0	0	0	0	0	0	3	0.27
1926	0	0	2	1.01	0	0	5	1.89	0	0	0	0	0	0	1	2.17	8	0.72
1927	0	0	5	2.53	0	0	7	2.65	0	0	0	0	0	0	1	2.17	13	1.18

续表

利益相关方群体

	1	%	2	%	3	%	4	%	5	%	6	%	7	%	8	%	总计	%
1928	0	0	6	3.03	0	0	8	3.03	0	0	1	1.41	0	0	1	2.17	16	1.45
1929	0	0	0	0	0	0	8	3.03	0	0	0	0	0	0	0	0	8	0.72
1930	0	0	3	1.52	0	0	8	3.03	0	0	0	0	0	0	0	0	11	1
1931	0	0	5	2.53	0	0	5	1.89	0	0	0	0	0	0	1	2.17	11	1
1932	0	0	4	2.02	0	0	6	2.27	0	0	0	0	0	0	0	0	10	0.91
1933	0	0	4	2.02	0	0	11	4.17	0	0	1	1.41	0	0	0	0	16	1.45
1934	0	0	2	1.01	0	0	6	2.27	0	0	1	1.41	1	1.89	0	0	10	0.91
1935	0	0	7	3.54	0	0	4	1.52	0	0	0	0	0	0	0	0	11	1
1936	0	0	3	1.52	0	0	7	2.65	1	0.34	1	1.41	0	0	0	0	12	1.09
1937	0	0	6	3.03	0	0	5	1.89	1	0.34	0	0	0	0	0	0	12	1.09
1938	1	0.96	9	4.55	0	0	10	3.79	0	0	3	4.23	0	0	0	0	21	1.9
1939	1	0.96	7	3.54	0	0	7	2.65	2	0.68	2	2.82	0	0	0	0	19	1.72
1940	1	0.96	6	3.03	0	0	9	3.41	1	0.34	0	0	0	0	1	2.17	18	1.63
1941	0	0	1	0.51	0	0	9	3.41	1	0.34	5	7.04	2	3.77	0	0	18	1.63
1942	2	1.92	4	2.02	0	0	6	2.27	1	0.34	0	0	0	0	0	0	13	1.18
1943	1	0.96	7	3.54	0	0	7	2.65	2	0.68	3	4.23	0	0	1	2.17	20	1.81

续表

	利益相关方群体																总计	%
	1	%	2	%	3	%	4	%	5	%	6	%	7	%	8	%	总计	%
1944	3	2.88	4	2.02	0	0	8	3.03	4	1.36	6	8.45	1	1.89	0	0	26	2.36
1945	2	1.92	5	2.53	0	0	5	1.89	5	1.7	1	1.41	0	0	0	0	17	1.54
1946	2	1.92	4	2.02	0	0	9	3.41	6	2.04	3	4.23	0	0	0	0	23	2.08
1947	1	0.96	6	3.03	0	0	7	2.65	7	2.38	6	8.45	1	1.89	1	2.17	26	2.36
1948	0	0	9	4.55	0	0	6	2.27	4	1.36	3	4.23	0	0	0	0	22	1.99
1949	6	5.77	9	4.55	0	0	12	4.55	5	1.7	5	7.04	3	5.66	0	0	40	3.62
1950	2	1.92	10	5.05	0	0	6	2.27	9	3.06	2	2.82	2	3.77	1	2.17	31	2.81
1951	3	2.88	5	2.53	0	0	2	0.76	9	3.06	1	1.41	2	3.77	0	0	21	1.9
1952	3	2.88	6	3.03	1	1.11	11	4.17	12	4.08	4	5.63	2	3.77	2	4.35	41	3.71
1953	3	2.88	2	1.01	0	0	9	3.41	11	3.74	0	0	1	1.89	0	0	26	2.36
1954	6	5.77	3	1.52	0	0	4	1.52	10	3.4	2	2.82	3	5.66	2	4.35	29	2.63
1955	4	3.85	6	3.03	0	0	5	1.89	21	7.14	1	1.41	3	5.66	1	2.17	41	3.71
1956	3	2.88	2	1.01	0	0	3	1.14	18	6.12	3	4.23	2	3.77	1	2.17	32	2.9
1957	2	1.92	5	2.53	0	0	2	0.76	22	7.48	2	2.82	1	1.89	2	4.35	35	3.17
1958	7	6.73	4	2.02	0	0	3	1.14	16	5.44	1	1.41	1	1.89	1	2.17	32	2.9
1959	3	2.88	1	0.51	0	0	3	1.14	24	8.16	2	2.82	2	3.77	1	2.17	35	3.17

续表

利益相关方群体

	1	%	2	%	3	%	4	%	5	%	6	%	7	%	8	%	总计	%
1960	2	1.92	5	2.53	0	0	2	0.76	12	4.08	0	0	0	0	1	2.17	22	1.99
1961	5	4.81	2	1.01	1	1.11	2	0.76	13	4.42	3	4.23	0	0	1	2.17	26	2.36
1962	7	6.73	3	1.52	0	0	0	0	9	3.06	3	4.23	1	1.89	1	2.17	24	2.17
1963	3	2.88	0	0	0	0	0	0	12	4.08	0	0	1	1.89	0	0	16	1.45
1964	2	1.92	2	1.01	0	0	1	0.38	9	3.06	2	2.82	3	5.66	1	2.17	20	1.81
1965	3	2.88	0	0	0	0	0	0	6	2.04	1	1.41	5	9.43	0	0	15	1.36
1966	2	1.92	1	0.51	0	0	0	0	5	1.7	1	1.41	1	1.89	0	0	10	0.91
1967	4	3.85	1	0.51	1	1.11	0	0	5	1.7	0	0	0	0	1	2.17	12	1.09
1968	2	1.92	2	1.01	0	0	2	0.76	4	1.36	0	0	2	3.77	2	4.35	14	1.27
1969	4	3.85	0	0	0	0	0	0	6	2.04	0	0	2	3.77	0	0	12	1.09
1970	0	0	0	0	0	0	0	0	4	1.36	0	0	1	1.89	1	2.17	6	0.54
1971	1	0.96	1	0.51	1	1.11	1	0.38	2	0.68	0	0	0	0	0	0	6	0.54
1972	2	1.92	2	1.01	1	1.11	0	0	0	0	0	0	1	1.89	1	2.17	7	0.63
1973	1	0.96	2	1.01	0	0	0	0	0	0	0	0	3	5.66	1	2.17	7	0.63
1974	2	1.92	2	1.01	0	0	0	0	4	1.36	0	0	1	1.89	2	4.35	11	1
1976	0	0	1	0.51	0	0	0	0	2	0.68	0	0	1	1.89	0	0	4	0.36

续表

年份	利益相关方群体																总计	%
	1	%	2	%	3	%	4	%	5	%	6	%	7	%	8	%		
1977	0	0	0	0	2	2.22	0	0	1	0.34	0	0	1	1.89	0	0	4	0.36
1978	0	0	2	1.01	2	2.22	0	0	2	0.68	0	0	1	1.89	0	0	7	0.63
1979	1	0.96	0	0	1	1.11	0	0	0	0	0	0	0	0	1	2.17	3	0.27
1980	1	0.96	0	0	6	6.67	0	0	0	0	0	0	0	0	1	2.17	8	0.72
1981	0	0	0	0	10	11.1	0	0	0	0	0	0	0	0	0	0	10	0.91
1982	1	0.96	0	0	4	4.44	0	0	0	0	0	0	0	0	1	2.17	6	0.54
1983	0	0	0	0	7	7.78	0	0	0	0	0	0	0	0	1	2.17	8	0.72
1984	0	0	0	0	9	10	0	0	0	0	0	0	1	1.89	2	4.35	12	1.09
1985	2	1.92	0	0	5	5.56	0	0	0	0	0	0	0	0	2	4.35	9	0.82
1986	0	0	0	0	5	5.56	0	0	0	0	0	0	0	0	0	0	5	0.45
1987	0	0	0	0	4	4.44	0	0	0	0	0	0	0	0	0	0	4	0.36
1988	0	0	0	0	7	7.78	0	0	0	0	0	0	1	1.89	0	0	7	0.63
1989	0	0	0	0	9	10	0	0	0	0	0	0	1	1.89	2	4.35	12	1.09
1990	0	0	0	0	3	3.33	0	0	0	0	1	1.41	0	0	0	0	4	0.36
1991	0	0	0	0	3	3.33	0	0	0	0	0	0	0	0	1	2.17	4	0.36
1992	0	0	0	0	5	5.56	0	0	0	0	0	0	0	0	1	2.17	6	0.54

续表

	1	%	2	%	3	%	4	%	5	%	6	%	7	%	8	%	总计	%
										利益相关方群体								
1993	0	0	0	0	1	1.11	0	0	0	0	0	0	0	0	2	4.35	3	0.27
不知道	0	0	0	0	0	0	0	0	0	0	0	0	0	0	0	0	0	0
拒绝回答	3	2.88	6	3.03	2	2.22	7	2.65	6	2.04	1	1.41	0	0	2	4.35	26	2.36

您是男性还是女性?

	1	%	2	%	3	%	4	%	5	%	6	%	7	%	8	%	总计	%
										利益相关方群体								
男性	93	89.4	165	83.3	66	73.3	226	85.6	267	90.8	62	87.3	36	67.9	33	71.7	936	84.8
女性	8	7.69	29	14.7	23	25.6	34	12.9	25	8.5	8	11.3	17	32.1	11	23.9	152	13.8
不知道	0	0	0	0	0	0	0	0	0	0	0	0	0	0	0	0	0	0
拒绝回答	3	2.88	4	2.02	1	1.11	4	1.52	2	0.68	1	1.41	0	0	2	4.35	16	1.45

您目前是否在职?

	1	%	2	%	3	%	4	%	5	%	6	%	7	%	8	%	总计	%
										利益相关方群体								
是	99	95.2	167	84.3	77	85.6	163	61.7	292	99.3	58	81.7	51	96.2	36	78.3	928	84.1
否	2	1.92	27	13.6	12	13.3	95	36	1	0.34	12	16.9	2	3.77	8	17.4	158	14.3

续表

利益相关方群体

	1	%	2	%	3	%	4	%	5	%	6	%	7	%	8	%	总计	%
不知道	0	0	0	0	0	0	0	0	0	0	0	0	0	0	0	0	0	0
拒绝回答	3	2.88	4	2.02	1	1.11	6	2.27	1	0.34	1	1.41	0	0	2	4.35	18	1.63

下述哪一项跟您目前的工作最接近?

利益相关方群体

	1	%	2	%	3	%	4	%	5	%	6	%	7	%	8	%	总计	%
高等教育工作者	4	4.04	73	43.7	16	20.8	72	44.2	272	93.2	10	17.2	16	31.4	3	8.33	460	49.6
非教学岗科学专家	0	0	32	19.2	26	33.8	36	22.1	1	0.34	5	8.62	4	7.84	2	5.56	105	11.3
工程师	15	15.2	11	6.59	23	29.9	10	6.13	4	1.37	13	22.4	1	1.96	6	16.7	82	8.84
管理类或专业类	79	79.8	42	25.2	0	0	36	22.1	8	2.74	30	51.7	16	31.4	19	52.8	223	24
其他，请具体说明	1	1.01	8	4.79	11	14.3	8	4.91	5	1.71	0	0	13	25.5	6	16.7	52	5.6
不知道	0	0	0	0	0	0	0	0	0	0	0	0	0	0	0	0	0	0
拒绝回答	0	0	1	0.6	1	1.3	1	0.61	2	0.68	0	0	1	1.96	0	0	6	0.65

附录 F　缩写词和缩略语

AES	高级勘探系统
AFRL	空军研究实验室
AMS	阿尔法磁谱仪
ARM	小行星重定向任务
ASPCO	亚太空间合作组织
ASTP	阿波罗—联盟测试计划
ATV	自动转移飞行器
BEO	超越地球轨道
BLEO	超越近地轨道
CAIB	哥伦比亚号事故调查委员会
CASIS	空间科学发展中心
CCDev	商业载人太空飞行开发计划
CHIP	儿童健康保险项目
DARPA	美国国防高级研究计划局
DOD	国防部
DOE	能源部

| DRA | 设计参考架构 |
| DRM | 设计参考任务 |

ECLSS	环境控制与生命保障系统
EDL	进场、下降和着陆
EFT	探索飞行测试
ELIPS	欧洲生命与物理科学研究计划
EM	探索任务
EPO	科学普及和教育
ESA	欧洲航天局
ETD	探索技术开发
EU	欧盟
EVA	舱外活动

| FAST | 快速访问飞船试验台 |
| FY | 财年 |

GAO	美国政府问责局
GCR	银河宇宙射线
GDP	国内生产总值
GER	全球探索路线图
GES	全球探测战略
GN&C	制导、导航与控制
GNP	国民生产总值

| GPS | 全球定位系统 |
| GSS | 综合社会调查 |

HEOMD	载人探索与运行任务部
HRP	载人研究计划
HSF	载人航天
HTV	H – II 运载飞船

ICBM	洲际弹道导弹
IED	简易爆炸装置
ILEWLG	国际月球探测工作组
IOC	初步操作能力
IPEWG	国际原始探索工作组
ISECG	国际太空探索协调工作组
I_{sp}	比冲
ISR	情报、监视及侦查
ISRU	原位资源利用技术
ISS	国际空间站

kW	千瓦
L1	拉格朗日点 1
L2	拉格朗日点 2
LCH4	液态甲烷
LEAG	月球探测分析组

LEO	近地轨道
LIGO	激光干涉引力波天文台
LOX	液态氧
LSAY	美国青少年纵向研究所
MEPAG	火星探测计划分析小组
MIT	麻省理工学院
MOL	载人轨道实验室
MPCV	多功能载人飞船
MRSA	耐甲氧西林金黄色葡萄球菌
MSL	火星科学实验室
MT	公吨
MW	兆瓦
NASA	美国国家航空航天局
NCRP	国家辐射防护委员会
NEA	近地小行星
NEO	近地星体
NEP	核电推进技术
NERVA	火箭飞行器用核引擎
NIH	美国国立卫生研究院
NRA	美国航空航天局研究协议
NRC	国家研究委员会

NRO	美国国家侦察局
NSF	国家科学基金会
NTP	核热推进系统
OIG	总检察长办公室
POR	记录程序
S&T	科技
SEP	太阳能电力推进系统
SLBMs	海上发射弹道导弹
SLS	太空发射系统
SPE	太阳粒子事件
SSC	斯皮策科学中心
STEM	科学、技术、工程和数学
STG	太空任务小组
STMD	太空技术任务部
STS	太空运输系统
Sv	西韦特定律
TRL	技术就绪指数

附录 G 委员会、专家小组和工作人员简介

委员会

小米切尔·E·丹尼尔斯（MITCHELL E. DANIELS，Jr. ），联合主席，现任普渡大学校长。在担任校长前，曾连任两届第 49 届美国印第安纳州州长。此前，他曾担任哈德森研究所首席执行官和礼来制药公司北美药品业务总裁。在政治领域，他还曾担任参议员理查德·卢格（Richard Lugar）的幕僚长、美国前总统罗纳德·里根（Ronald Reagan）的高级顾问和前总统乔治·W·布什（George W. Bush）（2001 年 1 月至 2003 年 6 月）的行政管理和预算局局长。他的著作有《保持共和：信任美国人民，拯救美国》（Keeping the Republic：Saving America by Trusting American）。丹尼尔斯先生毕业于普林斯顿大学伍德罗·威尔逊公共与国际关系学院，获得学士学位，其后于乔治城大学法律中心获得博士学位。

乔纳森·I·卢宁（JONATHAN I. LUNINE），联合主席，现任康乃尔大学电波物理与太空研究中心主任，也是康奈尔大学大卫·C·邓肯（David C. Duncan）物理科学教授。卢宁博士对行星如何形成和演变、保持和建立可居住性的过程以及能够维持生命的环境的限制因素等感兴趣。他通过理论建模和参与飞船任务来追求探索其所感兴趣的领域。他充分利用土星探测船卡西尼号上的雷达和其他仪器开展工作，还曾是惠更斯号着陆土星卫星泰坦科学小组的一员。他是 2011 年启动的发射到木星的朱诺号航天任务的联合研究员，也是詹姆斯·韦伯太空望远镜跨学科科学家。卢宁博士参与或领导了一系列有关太阳系探测器和其他恒星周围行星太空探测的任务概念研究。他还主持或参与了美国国家航空航天局和美国国家科

学基金会的数个咨询和战略规划委员会。他还获得 DPS/美国天文学会哈罗德・克莱顿・尤里奖、美国地球物理联合会的 Macelwane 奖、国际空间研究委员会 B 小组委员会泽尔多维奇奖和国际宇航科学院基础科学奖。卢宁还是美国国家科学院成员和美国地球物理联合会以及美国科学促进会会员。卢宁博士于罗切斯特大学获得物理和天文学学士学位，于加州理工学院获得行星科学博士学位。卢宁博士曾在多个国家研究理事会委员会任职，包括生命起源和进化委员会联合主席、宇宙生命发展程度测定计划审查委员会主席和 2010 年天文和天体物理学十年调查委员会成员。

伯纳德・F・伯克（BERNARD F. BURKE）是麻省理工学院威廉・A・M・伯登（William A. M. Burden）天体物理学名誉退休教授，也是麻省理工卡弗里天体物理学和空间研究所主要研究者（PI）。他的研究涵盖了一系列活动，包括联合发现木星无线电波暴，发现了第一个"爱因斯坦环"，证明了爱因斯坦在其《广义相对论》中所预言的物质歪曲时空现象。伯克博士曾任美国天文学会主席，美国国家科学委员会会员。他是美国国家科学院和美国艺术与科学学院的成员、美国科学促进会（AAAS）会员，还是美国国家航空航天局甚长基线干涉测量成就奖获得者，还获得麻省理工学院物理学博士学位。伯克博士曾在多个国家研究理事会任职，包括太阳系探索评估委员会、国际天文联合会美国国家委员会和国际空间年规划委员会。

玛丽・琳达・迪特马尔（MARY LYNNE DITTMAR）是德克萨斯州休斯顿市一家工程设计和咨询公司——Dittmar Associates 的总裁兼执行顾问。此前，迪特马尔博士曾负责波音公司国际空间站飞行操作和培训整合的管理，后来担任波音太空有效载荷商业计划首席科学家和高级经理，之后负责为公司空间探索组业务开发和战略规划提供咨询建议。最近，她曾担任过数家航空公司、美国国家航空航天局、空间科学发展中心（CASIS）高管们的高级顾问，帮助制定国际空间站国家实验室利用战略规划。迪特马尔博士的实践领域主要是：战略规划、公私合作、战略传播、系统工程和变更管理。她发表的作品涉及多个领域，包括操作、工程、人工智能、人因工程、通信和商业，她的多篇论文还推动了法规框架的形成并吸引投资者对商用航天工业等新兴行业的注意。她还曾担任美国联邦航空管理局商业空间运输咨询委员会空间操作工作组成员，获得多个行业和学术奖项，包括波音颁发的多个一等功勋发明奖和卓越技术首席技术官奖，以及美国国家航空航天局为奖励对人类航天具有重大贡献而颁发的"银色史努比"奖。同时，她还是美国科学家和工程师研究荣誉学会 Sigma Xi 的会员。迪特马尔博士还获得辛辛纳提大学人因工程学博士学位。

帕斯卡尔·亨弗雷德（PASCALE EHRENFREUND）是乔治·华盛顿大学太空政策研究所太空政策和国际关系研究教授。在过去的 15 年间，亨弗雷德博士曾任近地轨道和国际空间站实验以及欧洲太空总署（ESA）和美国国家航空航天局各种太空任务（包括天文和行星任务）的主要研究者、联合研究员和组长。她是美国国家航空航天局天体生物学研究所——一家综合研究和培训项目的虚拟学院——的首席研究员，她的研究和关注领域涉及生物学和天体物理学。亨弗雷德博士曾参与美国国家航空航天局O/OREOs卫星项目，这个项目是美国国家航空航天局目前在轨道内的首个天体生物小载荷计划任务。她还曾在多个涉及空间政策问题的委员会中任职，包括欧洲空间科学委员会、欧洲太空总署生命和物理科学咨询委员会和欧洲太空总署生命科学工作组。2010 年以来，她主持国际空间研究委员会探索小组的工作。亨弗雷德博士是国际天文联合会小组 51 委员会（生物天文学）主席，以及国际宇航科学院正式成员。她还是天体生物学和行星科学国家研究委员会成员，也曾任职于 2013 — 2022 行星科学十年调查委员会。亨弗雷德博士曾是欧洲委员会 FP7 空间咨询小组成员，自 2013 年 11 月开始任职，两次入选 Horizon2020 空间咨询小组。从 2013 年开始，她就任奥地利科学基金会主席。她拥有维也纳大学（奥地利）分子生物学硕士学位、巴黎第七大学/维也纳大学（奥地利）天体物理学博士学位、维也纳大学（奥地利）天体化学教授资格以及韦伯斯特大学（荷兰）管理和领导硕士学位。她还是 300 多本出版作品的著作者或合著者。

　　福兰克·G·克劳茨（FRANK G. KLOTZ）[109]（美国空军，已退休）是美国核安全能源部部长和国家核安全局局长，担任美国外交关系协会（CFR）战略研究和军备控制前高级研究员和美国空军全球打击司令部前指挥官，任职期间他建立并领导了一个多达 23 000 人的新组织，在单一指挥链下，将美国所有具备核打击能力的轰炸机与陆基导弹融合在一起。在其军队职业生涯早期，克劳茨将军在美苏关系特别重要的时期，任美国驻莫斯科大使馆武官。之后，作为美国国家安全委员会核政策和军备控制主任，他代表美国参与 2002 年莫斯科条约的对话磋商，该条约旨在减少战略性核武器。克劳茨将军还曾任美国空军太空司令部副指挥官。2006 年，他被美国空军协会授予 General Thomas D. White Trophy 一等功勋奖，以表彰其对航空航天的巨大贡献。克劳茨将军在美国各地乃至国外都做过大量的关于国防和太空主题的演讲。他著有《太空、商业和国家安全（1998 年）》和《冰上美国：南极政策问题（1990 年）》。他还曾作为白宫幕僚在国务院任职，还是美国外交关系协会军事幕僚。他是美国外交关系协会会员、国际战略研究所成员以及国务卿国际安全顾问委员会成员。克劳茨将军是美国空军学院的优秀毕业生，获得罗德奖学金，后就读于牛津大学，最终获得国际关系硕士学位和政治学博士学位。他毕业于华盛顿特区美国国家战争学院。目前任国际安全和军备控制国家研究理事会会员。

　　詹姆士·S·杰克逊（JAMES S. JACKSON）（IOM）是密歇根大学社会研究院院长和教授，也是丹尼尔·卡茨杰出大学心理学教授、公共卫生学院健康行为和健康教育教授、非裔美国人和非洲研

---

　　[109]　克劳茨将军于 2014 年 4 月 10 日从理事会辞职，接任美国核安全能源部副部长和国家核安全局局长。

究教授。曾任美国黑人研究计划和非裔美国人和非洲研究中心主任。他的研究主要聚焦在种族和民族对生命历程发展的影响、态度改变、相互作用、社会支持和散居黑人的应对方式和健康等问题。曾任美国科学促进会（AAAS）社会、经济和政治科学部门主席，美国黑人学生心理协会、黑人心理学家协会和社会问题心理学研究协会主席。还曾就职于美国国家精神健康研究所和国家老龄化研究所委员会，还是美国老年学会会员、实验社会心理学协会、美国心理协会、美国心理科学协会会员，以及美国政治与社会科学院 W·E·B·杜波依斯成员。他获奖无数，其中包括少数民族心理研究学会杰出贡献研究奖、美国心理学会应用心理学杰出贡献奖——詹姆斯·麦凯恩·卡特尔杰出会员奖，以及纽约医学院生物医学杰出贡献奖。他是美国艺术与科学学院院士。杰克逊博士还获得韦恩州立大学社会心理学博士学位。他目前是国家行为、认知和感官科学研究委员会的成员，还曾担任国际社会和行为研究合作委员会，美国国家生物医学、行为和临床研究人员需求研究委员会，以及有关弱势群体和科学与工程劳动力渠道的扩张的美国竞争力委员会的成员。

　　富兰克林·D·马丁（FRANKLIV D. MARTIN）是马丁咨询有限公司总裁。他主要涉及美国国家航空航天局航天工程的独立审查服务。在过去十年，他为美国国家航空航天局的组织和飞行工程展开了近 100 次团队发展专题研讨会，同时还是 4 - D 系统分包商。他在空间科学、空间系统、工程设计和管理方面具有 40 多年的工作经验。涉及机器人、遥感和载人航天等领域。他在美国国家航空航天局和洛克希德·马丁公司的任职经历如下：参与阿波罗 16 号和阿波罗 17 号科学任务；美国国家航空航天局总部太阳地球和天体物理学主任；戈达德航天飞行中心空间与地球科学主任；美国国家航空航天局空间站行政长官副助理；美国国家航空航天局人类探索行政长官首席助理；洛克希德·马丁公司空间系统和民用空间工程主任，负责哈勃维修任务、空间红外望远镜设备（斯皮策）、月球勘探者和相对论任务（重力探测器 - B）等。马丁博士还曾任《地球物理研究通信》助理编辑，并曾任职于海军海洋测量局，担任物理学家。1990 年，他以高级执行官（SES）ES－6 的级别从美国国家航空航天局辞职，而后于 2001 年从洛克希德·马丁公司退休。目前他就职于美国国家航空航天局创新先进概念计划对外委员会，任美国国家航空航天局首席技术官。马丁博士获得美国国家航空航天局优异服务奖章、杰出领导奖章和高级执行官杰出贡献总统奖。他也是美国宇宙航行学会（AAS）会员。获得菲佛学院（菲佛大学）物理学和数学学士学位，田纳西大学物理学博士学位。还曾是国家研究理事会载人航天飞行人员操作委员会、美国国家航空航天局亚轨道研究能力委员会和美国国家航空航天局卫星系统启动的科学机会委员会成员。

　　戴维·C·莫维利（DAVID C. MOWERY）是加利福尼亚大学伯克利分校哈斯商学院哈斯勒夫妇基金会新企业发展部门（名誉退休）教授，以及美国国家经济研究局助理研究员。莫维利博士的研究领域包括：技术变革对经济增长和就业的影响、技术变更的管理，以及国际和美国贸易政策。他的学术奖项包括：美国公共政策分析和管理协会 Raymond Vernon 奖、经济史学会 Fritz Redlich 奖、《商业史评论》纽科门奖、优秀教学奖和管理学院杰出学者奖。他在斯坦福大学获得了经济学硕士和博士学位，然后又获得哈佛商学院博士后。莫维利博士曾就职于国家研究理事会的多个委员会，包括美国工业竞争力和劳动力需求委员会副主席，以及美国国家纳米技术倡议审查委员会和美国工程研究企业能力审查委员会的成员。

　　布莱恩·D·欧康诺尔（BRYAN D. O'CONNOR）是一名独立航空航天顾问，曾任海军陆战队飞行员和美国国家航空航天局高级执行官，美国国家航空航天局安全与任务保证办公室主任，负责整个机构系统的安全、可靠性、质量和风险管理组织，以响应哥伦比亚事故调查委员会的调查结果。他还曾担任美国富创公司的工程总监，为国防部、能源部、联邦航空管理局（FAA）、美国国家航空航天局提供系统安全工程和风险管理咨询服务。在此之前，他还曾是太空梭计划负责人。欧康诺尔先生曾是海军陆战队试飞员，担任过STS-61B 太空梭任务的飞行员以及 STS-40 任务的指挥官。他还曾承担过多种研究、发展、测试与评估职责，以支持太空梭首次试飞。他曾获得多项奖项，包括海军试飞员学校杰出毕业生奖、杰出飞行十字勋章、美国国家航空航天局杰出服务奖章和国际空间安全促进协会 Jerome Lederer 太空安全先锋奖。他目前是美国国家航空航天局的航太安全咨询小组成员，该小组直接观察美国国家航空航天局的运行情况，并对其安全绩效进行评估，给出建议；还向国会和美国国家航空航天局局长提交年度报告。欧康诺尔先生曾就读于西佛罗里达大学航空系统专业，获得硕士学位。曾任国家研究理事会太空梭升级委员会主席。

斯坦利·普雷瑟（STANLEY PRESSER）是马里兰大学杰出大学教授，在社会学系调查方法学联合项目中任教。他的研究领域包括：问卷调查设计与测试、调查响应精准度以及调查非响应的性质和后果。普雷瑟博士是美国公众舆论调查协会前任主席，美国统计学会会员，以及保罗·F·拉扎斯菲尔德奖获得者，以表彰其在社会学方面做出的杰出贡献。他在密歇根大学获得社会学博士学位。普雷瑟博士曾是国家研究理事会交通运输统计局审查委员会会员、国家研究理事会美国农业部资源管理调查审查小组成员，目前是国家研究理事会政策宣传公民参与与社会凝聚力测量小组成员。

海伦·R·奎恩（HELLEN R. QUINN）（美国国家科学院）是斯坦福直线加速器中心国家加速器实验室粒子物理学和天体物理学（名誉退休）教授以及斯坦福大学 K12 项目副主席。奎恩博士是一位理论物理学家，因其卓越的研究贡献，她获得众多奖项，包括著名的狄拉克（意大利）和克因（瑞典）奖。她长期从事教育工作，在地方、州和国家层面均有工作经历。研究领域涉及科学课程、筹备标准、科学教师的继续教育。她是美国物理学会的成员和前主席。在斯坦福大学获得物理学博士学位。她目前担任国家研究理事会科学教育委员会主席和 K-12 科学能力评估框架委员会成员。她还曾担任国家研究理事会新科学教育标准理论框架委员会主席，以及宇宙物理学委员会、Astro 2010 十年调查和国家研究理事会的许多其他委员会会员。

阿西夫·A·西迪基（ASIF A. SIDDIQI）是福特汉姆大学历史学副教授。他擅长现代科学技术史，撰写了大量有关航天史的书籍和文章。他的书籍《挑战阿波罗：苏联和太空竞赛（1945 — 1974）》于 2000 年由美国国家航空航天局出版，是首部基于冷战结束后所公开披露的证据，是描写苏联太空计划历史的重要作品。《华尔街日报》将其列为已出版的有关太空探索的前五佳书籍之一。他的作品超越了俄罗斯/苏联的太空计划，涉及到亚洲太空计划、军事太空研究和美国太空探索史等主题。他最近的书籍《红色火箭之光：航天与苏联想像（1857 — 1957）》着眼于俄罗斯热衷于空间的文化根源，于 2010 年出版。他曾在麻省理工学院担任过访问学者，是《人类航天未来》的合著者，这是一份向国会和美国国家航空航天局提交的报告。在 2013 — 2014 年期间，西迪基博士担任华盛顿特区国家航空航天博物馆的航空航天史研究员。西迪基博士拥有德州农工大学电气工程学士和硕士学位，以及卡耐基梅隆大学历史学博士学位。

约翰·C·佐梅雷尔（JOHN C. SOMMERER）是约翰霍普金斯大学应用物理实验室（APL）主任办公室退休高级研究员，该实验室是国防部大学附属研究中心最大的部门。他还是约翰霍普金斯大学丹尼尔·科伊特·布尔曼（Daniel Coit Gilman）永久性学者。截至 2014 年 1 月 1 日，他领导应用物理实验室的空间部门，负责应用物理实验室对军事、情报体系和民用空间计划的各种贡献，包括美国信使号水星任务、冥王星新视野号任务、范艾伦探测、太阳探测＋、MDA 精密跟踪太空系统和 ORSTech 1 和 2 等。在 2008 年以前，他还曾在应用物理实验室中担任多个其他高级管理职务，包括科学技术总监、首席技术官和米尔顿·S·艾森豪威尔（Milton S. Eisenhower）研究中心主任等，还领导了多个企业级任务团队、战略规划等项目。佐梅雷尔博士在圣路易斯华盛顿大学获得系统科学和数学专业学士和硕士学位，在约翰霍普金斯大学获得应用物理学硕士，并在马里兰大学获得物理学博士学位。曾服务于美国政府的多个咨询机构，包括海军研究咨询委员会主席和副主席、海军部长高级技术咨询委员、海军作战部长和陆战队指挥官。也曾就职于国家研究理事会的多个委员会，是国际宇航科学院正式成员。

罗格·图朗诺（ROGER TOURANGEAU）是美国最大的调查公司——Westat 公司副总裁和副董事。在加入 Westat 公司前，他曾任密歇根调查研究中心大学副教授和马里兰大学调查方法联合项目负责人。他是一位具有近三十年工作经验的调查方法学家。图朗诺博士还撰写了 60 多篇研究论文，大部分主题与调查方法有关。他还与弗雷德·康拉德（Fred Conrad）和米克·库珀（Mick Couper）合作，编写了一本有关网络调查设计（网络调查）的新书。早期他与朗斯·里普斯（Lance Rips）和肯内特·拉辛斯基（Kenneth Rasinski）合作编写的书籍《调查应答心理学》获得了美国公众舆论调查协会的 2006 年图书奖。1999 年，他入选美国统计学会会员。图朗诺博士获得耶鲁大学心理学博士学位。他目前在国家研究理事会国家统计委员会任职，曾担任社会科学数据采集未来研究议程小组主席。

阿里耶尔·瓦尔德曼（ARIEL WALDMAN）是 Spacehack. org 网站创始人，Spacehack. org 是一种参与太空探索的途径目录，也是 Science Hack Day 的全球倡导者，这个活动将科学家、技术专家、设计师和有好想法的人聚集在一起，用一周的时间来进行创造。瓦尔德曼女士也是未来学会会员，最近还作为公民科学变革冠军，获得了白宫的荣誉勋章。2012 年，瓦尔德曼女士为科学与技术政策学会撰写了一篇关于民主科学工具的论文。此前，她曾在美国国家航空航天局 CoLab 计划工作，这个计划的任务是促进航天局内外的社区合作。瓦尔德曼女士也是 Engadget 的科幻电影小工具专栏作家和 VML 数字人类学家。她在 O'Reilly 开源大会（OSCON）和国家高级研究计划局（DARPA）百年飞船研讨会上发表了主题演讲，做客 SyFy 频道，并定期与全球各地的观众进行对话。2008 年，她被评为硅谷最具影响力的前 50 名人士之一。瓦尔德曼女士在匹兹堡艺术学院获得平面设计学士学位。

克里夫·祖金（CLIFF ZUKIN）是罗格斯大学爱德华·布鲁斯坦规划与公共政策学院公共政策与政治科学教授和伊格尔顿政治学院教授。他还是罗格斯大学约翰·J·赫德里奇劳动力发展中心的高级研究员。祖金博士的研究领域包括舆论、调查研究、大众媒体和政治行为。他是罗格斯大学公共利益民意测验和《明星纪事报》/伊格尔顿-罗格斯民意调查（一种季度意见调查）的创办负责人。他还曾担任 NBC 新闻评选单元的顾问，并在皮尤研究中心担任顾问 15 年。祖金博士是公共舆论季刊编辑委员会成员和美国公众舆论调查协会前主席。他的新书《一种新介入方式？政治参与、公民生活和变化中的美国公民》［与 S·基特（S. Keeter），M·安多利纳（M. Andolina）、K·詹金斯（K. Jenkins）和 M·X·德利·卡尔皮尼（M. X. Delli Carpini）共同撰写］利用调查数据和作者们自己的主要研究来分析政治参与的代际差异。祖金博士拥有俄亥俄州立大学的政治学博士学位。

公众和利益相关方意见小组

罗格·图朗诺（ROGER TOURANGEAU），主席，见上述委员会。

莫莉·安多利纳（MOLLY ANDOLINA）是德保罗大学政治系副教授。她研究了千禧一代对政治、志愿服务和社区参与的公民行为和态度。与人合写了《一种新介入方式？政治参与、公民生活和变化中的美国公民》一书，以及《青年公民参与研究手册》中"政治社会化和公民参与研究的概念框架和多方法途径"一章。她曾是皮尤研究中心人民出版社调查总监，就公共政策问题的态度进行民意调查，共同负责对政治精英进行调查。在加入皮尤研究中心之前，她撰写《定性访谈指南》，并与公职人员和公民进行了利益相关方访谈。安多利纳博士拥有乔治城大学政府学博士学位。

珍妮弗·L·霍克希尔德（JENNIFER L. HOCHSCHILD）是哈佛大学 Henry LaBarre Jayne 政府学科教授、非洲和非裔美国人研究教授和哈佛学院教授。她还在哈佛肯尼迪学院担任讲师。霍克希尔德博士主要研究美国政治和哲学的相互作用，并致力研究舆论和政治文化方面的问题。目前她的研究领域包括公民在政治决策中对事实信息的利用，以及围绕基因组学的政治或意识形态发展。霍克希尔德博士是一名定性研究方法专家，尤其是深度访谈和精英访谈。她独立或与人合作撰写了多部书籍，其中包括《什么是公平：关于分配正义的美国信仰》，这是一本基于深度访谈的经典研究作品。她还是美国政治科学协会《政治观点》的创刊编辑，目前仍是《美国政治科学评论》的联合编辑。她是美国艺术与科学学院院士、美国政治科学协会前副主席、拉舍尔·赛奇基金会受托委员会前成员和副主席以及综合社会调查监督委员会前成员。霍克希尔德博士拥有耶鲁大学政治学博士学位。她曾任两届美国国家科学院行为与社会科学与教育分会会员。

詹姆士·S·杰克逊（IOM），见上述委员会。

罗格·D·劳尼厄斯（ROGER D. LAUNIUS）是史密森尼国家航空航天博物馆收藏和策展事务副主任，曾担任博物馆太空史部门高级策展人。1982 年到 1990 年，在美国空军担任民间历史学家，直到 2002 年，成为美国国家航空航天局首席历史学家。劳尼厄斯博士撰写或编辑了 20 多本关于航天史的书籍，并致力于其他历史领域的研究。他经常在媒体上发表其有关空间问题的观点，并担任国家公共广播电台和各大电视网络的客座评论员。他还是美国历史协会、美国史学家组织、联邦政府历史学会、全国公共历史委员会、科学史学会和技术史学会的成员。他也是美国科学促进会会员、美国宇航学会和国际宇航科学院会员，以及美国航空航天学会的副研究员。1999 年至 2004 年期间，曾担任美国百年航空委员会历史和教育小组主席。2003 年，他担任哥伦比亚事故调查委员会顾问。他获得了美国国家航空航天局杰出服务奖章和杰出成就奖章。还拥有路易斯安那州立大学美国史博士学位。

约翰·D·米勒（JON D. MILLER）是密歇根大学社会研究所科学家和国际科学素养促进中心主任。他研究了过去三十年来美国公众对科学和技术的理解，并考察了与科学和科学政策态度发展相关的因素。他目前是美国青年纵向研究负责人，这个项目纵向研究了两个学生群体对科学、数学和公民身份的态度发展趋势。米勒博士曾是国家科学政策和空间政策的主要研究者。他最近的一项研究是深入访问科学技术普及领域的学者，提出了建立一项长期研究计划的建议，以便深入理解不同的公众部分如何看待、理解科学研究并使之概念化。他著有《美国人民和科学政策：公共态度在政策过程中的作用》。他是美国国家航空航天局顾问委员会行星保护小组委员会成员。米勒博士拥有西北大学政治科学博士学位。曾就职于国家研究理事会的多个委员会，包括美国技术素养评估委员会和美国国家航空航天局教育计划成果研究委员会。

斯坦利·普雷瑟，见上述委员会。

克里夫·祖金，见上述委员会。

技术小组

约翰·C·佐梅雷尔（JOHN C. SOMMERER），主席，见上述委员会。

道格拉斯·S·斯特森（DOUGLAS S. STETSON），副主席，空间科学和探索咨询小组创始人兼总裁，这个小组由来自美国国家航空航天局、国家实验室、行业和高等院校的高级顾问和资深人士组成。他是一名专门从事创新任务和系统概念、战略规划、决策分析、提案发展以及高等院校和行业合作的顾问。在成为顾问之前，斯特森先生在喷气推进实验室工作了 25 年，担任过各种技术和管理职位，其中包括美国国家航空航天局总部的多项任务。在喷气推进实验室，他最近担任的是太阳系任务制定办公室经理，负责所有新的行星任务和技术战略和计划的制定。在其早期职业生涯中，斯特森先生在几个主要行星任务（包括卡西尼和伽利略）的设计和开发中发挥了重要的作用，他是多个行星进阶研究和提案的领导者。他拥有斯坦福大学航空航天学硕士学位。还是两项国家研究理事会研究的资深人士，最近担任外太阳系冰风体行星保护标准委员会成员。

　　阿诺尔·D·奥尔德里奇（ARNOLD D. ALDRICH）是一名航空航天顾问。在受聘参与水星航天器建造后的 6 个月以及选出 7 位最初的航天员后的 4 个月之后，他于 1959 年加入弗吉尼亚州兰利机场美国国家航空航天局太空任务组。在水星、双子座和阿波罗计划期间，他曾在兰利和美国国家航空航天局约翰逊航天中心担任多个关键飞行操作管理职务。随后，他担任 Skylab 项目副经理；在与苏联合作的阿波罗联盟号测试项目成功运行期间担任阿波罗号航天器项目副经理；太空梭轨道飞行器项目经理，负责了 15 次成功飞行和轨道探测器发现号和亚特兰提斯号的建造；并担任太空梭项目经理。在挑战者号航天飞机事故后，奥尔德里奇先生被任命为美国国家航空航天局总部国家航天运输系统（太空梭计划）主任，负责太空梭计划的重建和返航工作。随后，奥尔德里奇先生被任命为美国国家航空航天局航天系统发展副行政长官，负责监督空间站自由计划，开发太空梭超轻型外部燃料箱以及其他空间系统技术项目，包括单级到轨道理念和可行性研究。他还主导与俄罗斯合作的政治和技术项目，促成俄罗斯联盟号宇宙飞船用作国际空间站的在轨应急救援飞船。1994 年，奥尔德里奇先生离开了美国国家航空航天局，加入了加利福尼亚州桑尼维尔的洛克希德导弹和太空公司，担任商业空间业务开发副总裁，随后担任战略技术规划副总裁。随着洛克希德公司与马丁公司合并，他加入了马里兰州贝塞斯达的洛克希德·马丁公司总部，负责监督 X - 33/Venturestar 单级到轨道项目活动。后来，他成为项目运营总监，采取了一系列广泛的举措来加强整个公司的项目管理。奥尔德里奇先生在其职业生涯中获得了无数荣誉，其中包括杰出领导奖和美国国家航空航天局杰出服务奖。他还是美国航空航天学会名誉会员，拥有东北大学电气工程学士学位，是国家研究理事会航空航天工程委员会成员。

道格拉斯·M·艾伦（DOUGLAS M. ALLEN）是一名独立顾问，拥有 30 多年的先进航天技术研究、开发和测试经验。他是航天动力技术专家，他的成就包括：领导多结太阳能电池成功首飞，引领模块化聚光太阳能电池阵成功首飞，教授美国航空航天学会空间动力系统设计的短期课程，领导高比能量电池的开发，管理核空间动力系统的发展以及领导旨在应对敌对威胁的太阳能动力系统的发展。艾伦先生因其卓越的职业成就获得了美国航空航天动力系统奖。此前，他曾在 Schafer 公司工作了 18 年。艾伦先生领导了空军研究实验室和国家航空航天情报中心的多次建模和模拟工作。他是 Schafer 公司负责美国国家航空航天局合同的首席工程师，其中包括月球和火星勘探的方案制定，以及船员探索飞船的方案设计。在此之前，艾伦先生还为国防部战略防御计划组织管理运载火箭和动力技术计划。艾伦先生拥有代顿大学机械功能/能源转换硕士学位和机械工程学士学位。他曾任职的国家研究理事会包括：放射性同位素动力系统委员会、热离子研究和技术委员会以及美国国家航空航天局技术路线图：推进和动力小组。

雷蒙德·E·阿维德松（RAYMOND E. ARVIDSON）是圣路易斯华盛顿大学地球与行星科学系詹姆士·S·麦克唐纳杰出大学教授。他还是麦克唐纳空间科学中心的研究员。他负责地球和行星遥感实验室（EPRSL）的领导工作，该实验室参与了美国国家航空航天局行星探索计划的诸多方面，包括制定科学目标和任务计划，参与任务操作和数据分析以及存档和分发行星表面和内部特点确定和理解有关的数据。阿维德松博士还参与了海盗号火星登陆者（图像团队）、火星全球探勘者号、奥德赛号（跨学科科学家）、火星探测漫游者（勇气号与机遇号，作为副主要研究员）、凤凰号火星登陆器（机械臂联合研究员）、火星勘测轨道飞行器（CRISM 团队）、火星

科学实验室（好奇号流动科学家）和欧洲太空总署火星快车任务
（欧米茄团队）。他拥有布朗大学行星科学博士学位。他在国家研究
理事会的任职经历包括：曾任数据管理和计算委员会主席、行星科
学十年调查：火星小组成员、遥感小组成员和空间研究委员会会员。

理查德·C·阿特肯森（RICHARD C. ATKINSON）（NAS/IOM）
是加利福尼亚大学（UC）名誉校长，加州大学圣地亚哥分校认知科
学和心理学名誉退休教授。曾任加利福尼亚大学体系主席。他在任
期间，采用创新的招生和外联方法，加速加利福尼亚大学对加州经
济贡献的研究计划，对美国应用最广泛的招生考试（SAT）发起挑
战，为数百万美国青年大学入学考试的重大变革铺平了道路。在担
任加利福尼亚大学体系主席之前，阿特肯森博士在加州大学圣地亚
哥校区担任了 15 年校长，在其此期间他领导该校成为全美领先的研
究型大学之一。阿特肯森博士还曾任美国国家科学基金会负责人、
美国科学促进会主席以及斯坦福大学长期教员。他的研究涉及记忆
和认知等问题，是美国国家教育科学院成员和美国哲学会会员。获
得了多项荣誉和美国国家科学委员会范内瓦·布什奖。他拥有印第
安纳大学数学心理学博士学位和芝加哥大学数学心理学学士学位。
在国家研究理事会的就职经历包括：行为与社会科学与教育部门委
员会主席、测试评估委员会主席、美国财政前景：分析和政策选择
委员会会员、全国科学与技术目标：利用技术实现美国经济未来论
坛成员，以及科学、工程和公共政策委员会会员。

罗伯特·D·布朗（ROBERT D. BRAUN）是佐治亚理工学院
丹尼尔·古根海姆航空航天学院的空间技术教授。作为乔治亚理工
学院空间系统设计实验室负责人，他领导了一项积极的研究计划，
重点是设计先进的行星探测系统和技术。布朗博士在入口系统设计、
行星大气飞行和太空任务架构开发等一系列领域有丰富的工作经验，
并为多个机器人航天系统的设计、开发、测试和操作做出了贡献。
在 2010 年和 2011 年，他担任了十多年的美国国家航空航天局首席
技术专家。在任期间，他是负责技术与创新政策和计划的资深部门

主管。在其早期职业生涯中，布朗博士担任美国国家航空航天局兰利研究中心技术人员。他是美国航空航天学会（AIAA）会员，也是有关行星探索、大气入口、多学科设计优化和系统工程领域的 200 多份技术出版物的主要作者或共同作者。布朗博士拥有宾夕法尼亚州立大学航空航天工程学士学位、乔治华盛顿大学航天学硕士学位和斯坦福大学航空航天学博士学位。他曾任国家研究理事会美国国家航空航天局先进概念研究所审查委员会联合主席，行星科学十年调查委员会火星小组成员，以及太阳系探索新机遇委员会成员。

伊丽莎白·R·坎特韦尔（ELIZABETH R. CANTWELL）是劳伦斯·利弗莫尔国家实验室的经济发展主任。她曾担任橡树岭国家实验室国家安全局的实验室副主任助理。在加入橡树岭之前，坎特韦尔博士是洛斯阿拉莫斯国家实验室国际、空间和响应部门的领导人。她的职业生涯始于与美国国家航空航天局合作建立用于人类航天飞行任务的生命支持系统。她拥有宾夕法尼亚大学机械工程硕士学位、沃顿商学院金融学工商管理硕士学位和加州大学伯克利分校机械工程专业博士学位。坎特韦尔博士具有丰富的国家研究理事会工作经验，包括现任空间研究委员会和工程与物理科学委员会成员；太空空间生物和物理科学十年调查委员会联合主席；美国国家航空航天局"生物航空关键路线图"委员会成员、美国国家航空航天局战略路线图审查：空间站小组成员、人类/机器人探索和空间发展技术委员会成员，以及空间人类支持先进技术委员会成员。

戴维·E·克罗（DAVID E. CROW）（NAE）是康涅狄格大学机械工程荣誉教授，以及惠普飞机发动机公司退休高级副总裁。在惠普任职期间，他在设计、开发、测试和制造方面具有影响力，以支持适用于航空航天和工业应用的全系列发动机。他参与的产品包括用于大型商用和军用飞机的高推力涡轮风扇、适用于区域性和企业级飞机和直升机的涡轮螺旋桨发动机和小型涡轮风扇、适用于先进运载火箭的增压发动机和上级推进系统、适用于太空梭的涡轮泵，以及用于陆地发电的工业发动机。他参与的工作包括：精密的计算机建模和标准化工作，以不断提高公司产品的性能和可靠性，同时降低噪音和排放。克罗博士拥有密苏里大学罗拉分校机械工程专业博士学位、伦斯勒理工学院机械工程硕士学位和密苏里大学罗拉分校机械工程专业学士学位。他在国家研究理事会的任职经历包括：空中和地面飞船技术小组主席、陆军研究实验室技术评估委员会成员。他还曾是国家研究理事会多个委员会的成员，包括美国空军飞机维持未来需求及其应对战略审查委员会、制造和工程设计委员会、美国国家航空航天局基本航空研究计划评估委员会、大型非战斗机空军发动机效率改进方案分析委员会、空军/国防部航空航天推进委员会和美国国家航空航天局技术路线图：推进和动力小组。

拉维·B·德奥（RAVI B. DEO）是 EMBR 总裁和创始人，EMBR 是一家专门从事战略规划、业务发展、项目管理和结构工程的航空航天工程和技术服务公司。德奥博士曾担任诺斯罗普·格鲁曼公司综合系统部技术和空间系统市场部门主管。他曾担任政府出资的低温储罐项目计划和职能经理，负责综合航空飞行器系统的健康管理，结构、材料、热保护系统和软件开发。他在路线图技术、项目规划、技术项目执行、进度安排、预算编制、方案编制和技术开发合同业务管理等方面拥有丰富的经验。他的重大成就包括美国国家航空航天局资助的空间发射计划、下一代发射技术、轨道空间飞机和高速研究计划，他负责多学科技术的开发。德奥博士发表了超过 50 篇技术论文，编写了一本书籍。他曾就职于空军研究实验室科学咨询委员会，拥有印度理工学院航空工程学士学位以及佐治亚理工学院航空航天工程硕士和博士学位。他在国家研究理事会的就职经历包括：航空航天工程委员会、美国国家航空航天局技术路线图委员会、小组 C：结构与材料委员会和美国国家航空航天局实验室能力评估委员会成员。

罗伯特·S·迪克曼（ROBERT S. DICKMAN）是 RDSpace 公司独立顾问。退休前，他曾担任美国航空航天学会执行理事 7 年。他也是一名美国空军少将（已退休），曾担任过 34 年的美国空军军官。他从军期间主要负责空间业务，涉及粒子物理基础研究，第45空间联队指挥和佛罗里达州卡纳维拉尔角东区负责人。他担任过美国空军太空计划负责人、国防部太空建筑师和国家侦察局（NRO）高级军官。以将军头衔退役。在加入美国航空航天学会之前，他是美国空军副部长办公室负责军事空间研究的副手。迪克曼少将是美国运输部商业航天运输咨询委员会成员，曾在空军科学顾问委员会和国家侦察局技术顾问组任职。他是美国航空航天学会成员和国际宇航科学院通讯院士，拥有联合学院物理学学士学位、空军理工学院空间物理学硕士学位、里贾纳学院管理学硕士学位，他还是空军学院和海军军事学院的杰出毕业生。他曾担任国家研究理事会可重复使用增强系统：审查和评估委员会成员。

达瓦·J·纽曼（DAVA J.NEWMAN）是麻省理工学院航空航天和工程系教授，还担任哈佛-麻省理工学院健康科学与技术项目的委任教授；MacVicar教职研究员，以及麻省理工学院 MIT 葡萄牙项目技术与政策项目负责人。她专门研究人类在整个重力范围内的行为表现。纽曼博士曾担任过4次太空飞行实验的主要研究员，是舱外活动（EVA）、人体运动、物理建模、人机合作和设计方面的专家。目前，她正致力于设计先进的航天服和生物医学设备，特别是通过可穿戴式传感器来增强运动能力。她的外骨骼创新理论正应用于"柔软服装"，以研究和增强地球上脑瘫儿童的运动。纽曼博士的有限元建模工作首次为美国国家航空航天局提供了适用于长期任务的骨质流失和负荷 3D 展示。她的教学重点是工程设计、航空航天生物医学和领导力，都涉及主动学习、动手设计和信息技术，以加强学生的学习能力。纽曼博士发表了超过 175 篇研究论文，包括工程设计文件和 CDROM。因其 BioSuit™ 系统，她被《时代》杂志评选为 2007 年度"最佳发明家"之一。这套系统已经在 MET、波士顿科学博物馆、巴黎科学与工业城、伦敦维多利亚与阿尔伯特博物馆以及美国自然史博物馆展示。她还任职于美国国家航空航天局咨询委员会（NAC）技术与创新委员会。纽曼博士拥有美国圣母大学航空航天工程学位、航空与航天和技术与政策双硕士学位，以及麻省理工学院航空航天生物医学工程博士学位。她在国家研究理事会的履职经历包括：航空和航天工程委员会两届会员、美国国家航空航天局技术路线图指导委员会会员、太空空间生物和物理科学十年调查委员会会员、国际空间站长期运营工程挑战委员会会员、太空中人类支持先进技术委员会会员以及模拟化学和生物战环境中个人防护装备全套系统测试与评估委员会会员。

约翰·R·罗加斯基（JOHN R. ROGACKI）是佛罗里达人类与机器认知研究所（IHC）（Ocala）副主任。在加入研究所之前，罗加斯基博士曾担任佛罗里达大学研究与工程教育机构（REEF）负责人，该机构位于佛罗里达州西北部，设有机械、航空航天、电气、计算机、工业和系统工程等硕士学位课程，是支持美国空军（USAF）研究和教育需求的独特教育机构。在他的领导下，REEF发展成为一个备受推崇、享国际盛誉的研究和教育机构。在罗加斯基博士过往工作经历中，他曾任美国国家航空航天局空间运输技术副主管助理（负责太空发射创始项目）、轨道空间飞行和下一代发射技术计划项目负责人、美国国家航空航天局/国防部综合高收益火箭推进技术项目联合主席、美国国家航空航天局马歇尔航天飞行中心太空运输局局长、美国空军研究实验室推进局局长、美国空军菲利普斯实验室推进局局长、美国空军莱特实验室飞行动力部副局长。作为一名成功的飞行员，罗加斯基博士作为飞行员、飞行员教官和飞行检查员，从机动滑翔机到重型轰炸机的飞行时间已经超过了3 300小时。他曾担任美国国家航空航天局国家航空航天行动主要联络人、国防部未来推进技术咨询组联合主席、国防部地面和海上交通装备技术区准备评估小组联合主席、全国高周疲劳协调委员会成员，并作为美国国家航空航天局高级代表加入联合航空指挥官小组。后来，罗加斯基博士成为美国空军学院工程力学副教授（和材料部门负责人）。2005年，他毕业于哈佛大学肯尼迪政府学院的国家和国际安全高级管理人员课程。罗加斯基拥有华盛顿大学机械工程博士学位和硕士学位，以及美国空军学院工程力学学士学位。他曾任国家研究理事会美国国家航空航天局技术路线图：推进和动力小组主席。

吉耶尔莫·特罗蒂（GUILLERMO TROTTI）是 Trotti and Associates，Inc.（TAI）公司总裁，该公司专门从事适用于极端环境，如位于马萨诸塞州剑桥偏远岛屿、南极、太空和水下环境的可持续建筑和设计。他是国际知名的建筑师和工业设计师，拥有超过 35 年的空间环境和建筑项目设计经验，适用于生态旅游、娱乐、医疗和教育等领域。特罗蒂先生曾任 Bell and Trotti（BTI）公司总裁，该公司是一家专门从事空间建筑和展览设计的设计制造工作室。他还曾为美国国家航空航天局和领先的航空航天公司设计国际空间站的各种元素。他与人合作，共同创办了太空实业公司，目的是建立一个私人拥有的太空站。他的月球基座设计列入史密森航空航天博物馆的永久收藏品。他和他的学生在美国南极站赢得了美国国家科学基金会设计比赛。他曾与美国国家航空航天局先进概念研究所合作，研究革命性的飞行项目建筑概念，使用可居住、可充气的漫游者探索月球。他的极端远征结构：适用于空间和地球探索研究的移动活动、适应性系统，为人类和机器探索月球表面提供了一种革命性的方法。目前，TAI 公司与麻省理工学院合作，领导 BioSuit™ 系统的设计，这是一种用于月球和火星行星探测的高级机械反压航天服；以及用于航天员安全的新型 EVA 伤害保护和防御装置设计。特罗蒂先生的教学经历分别是休斯顿大学（UH）和罗德岛设计学院的建筑和工业设计。在休斯顿大学，他与人合作共同创立了 Sasakawa 国际空间建筑中心。他拥有休斯顿大学建筑学学士学位和莱斯大学建筑学硕士学位。特罗蒂先生曾就职于国家研究理事会美国国家航空航天局探索计划发展计划审查委员会和太空空间生物和物理科学十年调查：转化到太空探索系统小组。

琳达·A·威廉斯（LINDA A. WILLIAMS）是 Wyle 航空航天集团的项目经理。她带领一个分析师团队，为主要的政府客户进行成本评估和分析。她还是 Wyle 在成本估算和分析方面的业务专家，曾就职于 Wyle 公司、RCA Astro Electronics（现洛克希德·马丁公司）、富创公司、Harris 公司和 L－3 通信公司，拥有超过 30 年的空间系统成本估算经验。她开发了大量的空间系统成本模型，收集和规范化各种数据，进行价格分析，参与卫星产业需求预测，开展经济和战略规划分析。还向国家、民用和商用空间项目提供支持。她领导或支持的项目包括：为空间站工程标段 3 研究进行成本和技术行业研究，为美国国家航空航天局可重复利用运载火箭 2 进行需求预测，参与开发某一重要商用通信运营商的需求预测，并进行卫星系统成本优化和估算，包括国防气象卫星计划（DMSP）、电视和红外操作卫星（TIROS）、火星观察者号、地球观测系统（EOS）、移动用户目标系统（MUOS）、全球定位系统（GPS）和许多商用卫星项目。她还联合其他人撰写了几篇关于商业卫星市场和价格分析的论文。她拥有莱德大学 MBA 学位和罗格斯大学经济学学士学位。威廉斯女士是一名注册成本估算分析师（CCEA）和项目管理专家（PMP）。过去四年，她在国际成本估算分析师协会（ICEAA）年度会议上开展了年度培训课程和答疑研讨会，以支持行业认证考试。课程涉及成本估算和经济/项目分析的各个方面。

工作人员

委员会和技术小组人员

桑德拉·J·格拉哈姆（SANDRA J. GRAHAM），专题研究负责人，自 1994 年以来一直担任国家研究理事会空间研究委员会（SSB）高级项目官员。在此期间，格拉哈姆博士指导了一系列重要研究，其中许多主要涉及生物和物理科学与技术方面的空间研究。其他领域的研究包括：哈勃太空望远镜维修方案评估、恶劣空间天气的社会影响研究以及美国国家航空航天局空间通信计划审查，同时还有国家研究理事会航空航天工程委员会（ASEB）贷款审查。最近，她负责该委员会和 7 个小组的指导工作，以编制综合十年报告

《重新探索空间的未来——生命和微重力科学研究的新时代》。在加入空间研究委员会之前，格拉哈姆博士曾担任 Bionetics 公司资深科学家，为美国国家航空航天局微重力科学与应用部门提供技术和科学管理支持。她拥有杜克大学无机化学博士学位，在读期间主要研究生物无机化学课题，如生物金属络合物及其类似物的速率模拟和反应化学。

米凯尔·莫洛尼（MICHAEL MOLONEY）是美国国家科学院国家研究理事会空间研究委员会和航天航空工程委员会航空航天领域负责人。自加入航空航天工程委员会/空间研究委员会，莫洛尼博士负责监督 40 多份报告的编制工作，其中包括 4 项 10 年调查项目——天文学和天体物理学、行星科学、生命与微重力科学以及太阳和空间物理——回顾了美国人类探索计划的目标和方向，确定美国国家航空航天局空间技术路线图的优先顺序，还有一些关于美国国家航空航天局战略方向、轨道碎片、美国国家航空航天局航天员未来和飞行研究计划等问题的报告。在 2010 年加入空间研究委员会和航空航天工程委员会之前，莫洛尼博士曾担任物理和天文学委员会副主任和天文学与天体物理十年调查专题研究负责人（Astro2010）。自从 2001 年加入国家研究理事会以来，莫洛尼博士一直担任国家材料顾问委员会、物理和天文学委员会、制造和工程设计委员会以及经济、治理和国际研究中心的专题研究负责人。莫洛尼博士曾担任过一系列专题报告的专题研究负责人或高级员工，包括量子物理学、纳米技术、宇宙学、国家氦储备运作、新型货币防伪技术、腐蚀科学以及核技术等。除了在美国国家科学院的专业经验外，莫洛尼博士还有超过 7 年的爱尔兰政府外交工作经验，包括在爱尔兰驻华盛顿大使馆和爱尔兰驻联合国纽约使团。莫洛尼是一名物理学家，拥有爱尔兰都柏林圣三一学院博士学位。他在都柏林大学获得了实验物理学学士学位，在读期间曾被授予物理学 Nevin 奖。

阿兰·C·安格尔曼（ALAN C. ANGLEMAN）自 1993 年起一直担任航空航天工程委员会（ASEB）高级项目官员，负责指导美国航空运输系统、系统工程和设计系统、航空气象系统、飞机认证标准和程序、商用超音速飞机、太空发射系统安全、放射性同位素动力系统、美国国家航空航天局地球和空间科学任务成本增长，以及航空航天研究与技术的其他方面的现代化研究。在此之前，安格尔曼先生曾任职于华盛顿地区的多家咨询公司，为国防部和美国国家航空航天局总部提供工程支持服务。大学毕业后他加入美国海军，担任了 9 年的核潜艇军官。他拥有美国海军学院工程物理学学士学位和约翰霍普金斯大学应用物理学硕士学位。

阿比盖尔·A·谢费尔（ABIGAIL A. SHEFFER）于 2009 年秋季加入空间研究委员会（SSB），担任 Christine Mirzayan 科学与技术政策毕业生研究员，负责"2013 — 2022 年行星科学远景与历程"的报告。而后继续在空间研究委员会任职，担任项目官员助理。谢费尔博士拥有亚利桑那大学行星科学博士学位和普林斯顿大学地球科学学士学位。自加入空间研究委员会以来，她完成了数项研究，包括《保卫地球：近地天体调查和风险环境策略》《空间和地球科学任务中机构合作障碍评估》以及《太阳变化对地球气候的影响：研讨会报告》。

阿曼达·R·蒂博（AMANDA R. THIBAULT），助理研究员，于 2011 年加入航空航天工程委员会，于 2013 年 1 月离职。蒂博女士 2008 年毕业于克瑞顿大学，获得大气科学学士学位，之后进入德克萨斯州理工大学，研究了雷暴和非龙卷风超级单体雷暴的闪电趋势，并担任助教和助理研究员。2009 — 2010 年她参加了 VORTEX 2 实地项目，并于 2010 年 8 月自德克萨斯州理工大学毕业，获得大气科学硕士学位。她还是美国气象学会成员。

迪奥娜·J·威廉斯（DIONNA J. WILLIAMS）是与空间研究委员会合作项目的助理，之前曾在美国国家科学院行为和社会科学及教育部门工作了 5 年。威廉斯女士在办公室管理方面有很长的工作经历，曾担任多个领域的主管。她毕业于科罗拉多大学科罗拉多斯普林斯分校，主修心理学。

F·哈里森·德雷费斯（F. HARRISON DREVES）是空间研究委员会空间政策实习生，现任工程和物理科学部门通信/媒体专家。德雷费斯先生最近获得范德比尔特大学学士学位，主要关注科学技术和地球与环境科学的交流。他的学术研究领域包括科学政策、气候科学和视频科学传播。大学期间，他曾任学生媒体资深视频制作人。德雷费斯先生希望从事科学新闻或科学政策方面的工作，努力实现科学界和公众之间进行的传播工作。他将他一生对空间探索的热情（11 岁参加亨茨维尔太空营）与对空间研究委员会科学政策的兴趣相结合，特别是深入了解空间科学项目背后的政治和经济结构。作为未来空间科学的传播者，德雷费斯先生希望能够解释研究如何成立、如何选择研究目标以及最重要的——空间科学研究筹资的重要意义。

吉尼·米汉（JINNI MEEHAN），2013 年秋加入空间研究委员会成为空间政策实习生，是来自犹他州立大学物理系的博士生。她的研究旨在通过更好地确定电离层特点（以改进预测模型），来缓解空间气象对全球导航卫星系统的影响。吉米在美国气象学会工作过一个夏季，担任空间气象政策问题的政策研究员，就此引发了她对科学政策的兴趣。她撰写了多篇论文和报告，并为空间科学界众多研讨会报告撰稿。她极感兴趣的是空间天气对全球导航卫星系统造成的社会影响，同时深刻理解科学家与政府之间有效沟通的重要性，因此计划在完成博士学位后从事该领域方面的工作。

谢里尔·莫伊（CHERYL MOY）拥有密歇根大学化学博士学位。在她的毕业作品中，莫伊博士重点阐明了推动形成分子凝胶的独特材料的相互作用。在读期间，她还帮助设计和实施了一个以学生编辑维基百科页面为中心的课程项目，作为提高科学教育和改善公众获取科学的途径。她拥有威拉米特大学学士学位，她有兴趣在科学家与公众之间架设沟通桥梁。2011 年，她在科技和政策办公室实习。莫伊博士很高兴有机会成为 Mirzayan 研究员，学习如何将科学发现与研究领域以外受益的每个人——从消费者到政府，再到行业——联系起来。

塞拉·史密斯（SIERRA SMITH），2013 年秋成为空间政策实习生，最近刚从詹姆斯·麦迪逊大学毕业，获得历史学硕士学位。她的硕士毕业论文主要集中在寻找外星智能的社会政治背景及其与空间科学的广泛关系。在国家射电天文台工作期间，她研究了美国射电天文学的演变发展。她计划继续攻读科学史博士学位。空间研究委员会的实习为她提供了一次令人激动的机会，使其能够体验空间政策的实时发展。

帕德马施·苏雷什（PADAMASHRI SURESH）目前正在犹他州州立大学就读电气工程博士学位。苏雷什女士是美国国家航空航天局地球和空间科学研究员，致力于理解空间气象的影响。她的毕业论文专注于研究太阳风暴对地球高层大气的影响。她的其他研究领域包括立方体卫星和探空火箭任务。她也是学生会成员，担任毕业生研究负责人，以及各种研究和学生福利委员会之间的毕业生联络员。苏雷什女士对 Mirzayan 研究员的兴趣源于她追求空间项目管理职业的兴趣。作为一名 Mirzayan 研究员，她希望学到在决定系统级问题和制定企业级决策时，空间行业的不同利益相关方将如何相互联系。苏雷什女士最初来自印度班加罗尔，从 Visveswaraiah 科技大学获得电气工程学士学位。毕业后，她在 IBM 任职，担任系统工程师和架构师两年，然后搬至犹他州攻读硕士学位，专注于空间系统研究。

公众和利益相关方意见小组人员

克里斯蒂娜·马尔通（KRISZTINA MARTON）是国家统计委员会（CNSTAT）的高级项目官员。她目前担任解决美国社区调查优先技术问题小组的专题研究负责人，已促使国家统计委员会捐助载人航天委员会。此前，她曾是美国社区调查测量集体宿舍人口统计方法小组、美国能源情报署商业建筑重新设计和住宅用能源消耗调查小组、未来联邦家庭调查研讨组的专题研究负责人，以及研究国家老龄化研究所的健康和退休研究所用更高效筛选方法的专家。

在加入国家统计委员会之前，她曾是公共政策研究智库（MPR）的调查研究员，为国家科学基金会、卫生与公众服务部、医疗保健研究与质量管理署、罗伯特·伍德·约翰逊基金会和其他客户进行方法研究和监视数据采集。此前，她曾是俄亥俄州立大学调查研究中心的调查总监。她拥有俄亥俄州立大学调查研究跨学科专业博士学位。

康斯坦丝·F·奇特罗（CONSTANCE F. CITRO）自 2004 年 5 月起担任国家统计委员会主任一职。此前，她曾担任代理办公室主任（2003 年 12 月—2004 年 4 月）和高级专题研究负责人（1986 — 2003）。她于 1984 年入职国家统计委员会工作，担任曾出版《二百周年人口普查：方法论新方向（1990）》研究小组的专题研究负责人。奇特罗博士拥有罗切斯特大学政治学学士学位以及耶鲁大学政治学硕士和博士学位。在加入国家统计委员会之前，她曾担任公共政策研究智库公司和数据使用和访问实验室公司的副总裁。1985 — 1986 年期间，她曾是美国统计协会/国家科学基金会/人口普查研究员，目前是美国统计协会的会员以及国际统计学会的选任成员。在国家统计委员会，她曾指导 2000 年人口普查评估工作、收入及项目参与调查、社会福利项目微观模拟模型、NSF 科学和工程人员数据系统，加之机构审查委员会和社会科学研究、小型地理区域贫穷评估、退休收入建模数据和方法以及衡量贫穷的新方法。她与他人合作编辑了《联邦统计局的原则和实践》第 2－5 版，并且参与了衡量种族歧视研究、扩展研究数据访问、美国社区调查评估可用性、国家儿童研究计划以及人口普查局 2010 年人口普查实验和评估方案。

雅克利娜·R·索德（JACQUELINE R. SOVDE）自 2011 年 12 月起担任国家统计委员会的项目助理。在加入国家统计委员会之前，她曾在人口问题委员会任职。在加入科学院之前，她曾在国际女性艺术博物馆和艾莉丝史密斯事务所工作。索德女士于 2003 年获得圣克鲁斯加利福尼亚大学学士学位，攻读写作与传播独立专业。

附录 H　引用论文清单

载人航天委员会邀请感兴趣的个人和团体提交简短的引用论文，说明载人航天的作用及其建议的未来。

论文征稿面向希望提交自己关于载人航天作用的想法和建议的未来愿景的任何感兴趣的个人和团体。在编写论文的过程中，回答者需要认真考虑下列广泛的问题。

1）载人航天事业为美国和其他国家提供的重要利益是什么？

2）维持美国政府载人航天计划的最大挑战是什么？

3）如果美国终止 NASA 载人航天计划，将会产生何种后果？国家和世界将会遭受何种损失？

在讨论上述问题的过程中，回答者需要说明支持其论据的原因以及尽可能包括或引用支持其观点的任何证据。在考虑上述第 1 题的过程中，提交人需要考虑私人和政府太空计划。

以下是提交给载人航天委员会引用论文的第一作者和标题清单。

Abramson，Michael，The Roads to Space Settlement

Aguilar，Alfredo A.，Jr.，Edge of Creation

Akkerman，James W.，Human Space Flight

Alperin，Noam，Visual Impairment and Intracranial Hypertension in Microgravity：Mismanagement of a Manageable Long – Term Spaceflight Risk

Arora，Kamal，Human Space Flight Program – Propitious or Futile

Badders，Brian　D.，Extrapolating　Trends：　Human Spaceflight Goals

Barbee，Brent W.，Near – Earth Asteroids：The Next Destination for Human Explorers

　　Barnhard, Gary P. , Human Spaceflight—Architecting the Future

　　Bates, William V. , The Role of Human Spaceflight in the 21st Century

　　Baxter, David, The Need for Human Spaceflight

　　Beauchemin, Alyse N. , Manned Spaceflight: Humanities Greatest Endeavor

　　Becker, Jeanne L. , Input to the NRC Committee on Human Spaceflight

　　Bednarek, Stephanie R. , Space Exploration Technologies Corp. (SpaceX) Public Comment on the National Research Council Study on Human Spaceflight

　　Bennett, Gary L. , Human Spaceflight Observations

　　Bland, Joseph B. , Why Continuing Human Spaceflight is Critical for Americans

　　Boyle, Richard D. , The Artificial Gravity Platform (AGP) – An Earth – Based Laboratory to Advance Human Exploration in Space

　　Bridwell, Nelson J. , Myopia

　　Brisson, Pierre, Human Spaceflight is Needed for Mars Exploration

　　Brooks, Phillip, Human Space Flight, What Direction Shall We Choose?

　　Brown, Benjamin S. , We Are the Explorers

　　Brown, Jeremy, Concerning a Continuation of Human Space Flight by NASA and the United States Government

　　Buckland, Daniel M. , Early Career Researchers Views as to the Benefits and Challenges of the U. S. Government Human Spaceflight Program

　　Burke, James D. , Long - Range Future of U. S. Human Space Flight

　　Burns, Neal M. , Then and Now; Building Public Support for NASA Human Space Flight

　　Bussey, Ben, Scientific Benefits of Human Exploration

　　Cadorette, Normand, One Bigger Picture and Manned Space Flight

　　Chambliss, Joe P. , Ideas on the Direction and Importance of Human Spaceflight

　　Chapman, Bert, More Effective Human Spaceflight and their National Security Implications

　　Chapman, Philip K. , The Human Future in Space

　　Cheuvront, David L. , Addressing the Challenges to Sustaining U. S. Government Human Spaceflight with Depots

　　Cohen, Helen S. , Occupational Therapy's Perspective on the Human Spaceflight Program

　　Collins, Dwight H. , Questions Humanity Needs to Answer

　　Cooke, Douglas R. , Building a Roadmap for Human Space Exploration

　　Cooke, Michael P. , Theory for Why We Do Not Have a National Human Spaceflight Policy

　　Craig, Mark, What are the Greatest Challenges to Sustaining a U. S. Government Program in Human Spaceflight?

　　Crawford, Ian A. , An Integrated Scientific and Social Case for Human Space Exploration

　　Crisafulli, Jim, Reaching Beyond Low - Earth Orbit: A Prescription for Cost - Effective and Sustainable Human Space Exploration

Crume，Phillip，Using a U. S. Government Human Spaceflight Program to Support Space Commerce

Dailey，Michelle K. ，Why America Should Sustain—Not Terminate—NASA's Human Spaceflight Program

Das，Arun C. ，Human Spaceflight Exploration：Benefits，Challenges and Termination Ramifications

Davies，Philip E. ，Response to the National Academy of Sciences Announcement of Opportunity to Submit Input to Study on Human Spaceflight

Day，Stephen，Repositioning NASA

De Vita，Mirko，Advances in Behavioral Management and Attitude Change Knowledge through Human Spaceflight Programs

DeRees，Kelly A. ，Pushing Our Boundaries：The Need for a Human Spaceflight Program

Dhasan，Raj A. ，The Wind Shuttle (or) the Wind Planet

Donahue，Benjamin B. ，HSF Architecture Analysis and National Goals

Donahue，Benjamin B. ，Exploration in Human Terms (Parts I - III)

Donahue，Benjamin B. ，Human Space Flight Far Term View 2025 - 40 Goals and Objectives

Eckert，Joy，Inspiration is Vital to Our Future

Elifritz，Thomas L. ，The National Academies Committee on Human Spaceflight

Elvis，Martin，Enabling the Commercial Harnessing of Space Resources

Emken，William A. ，The Uncertain Future of Human Spaceflight in the United States

Espeseth，Kevin ，Surface Strip Mining the Moon for

Permanent Engineering Marking

Ferguson, Christopher, Human Space Exploration: Unparalleled Source of Inspiration for the Past, Present, and the Future

Ferguson, Christopher, Human Space Exploration – An Engine for Innovation

Fernhout, Paul D. , The Need for Continuing Research on Human Life Support in Space via Crowsourcing Self – Replicating Space Habitats

Fornaro, John, Why Human Spaceflight Matters

Friedman, Louis D. , Paving Stones for the Flexible Path into the Solar System

Friedman, Louis D. , Humans to Mars, Human Telepresence Beyond

Gallegos, Zachary E. , Continuing Human Space Exploration: For the Future of Our Nation and Its People

Gargani, David J. , Inspiration and Cooperation—A Pathway to the Future

Geirczak, Anthony E. , III, The Importance of Continued Manned Spaceflight for Improving Economic and Quality of Life Issues on Earth

Gillin, Joseph P. , Human Spaceflight and the Human Future

Globus, Al, Human Space Flight, Space Industrialization, Commercialization and Settlement

Gorenstein, Paul, Human Spaceflight and a Lunar Base

Gozdecki, Jonas, Stars Entrepreneurship Closer to All

Graham, E. H. , Common Thoughts

Greenhouse, Matthew A. , A Values – Based Approach toward National Space Policy

Greeson，David S.，Separating Human Spaceflight Policy from National Politics

Grondin，Yves，Why Human Spaceflight Exploration Matters

Hamill，Doris，The Neglected Challenge： Exploiting Near Space for Human Benefit

Hana，John D.，U. S. Space 2020

Harper，Lynn D.，Benefits and Challenges of Human Spaceflight in the 21st Century

Harrison，Michael F.，The Imperative of Human Space Flight

Hawes，Michael，NRC Inputs

Haynes，Douglas E.，White Paper

Heidmann，Richard，A New American Space Exploration Initiative is Needed! A European Point of View

Heismann，August C.，The Future of Human Space Flight

Henderson，Edward M.，The Importance of Human Spaceflight

Howard，Robert L.，The Role of Human Spaceflight and a Vision for a Suggested Future

Huntsman，David P.，Answering the Questions： Why Government and Commercial Human Spaceflight；

How to Get There，How to Keep it Sustainable，and the Need for NASA Reform

Huter，Paul B.，Innovators，Adventurers，Explorers，Creators，Leaders

Jensen，Dale L.，Efficient Rocket Engines

Jolliff，Bradley L.，Why and How the United States Must Continue to Lead the World in Human Spaceflight

Joseph，Nikolai，Human Spaceflight

Kasting，James F.，Servicing of Large Space Telescopes and

Geosynchronous Satellites

Kennedy, Linda F. , Emphasis on Education

Keras, Kevin F. , Wither NASA? Earthly Pursuits to Fund Off - Planet Exploration

Kerwin, Joseph P. , Leadership in Space Exploration

Kirkpatrick, Jim, AAS Input to the National Research Council's Committee on Human Spaceflight

Kitmacher, Gary H. , Reasons for Human Spaceflight; Cis - Lunar Technology Testbed

Korn, Paula, Uncertain Future for U. S. Human Spaceflight

Krone, Bob, Philosophy for Humans in Space

Kuebler, Ulrich M. , Role and Visions for Human Spaceflight

Kugler, Justin, Let Us Be Pioneers

Laine, Michael, LiftPort Lunar Space Elevator Infrastructure—Affordable Response to Human Spaceflight

Lawrence, Samuel J. , The Benefits of Human Space Exploration to the United States and other Nations

Leeds, Gregory A. , Countering Chinese Future Space Policy

Lester, Dan F. , Telepresence and the Purpose of Human Spaceflight

Lillie, Charles F. , The Future of Human Spaceflight

Mandell, Humboldt C. , The Future of Human Space Flight

Maniaci, Michael T. , Bold Aspirations from the Land of the Free: A Civilian's Perspective of American Spaceflight

Mapes, James M. , The Philosophical Implications of Exoplanet Discovery on the Need for Human Spaceflight

Martin, Thomas N. , III, Aerojet Rocketdyne Response to NRC Questions on NASA Human Spaceflight

McCain, Terence R. , Switching Over: The Need to Transition

from Human Wrench – Turners in Space to Advanced Robotics

McCandless, Bruce, II, Leadership through Human Spaceflight

McCarthy, Brendan, Spaceflight: A Duty of All Mankind

McMickell, M. Brett, Input to the National Research Council's Committee on Human Spaceflight

Mohanty, Ashutosh, Propulsion Technologies

Molnar, Erwin P. , The Future of Human Space Flight in the United States

Monteiro, Paulo L. , Work in Progress

Moulin, Nicolas , Human Space Flight

Naik, Krishna D. , Human Spaceflight is the Ultimate Human Endeavor

Neal, Clive R. , Human Solar System Exploration Achieved with a "Moon First" Pathway

Ness, Peter, Human Flights are Essential for Mineral Exploration and Mining of the Moon, Mars and Asteroids

Norton, Paul, Minimal Requirement

Nye, William S. , The Goal is Mars

Obenaus, Andre, The Importance of Human Space Flight to the Development of Medical Imaging

Okushi, Jun, A Short Review of the Necessity of Human Spaceflight Our Advocacy of a Decade

Oleson, Gary L. , Toward a Thriving and Sustainable U. S. Human Spaceflight Program

Othman, Mazlan, The United Nations and Human Spaceflight

Overton, Ian M. , Human Spaceflight: A Choice between Renaissance or Dark Age

Paluszek, Michael A. , Human Spaceflight

Pellerin, Charles, Does Human Exploration Make Sense?

Pittman, Bruce, Human Space Flight Challenge

Pittman, Robert B. , National Space Society (NSS) Response to the National Research Council (NRC) Committee on Human Spaceflight

Podnar, Gregg, We Must Explore Mars

Polk, James D. , The Return on Investment of Human Spaceflight

Pomerantz, William J. , The Benefits of Suborbital and Orbital Human Spaceflight

Pulham, Elliot H. , Space Foundation Input to the Committee on Human Spaceflight

Raftery, Michael, Crossing This New Ocean

Rahul Arun Bagul, Capsule Project

Rahul Arun Bagul, Prototype Safety Parachute for Aerospace and Aeronautics Projects

Rahul Arun Bagul, Concept for Future Free Space Craft

Ramey, Christopher B. , The Foundations of National Power and Human Spaceflight

Rice, Eric, Recommended Direction for the American Human Spaceflight Program

Richards, David L. , America Needs a New Vision and Oversight Process for its Human Spaceflight

Program

Riley, Danny A. , Bullet Point Responses to the 3 Questions

Riley, John T. , Generating Vision with Science Fiction

Robinson, John W. , The Justification for Human Space Development and Habitation Beyond Low Earth Orbit

Rodriguez, G. J. , Architecting a Lunar Shipyard

Rovetto, Robert J. , The Essential Role of Human Spaceflight

Sander, Michael J. , Human Space Flight

Santos, Famar P. , The Planetary Expressway

Sauvageau, Donald R. , ATK Response to NRC Human Space-flight Questions

Sawyer, Paul D. , Why We Should Sit Out the Next Round of Manned Space Flight

Schindler, Jürgen R. , The Benefits of Human Space Flight with Focus on Human Values

Schmatz, Michael J. , Supremacy, Growth, and Inspiration: The Purpose of American Human Spaceflight

Schmitt, Harrison H. , Deep Space Exploration: An American Imperative

Schwadron, Nathan A. , Understanding and Predicting the Space Radiation Hazard—A Critical Element of Human Exploration Beyond Low Earth Orbit

Shaffer, Gabrielle M. , The Necessity of NASA's Human Spaceflight Program for Science and Technology

Shemansky, Donald E. , The NASA Human Space Exploration Program Should Be Abandoned

Sherwood, Brent, Toward a Relevant Human Spaceflight Program

Skocik, Colin R. , The Moon Before Mars: Why Obama is Wrong on Space

Skocik, Colin R. , Past and Future of the Space Program

Slazer, Frank, Aerospace Industries Association Input on Human Spaceflight

Smith, OGlenn, Challenges to Sustainability

Smith, Philippe M. , Why Human Spaceflight is Important to

the United States

Smith, Stephen C. , A New Economy: U. S. Human Spaceflight in the 21st Century

Smith, William L. , Human Spaceflight Scenarios

Smitherman, David V. , A Department of Space to Enable Human Spaceflight and the Future Settlement of Space

Spearing, Scott F. , Economizing on Human Space Flight

Spudis, Paul D. , Human Spaceflight: Why and How?

Srivastava, Rajesh, Other Discover Earth

Staats, Kai K. , Real Heroes: A Case for Continued U. S. Involvement in Human Space Exploration

Stolc, Viktor, Bio - Electromagnetic Countermeasures Against the Risks of Spaceflight Beyond Low Earth Orbit

Strangman, Gary E. , The Value of Human Spaceflight

Strickland, John K. , What Should We Be Doing in Space?

Summers, Richard L. , Importance of Human Spaceflight Endeavors for the Future Of Biomedical Research

Sweetser, Theodore H. , Mars is the Vision, the Question is How

Taggart, Keith A. , Input to the Committee on Human Spaceflight

Thronson, Harley A. , If You Set Out to Go to Mars, Go to Mars

Tran, Ricky H. , My Input on Human Spaceflight

Vail, Joel, B. , The Future is in Exploration

Van Vaerenbergh, Stefan, Need of Spaceflight Gravity from Microbiology to Geology Studies

Vartorella, William F. , 'Lost Horizon' —Manned Missions Focused on Nanotechnologies, Astrobiology, Space Telescopes, and Advanced Materials Will Re - define NASA and NewSpace

Vedda, James A. , Next Step for Human Spaceflight: Cislunar Development

Wanduragala, P. , How to Overcome Limitations in Exploring Space Journeys (file unreadable)

Webber, Derek, Why We Need to Continue with Human Spaceflight

Wheelock, Terry W. , "Human" Spaceflight

Whittington, Mark R. , In Pursuit of Space Power

Wilkins, Richard T. , The Value of Human Space Flight on Higher Education and the Minority Communities

Winn, Laurence B. , The Case for a New Diaspora: Cosmic Dispersal

Woodard, Daniel, Practical Benefits for America

Woodcock, Gordon R. , Human Space Flight

Woodlyn, Sjon O. , Space Exploration: Foundation to Build a Global Response

Zimpfer, Douglas J. , Future of Human Spaceflight

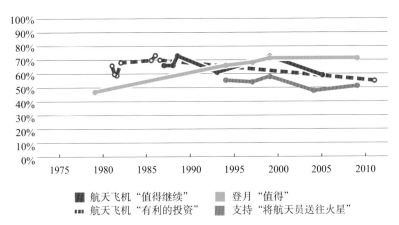

图 1 - 8　航天飞机、登月和火星任务民意支持情况，1979—2011(P44)

（来源：Shuttle continuation：CBS News and New York Times；Shuttle invest-ment：NBC News；Moon landing：CBS News；Mars：CBS News.）

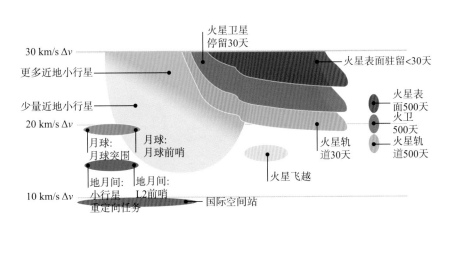

图 1 - 9　载人航天的任务周期与往返推进能源需求比较(P52)

L2前哨途径设计参考任务年度经费

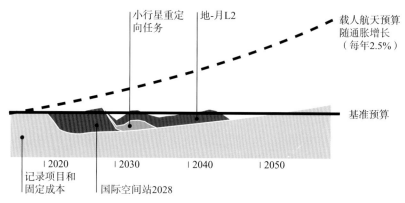

小行星重定向任务

地-月L2

载人航天预算随通胀增长（每年2.5%）

基准预算

| 2020
记录项目和固定成本

| 2030

| 2040

| 2050

国际空间站2028

图 1 - 10　结束于 L2 点的极简主义计划途径（P57）

预算驱动的增强探索年度经费

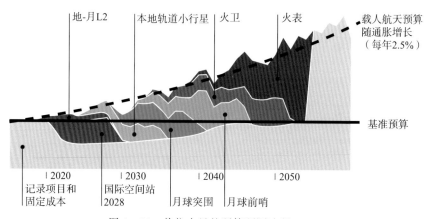

地-月L2

本地轨道小行星

火卫

火表

载人航天预算随通胀增长（每年2.5%）

基准预算

| 2020
记录项目和固定成本

| 2030
国际空间站2028

| 2040

| 2050

月球突围

月球前哨

图 1 - 11　前往火星的预算预测途径（P58）

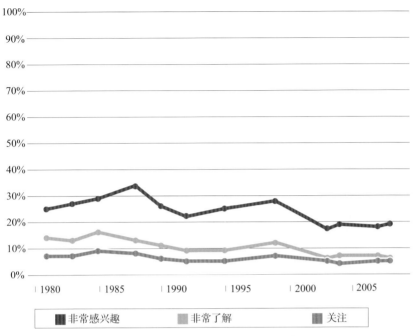

图 3 - 1　公众对空间探索的兴趣、了解度和关注度，1981—2008。

来源：1981—2000：国家科学基金会对公众态度的调查；科学新闻研究，

2003—2007；美国国家选择研究，2008。（P133）

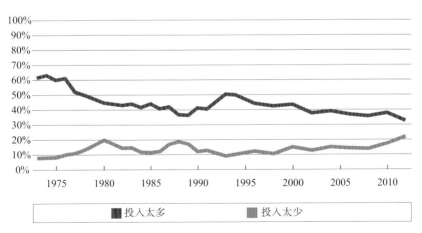

图 3 - 3　公众对空间探索开支的意见，1972—2012。

来源：美国社会调查，1972—2012。（P135）

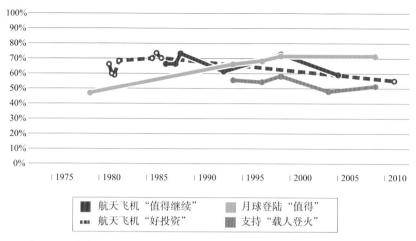

图 3 - 4 公众对航天飞机、登月和火星任务的支持度,1979—2011。来源:
航天飞机延续:CBS 新闻/纽约时报(1987,1988),CBS 新闻(1993,1999,2005);
航天飞机投资:NBC/AP(1981—1982),NBC/WSJ (1985—1986),Pew (2011);
登月:CBS 新闻(1979,1994,1999,2009);
火星:CBS 新闻(1994,1997,2004,2009)。(P138)

垫脚石目的地途径步骤

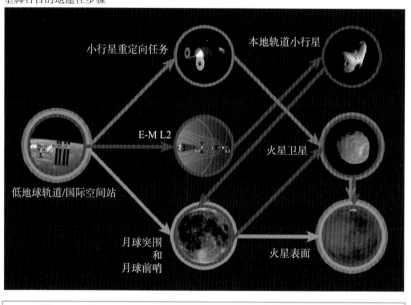

图 4 - 2 途径垫脚石(P186)

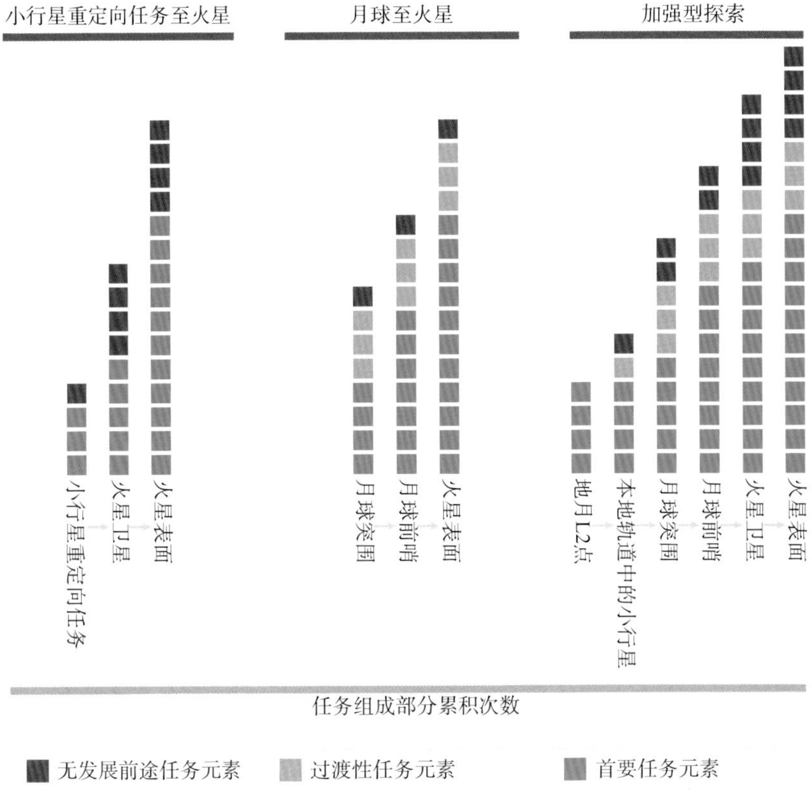

图 4 - 7　各途径任务组成部分对照比较(P198)

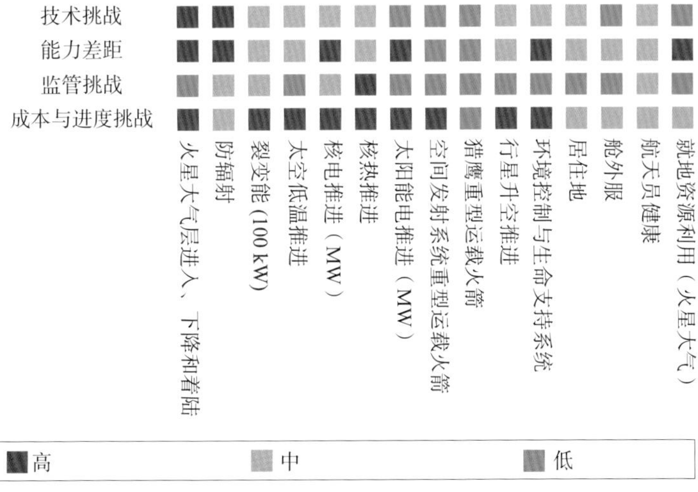

图 4 - 26　高优先级能力评估综述。每个区域的高中低定义见图 4 - 8。(P230)

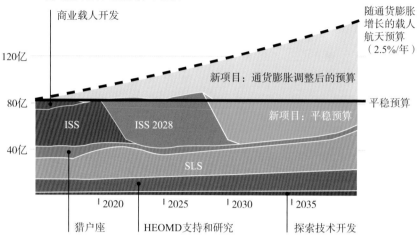

图 4 - 29　目前载人航天计划的预计预算水平和费用（P234）

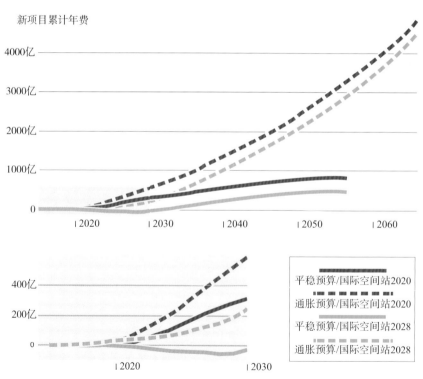

图 4 - 30　LEO 以远载人航天新项目的预计十年累计可用资金，

插图详细描述 2030 年之前情况（P236）

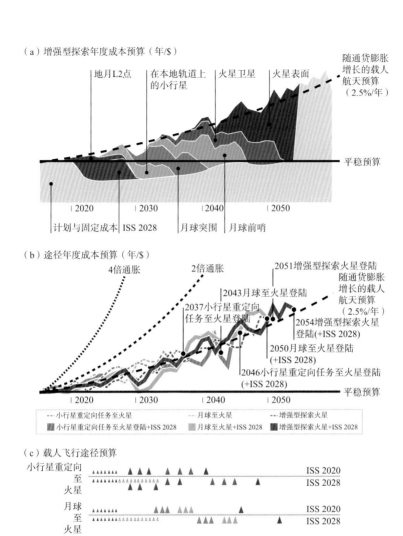

图 4-31 （a）增强探索途径财务预算成本 10 年期概况。（b）包括或不包括 ISS 延寿至 2028 年的 3 种代表性途径的 10 年期财务预算成本概况比较。（c）包括或不包括 ISS 延寿至 2028 年的 3 种代表性途径中假设载人任务时间进度的财务预算（P243）

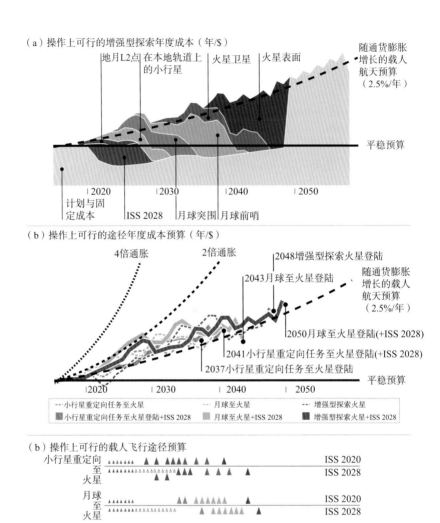

（a）操作上可行的增强型探索年度成本（年/$）

地月L2点　在本地轨道上的小行星　火星卫星　火星表面　随通货膨胀增长的载人航天预算（2.5%/年）

平稳预算

|2020　|2030　|2040　|2050

计划与固定成本　ISS 2028　月球突围　月球前哨

（b）操作上可行的途径年度成本预算（年/$）

4倍通胀　2倍通胀　2048增强型探索火星登陆

2043月球至火星登陆

随通货膨胀增长的载人航天预算（2.5%/年）

2050月球至火星登陆(+ISS 2028)

2041小行星重定向任务至火星登陆(+ISS 2028)

2037小行星重定向任务至火星登陆

平稳预算

|2020　|2030　|2040　|2050

- - 小行星重定向任务至火星　　- - 月球至火星　　- - 增强型探索火星
■小行星重定向任务至火星登陆+ISS 2028　■月球至火星+ISS 2028　■增强型探索火星+ISS 2028

（b）操作上可行的载人飞行途径预算

小行星重定向至火星　　　　　　　　　　　　　　　　ISS 2020
　　　　　　　　　　　　　　　　　　　　　　　　ISS 2028

月球至火星　　　　　　　　　　　　　　　　　　　ISS 2020
　　　　　　　　　　　　　　　　　　　　　　　　ISS 2028

增强型探索火星　　　　　　　　　　　　　　　　　ISS 2020
　　　　　　　　　　　　　　　　　　　　　　　　ISS 2028

|2020　|2030　|2040　|2050

▲载人任务　■国际空间站　■CIS-月球　■月球突围　■火星卫星
■ISS 2028　■本地轨道上的小卫星　■月球前哨　■火星登陆

图4-32　（a）增强探索途径10年期可操作成本概况。（b）包括或不包括ISS延寿至2028年的3种代表性途径的10年期可操作成本概况比较。（c）包括或不包括ISS延寿至2028年的3种代表性途径可操作载人任务时间进度假设（P246）